普通高等教育“十一五”国家级规划教材

谭浩强 主编

高职高专计算机教学改革**新体系**规划教材

SQL Server 数据库原理与应用案例汇编

吕 橙 张翰韬 周小平 编著

清华大学出版社
北京

内容简介

本书共11章，内容包括SQL Server 2005安全管理、T-SQL语言、数据库、数据表、约束、视图、存储过程、触发器、索引、用户权限、数据库设计、实际项目案例分析等。本书通过"理论—实践—再实践"的循环学习模式，使广大读者能够在学习理论知识的同时积累实际的数据库项目经验。本书以案例为驱动，使读者快速、全面、深入地掌握SQL Server的管理和开发技术。

本书可供高职院校相关专业师生使用，也可供数据库初学者阅读。

图书在版编目（CIP）数据

SQL Server数据库原理与应用案例汇编/吕橙，张翰韬，周小平编著．—北京：清华大学出版社，2011.6
（高职高专计算机教学改革新体系规划教材）
ISBN 978-7-302-25435-5

Ⅰ.①S… Ⅱ.①吕… ②张… ③周… Ⅲ.①关系数据库—数据库管理系统，SQL Server—高等职业教育—教材 Ⅳ.①TP311.138

中国版本图书馆CIP数据核字(2011)第077708号

责任编辑：张　景
责任校对：刘　静
责任印制：何　芊

出版发行：清华大学出版社　　**地　　址**：北京清华大学学研大厦A座
http://www.tup.com.cn　　**邮　　编**：100084
社 总 机：010-62770175　　**邮　　购**：010-62786544
投稿与读者服务：010-62776969，c-service@tup.tsinghua.edu.cn
质 量 反 馈：010-62772015，zhiliang@tup.tsinghua.edu.cn
印 装 者：北京国马印刷厂
经　　销：全国新华书店
开　　本：185×260　　**印　张**：15.25　　**字　　数**：365千字
版　　次：2011年6月第1版　　**印　　次**：2011年6月第1次印刷
印　　数：1～3000
定　　价：29.50元

产品编号：030548-01

丛书编委会

近年来，我国高等职业教育迅猛发展，目前，高等职业院校已占全国高等学校半数以上，高职学生数已超过全国大学生的半数。高职教育已占了我国高等教育的“半壁江山”。发展高职教育，培养大量技术型和技能型人才，是国民经济发展的迫切需要，是高等教育大众化的要求，是促进社会就业的有效措施，也是国际教育发展的趋势。

高等职业教育是我国高等教育的重要组成部分，高职教育的质量直接影响了全国高等教育的质量。办好高职教育，提高高职教育的质量已成为我国教育事业中的一件大事，已引起了全社会的关注。

为了更好地发展高职教育，首先应当建立起对高职教育的正确理念。

高职教育是不同于普通高等教育的一种教育类型。它的培养目标、教学理念、课程体系、教学内容和教学方法都与传统的本科教育有很大的不同。高职教育不是通才教育，而是按照职业的需要，进行有针对性培养的教育，是以就业为导向，以职业岗位要求为依据的教育。高职教育是直接面向市场、服务产业、促进就业的教育，是高等教育体系中与经济社会发展联系最密切的部分。

在高职教育中要牢固树立“人才职业化”的思想，要最大限度地满足职业的要求。衡量高职学生质量的标准，不是看学了多少理论知识，而是看会做什么，能否满足职业岗位的要求。本科教育是以知识为本位，而高职教育是以能力为本位的。

强调以能力为本位，并不是不要学习理论知识，能力是以知识为支撑的。问题是学什么理论知识和怎样学习理论知识。有两种学习理论知识的模式：一种是“建筑”模式，即“金字塔”模式，先系统学习理论知识，打下宽厚的理论基础，以后再结合专业应用；另一种是“生物”模式，如同植物的根部、树干和树冠是同步生长的一样，随着应用的开展，结合应用学习必要的理论知识。对于高职教育来说，不应该采用“金字塔”模式，而应当采用“生物”模式。

可以比较一下以知识为本位的学科教育和以能力为本位的高职教育在教学各个方面的不同。知识本位着重学习一般科学技术知识；注重的是系统的理论知识，讲求的是理论的系统性和严密性；学习要求是“了解、理解、掌握”；构建课程体系时采用“建筑”模式；教学方法采用“提出概念—解释概念—举例说明”的传统三部曲；注重培养抽象思维能力。而能力本位着重学习工作过程知识；注重的是实际的工作能力，讲求的是应用的熟练性；学习要求是“能干什么，达到什么熟练程度”；构建课程体系时采用“生物”模式；教学方法采用“提出问题—解决问题—归纳分析”的新三部曲；常使用形象思维方法。

近年来，国内教育界对高职教育从理论到实践开展了深入的研究，引进了发达国家职业教育的理念和行之有效的做法，许多高职院校从多年的实践中总结了成功的经验，有力地推动了我国的高职教育。再经过一段时期的研究与探索，会逐步形成具有中国特色的完善的高职教育体系。

全国高校计算机基础教育研究会于2007年7月发布了《中国高职院校计算机教育课程体系2007》(以下简称《CVC 2007》)，系统阐述了高职教育的指导思想，深入分析了我国高职教育的现状和存在的问题，明确提出了构建高职计算机课程体系的方法，具体提供了各类专业进行计算机教育的课程体系参考方案，并深刻指出为了更好地开展高职计算机教育应当解决好的一些问题。《CVC 2007》是一个指导我国高职计算机教育的重要的指导性文件，建议从事高职计算机教育的教师认真学习。

《CVC 2007》提出高职计算机教育的基本理念是：面向职业需要、强化实践环节、变革培养方式、采用多种模式、启发自主学习、培养创新精神、树立团队意识。这是完全正确的。

教材是培养目标和教学思想的具体体现。要实现高职的教学目标，必须有一批符合高职特点的教材。高职教材与传统的本科教育的教材有很大的不同，传统的教材是先理论后实际，先抽象后具体，先一般后个别，而高职教材则应是从实际到理论，从具体到抽象，从个别到一般。教材应当体现职业岗位的要求，紧密结合生产实际，着眼于培养应用计算机的实际能力。要引导学生多实践，通过“做”而不是通过“听”来学习。

评价高职教材的标准不是愈深愈好、愈全愈好，而是看它是否符合高职特点，是否有利于实现高职的培养目标。好的教材应当是“定位准确，内容先进，取舍合理，体系得当，风格优良”。

教材建设应当提倡百花齐放，推陈出新。我国高职院校为数众多，情况各异。地域不同、基础不同、条件不同、师资不同、要求不同，显然不能一刀切，用一个大纲、一种教材包打天下。应该针对不同的情况，组织编写出不同的教材，供各校选用。能有效提高教学质量的就是好教材。同时应当看到，高职计算机教育发展很快，新的经验层出不穷，需要加强交流，推陈出新。

从20世纪90年代开始，我们开始注意研究高职教育，并在1999年组织编写了一套“高职高专计算机教育系列教材”，由清华大学出版社出版，这是在国内最早出版的高职教材之一。在国内产生很大的影响，被许多高职院校采用为教材，有力地推动了蓬勃兴起的高职教育，后来该丛书扩展为“高等院校计算机应用技术规划教材”，除了高职院校采用之外，还被许多应用型本科院校使用。几年来已经累计发行近300万册，被教育部确定为“普通高等教育‘十一五’国家级规划教材”。

根据高职教育发展的新形势，我们于2005年开始策划，在原有基础上重新组织编写一套全新的高职教材——“高职高专计算机教学改革新体系规划教材”，经过两年的研讨和编写，于2007年正式由清华大学出版社出版。这套教材遵循高职教育的特点，不是根据学科的原则确定课程体系，而是根据实际应用的需要组织课程；书名不是按照学科的角度来确定的，而是体现应用的特点；写法上不是从理论入手，而是从实际问题入手，提出问题、解决问题、归纳分析、循序渐进、深入浅出、易于学习，有利于培养应用能力。丛书的作者大都是多年从事高职院校计算机教育的教师，他们对高职教育有较深入的研究，对高职计算机教育有丰富的经验，所写的教材针对性强，适用性广，符合当前大多数高职院校的实际需要。这套教材经教育部审查，已列入“普通高等教育‘十一五’国家级规划教材”。

本套教材统一规划，分工编写，陆续出版，逐步完善。随着高职教育的发展将会不断更新，与时俱进。恳切希望广大师生在使用中发现本丛书不足之处，并不吝指正，以便我们及时修改完善，更好地满足高职教学的需要。

全国高校计算机基础教育研究会 会长
“高职高专计算机教学改革新体系规划教材”主编 谭浩强

前言

随着各种大型数据库处理系统以及商业网站对数据可靠性和安全性要求的不断提高，市场竞争日益激烈，陈旧的数据库管理服务已经无法满足用户的需求。在这种环境下，微软公司发布了 Microsoft SQL Server 2005 数据库平台产品，它继承了 Microsoft SQL Server 2000 的可靠性、可用性、可编程性、易用性等特点，不仅可以有效地执行大规模联机事务处理，还可以完成数据仓库和电子商务应用等许多具有挑战性的工作。

本书是针对 Microsoft 公司推出的大型关系数据库管理系统 SQL Server 2005 编写的，循序渐进地介绍了从数据库原理到数据库设计，从入门到精通 SQL Server 2005 所需的各个方面的知识。全书可分为三个部分，共 11 章。

第一部分(1～3 章)主要讲解数据库设计的基本概念和理论基础，如数据库设计的基本方法、数据库查询语句的理论基础、如何规范化设计数据库等。

第二部分(4～8 章)主要讲解 SQL Server 2005 数据库管理系统的使用。包括如何管理数据库和数据表；数据库的完整性；如何备份和恢复数据库；SQL Server 的安全机制；SQL Server 的用户、角色和权限；如何使用 Transact-SQL 语言；如何使用索引、视图、触发器和存储过程等方法。

第三部分(9～11 章)从实用的角度出发，采用三个典型案例讲解了 SQL Server 2005 数据库的具体应用。通过学习，读者可以了解到数据库在实际应用中的作用，并能让读者初步具备规范化设计数据库、连接数据库编程、操作数据库和管理数据库的能力。

本书结合作者的实际教学经验编写而成，本着重实践、求创新的总体思路，遵循易操作、实用的原则，从内容选材、教学方法等方面突出高职高专教育的特点。学生通过本书的学习，可以建立起一个完整的数据库应用的知识体系，掌握数据库系统的实用技术。

本书是一本有效的、实用的入门指南，无论是数据库的初学者，还是有一定经验的数据库管理员，通过本书的学习都可以快速进入 SQL Server 2005 大门，成为数据库管理的高手。

本书适合作为示范性软件职业技术学院、高职高专学校、成人教育学院的计算机专业教材和非计算机专业的本科生教材，也适合作为数据库应用方面的自学教材和参考书。

本书由吕橙、张翰韬、周小平共同编写,参加编写的还有郝莹、赵春晓等。在本书编写过程中,还得到了"浩强创作室"薛淑斌老师和清华大学出版社的大力支持,在此一并表示衷心的感谢!

由于编写时间仓促,作者水平有限,书中难免会有错误和疏漏,恳请广大读者批评和指正。

编者邮箱:lvcheng@bucea.edu.cn 或 zhanghantao@bucea.edu.cn

作 者

2011 年 5 月

第1章

数据库系统概述

学习目标

通过本章的学习，你能够：

- 掌握概念模型的表示方法。
- 掌握陈氏 E-R 模型的基本使用方法。

1.1 概念模型

概念模型是对现实世界的抽象和概括。它应真实、充分地反映现实世界中事物和事物之间的关系，有丰富的语义表达能力，能表达用户的各种需求，包括描述现实世界中各种事物及其复杂联系、用户对数据对象的处理要求和手段。

1. 概念模型的表示方法

实体-联系模型（Entity-Relationship Model，E-R模型）是一种概念模型，1976年，Peter Chen在他具有里程碑意义的论文"The Entity-Relationship Model: Toward a Unified View of Data"(ACM Transaction on Database 1：1，march 1976)中首次引入了E-R数据模型。E-R模型在一个数据库结构中为实体和它们之间的联系生成了一个图形表示法。

2. E-R模型的表示方法

(1) 实体

陈氏模型中采用矩形来表示实体，并在矩形中写上实体名。例如，学生实体，如图1.1所示。

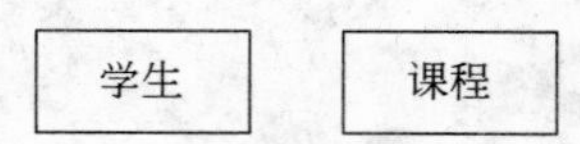

图1.1 实体

(2) 属性

陈氏模型用椭圆表示，并用无向边将其相应的实体型连接起来，在多个属性中，如果有一个(组)属性可以唯一表示该实体，则可以在该属性下画出下划线，用来标识该属性，即主码(Primary Key，PK)。例如，学生实体中有学号、姓名、性别、出生日期、院系名称属性，其中学号为主码。课程实体有课程号、课程名、学分、学时属性，其中课程号为主码，如图1.2所示。

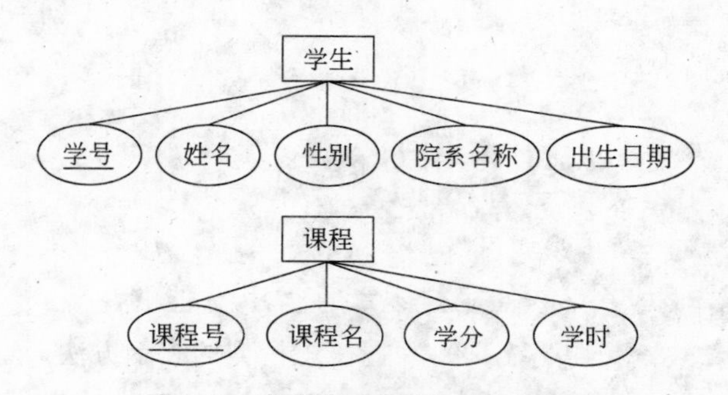

图1.2 陈氏模型的学生、课程实体

(3) 实体间的联系

陈氏模型用菱形表示实体间的联系，在菱形中写上联系名并用无向边分别与有关实体型连接起来，在无向边旁标上联系的关联度(1：1，1：n，m：n)。若实体之间的联系也有属性，则把属性和菱形也用无向边连接上，如图1.3所示。

3. 几点说明

(1) 某些联系也具有属性，例如，学生实体和课程实体之间的联系"选修"也可以有属性，即属性"成绩"，它既非学生所独有，也非课程所独有，是某一学生选择某门课程后产生的属性，是一个多对多的联系的属性。

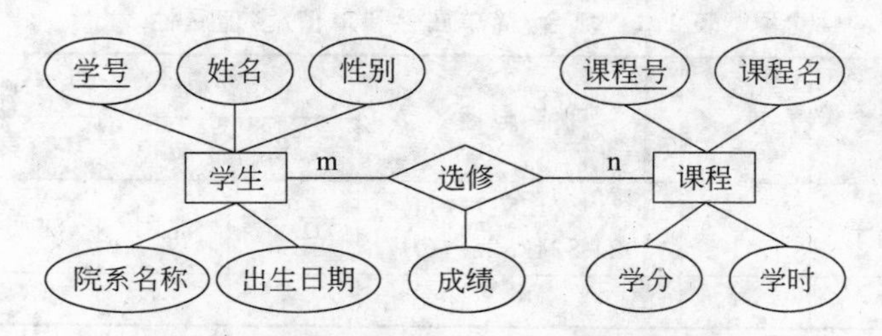

图 1.3　陈氏模型表示的学生、课程实体之间的联系

(2) 有时 3 个或 3 个以上的实体也可以产生联系，如供应商、项目和零件 3 个实体间是 m∶n∶p 联系，即多对多的联系，其陈氏 E-R 图如图 1.4 所示。

(3) E-R 图可以表示一个实体内部一部分成员和另一部分成员间的联系。如在一个班级中，班长和一般学生都是学生，但班干部和一般学生间存在一对多的联系，即一个班干部可以管理多个学生，但一个学生只能由一个班长管理。如图 1.5 所示的这类联系称为自回路。

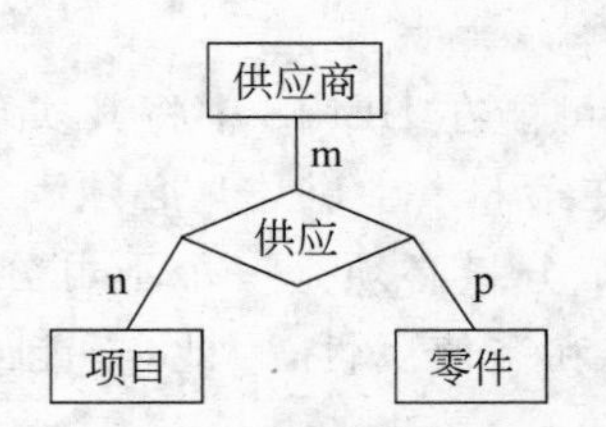

图 1.4　3 个实体间的陈氏 E-R 模型

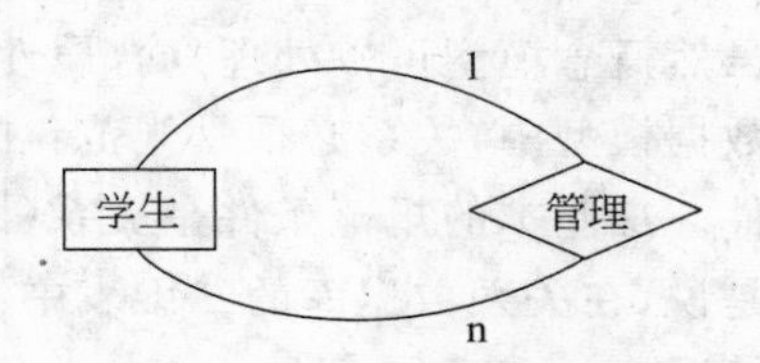

图 1.5　自回路的陈氏 E-R 模型

(4) E-R 图可以表示两个实体间多类联系。例如在职工与工程的关系中，一个职工可以参与多个工程，一个工程可以有多个职工参加，所以职工与工程的“参与”联系是多对多的联系；一个职工可以负责多个工程，一个工程只能由一个职工负责，所以职工与工程的“负责”联系是一对多的联系。这样职工与工程存在的两种联系可以用图 1.6 表示。

4. 复合和简单属性

属性可以分为简单属性和复合属性。简单属性是指不能再进一步划分的属性。例如年龄、性别和婚姻状况等都可以归为简单属性，而复合属性是指可以划分出额外属性的属性。例如，地址属性属于复合属性。复合属性通常采用两个同心椭圆与实体相连，如表 1.1 和图 1.7 所示。

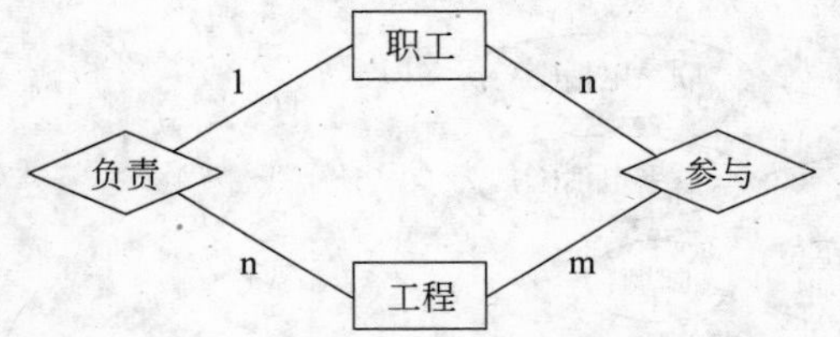

图 1.6　表示两实体间的多种联系的陈氏 E-R 模型

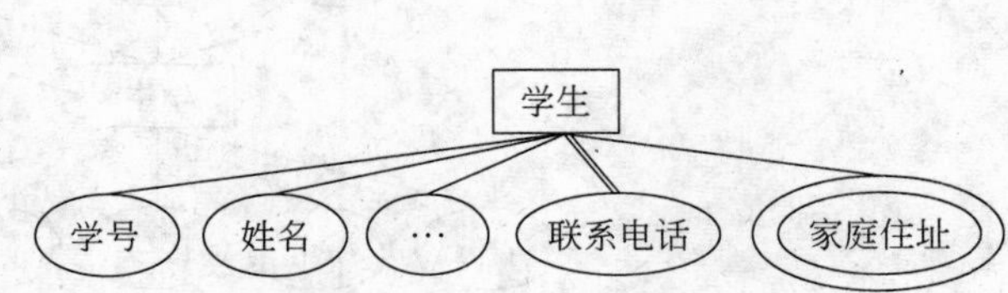

图 1.7　复合/简单属性和单值/多值属性

表 1.1 复合/简单属性和单值/多值属性

学 号	姓名	…	联系电话	家庭地址				
				省份	城市	区/县	街道	邮编
2003130046	王子	…	024-82428175(H) 024-82428259(O)	辽宁	沈阳	沈河	文化路	110015
…	…	…	…	…	…	…	…	…

5. 单值属性和多值属性

单值属性是指只有一个取值的属性。例如,一个学生只能有一个学号,一个生产的零件只能有一个序列号。注意,单值属性并非必须是简单属性。例如,零件的序列号 SE-08-189935 是单值的,但是它却是一个复合属性,因为可以将其划分为生产地区 SE,该地区的工厂 08,该零件的编号 189935。

多值属性是指可以有多个取值的属性。例如,一个学生可以有多个联系电话;每个电话都有单独的号码。多值属性通常用两根线与实体相连,如表 1.1 和图 1.7 所示。

6. 复合属性和多值属性的处理

虽然概念模型可以处理复合属性和多值属性,但不可能在 DBMS 中将其实现。因为在关系数据模型中,关系必须是规范化的(规范化理论将在第 3 章中讲述),必须满足一定的规范条件。最基本的规范条件是关系(即二维表)的每一个分量必须是一个不可分的数据项,也就是说,在关系数据库的二维表中不能存在复合属性和多值属性,因此,不能出现表中有表的情况。

如果出现上述情况,数据库设计人员可以采用下述两种方法来解决。

(1) 简单拆分法

在原实体中再创建几个新的属性,每个多值属性或复合属性对应原来的属性的一个组成部分,如表 1.2 和图 1.8 所示。

表 1.2 拆分后的多值属性和复合属性

学 号	姓名	…	联系电话(H)	联系电话(O)	省份	城市	区/县	街道	邮编
2003130046	王子	…	024-82428175	024-82428259	辽宁	沈阳	沈河	文化路	110015
…	…	…	…	…	…	…	…	…	…

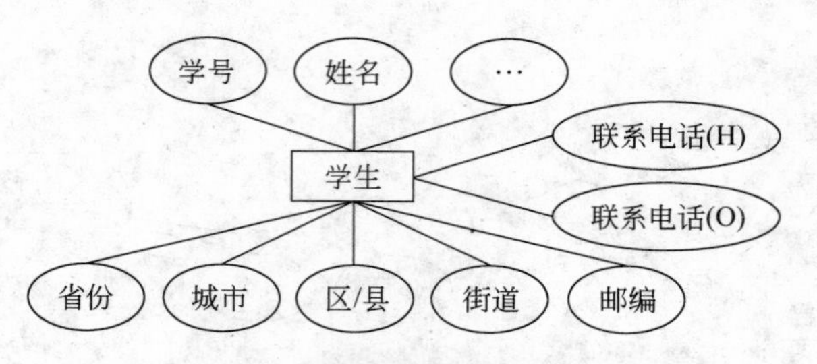

图 1.8 复合和多值属性的简单拆分法

很显然,这种简单拆分有时并不能使数据库设计人员满意,因为它明显地丢失了“联系电话”和“家庭地址”信息。

(2) 外码法

创建一个新的实体使其包含原复合属性或多值属性部分，新的实体和原来实体之间存在着一对多的联系，如图 1.9 所示。外码的相关概念参见 2.1 节。

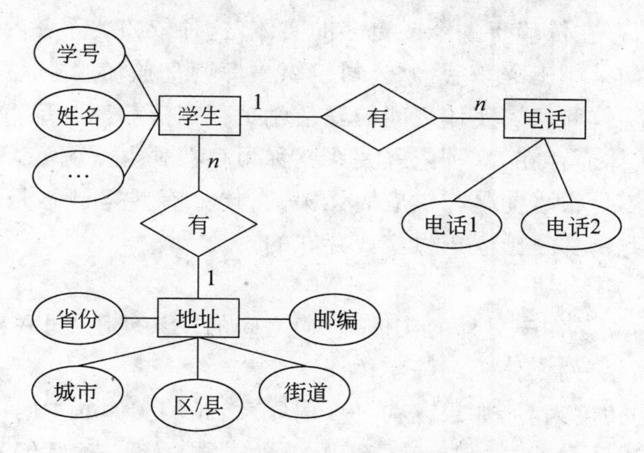

图 1.9　复合和多值属性的外码法

7. 导出属性

导出属性是指不必在数据库中存储的，而是可以通过一个计算方法导出的属性。例如，学生的年龄可由计算机当前日期和学生出生日期的差值的整数部分得出。

8. 联系的关联度、势和参与性

关联度：表示相关或者参与实体的数量。一元联系是指自回路的联系。二元联系存在于两个实体之间。三元联系存在于 3 个实体之间。

势表达了当一个实体的关联实体出现一次时自身出现的特定的次数，格式为(min, max)，第一个为最小值，第二个为最大值，0≤min≤max，且 max≥1，不确定的最大值表示为(1, n)。

如果 min＝0，则意味着实体集中的实体不一定都参与联系，即为可选的，称为部分参与，实体之间的可选联系的表示方法是：在可选实体旁边加上一个圆环(○)；如果 min≥1，则意味着实体集中的每个实体都必须参与联系，即为强制的；否则就不能作为一个成员在实体集中存在，称为全参与。

如果知道了实体出现的次数的最小值和最大值，对应用软件的设计是非常有用的。例如，在"选修"联系中，对于课程而言，如果按规定每位学生最少应选 3 门课，最多只能选 6 门课，则学生在选课联系中的势可表示为(3, 6)；对于课程而言，课程是可选的(用小圆圈表示可选，如图 1.10 所示)，也就是说，在各门课中，有些课可以无人选，但任何一门课程最多只允许 100 人选，则课程在选课联系中的势为(0, 100)。

然而一定要记住，DBMS 不能在二维表这个层次来实现势，只能由应用程序或者触发器来提供，在第 8 章中将详细学习如何创建和执行触发器。

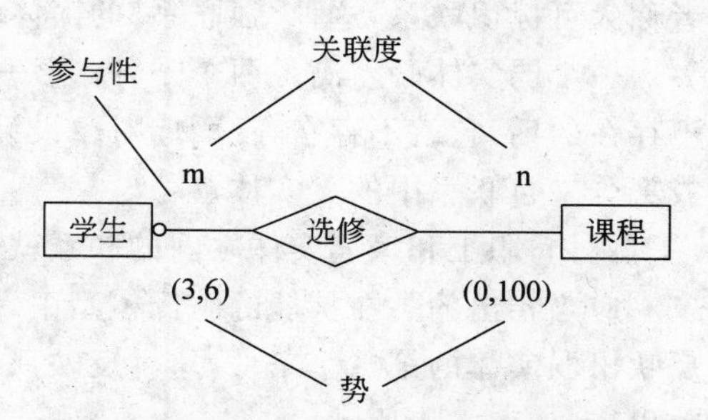

图 1.10　联系的关联度、势和参与性示意图

观察图 1.10 中的陈氏 E-R 模型，记住实体的

势表示相关联的实体出现的次数。

9. 联系的强度和弱实体

(1) 存在独立与存在依赖

如果一个实体的存在依赖于一个或更多的实体，这种依赖关系就称为存在依赖。例如，小王是某公司员工，如果小王辞职后，原公司组织去海南岛旅游，则小王的太太就不能再陪同旅游了，这种职工实体和家属实体之间的联系就是存在依赖。相反，如果一个实体可以脱离其他一个或多个实体而存在，这种依赖关系就称为存在独立。例如，零件和供应商的联系就是存在独立，因为零件很可能是与供应商无关的，比如有些零件不是供应商提供的，而是公司内部生产的，因此零件是独立于供应商存在的。

(2) 弱联系和强实体

如果一个实体独立存在于另外的实体，它们之间的联系就用"弱联系"描述，或者称为非标识联系，这种"弱联系"的实体称为强实体。

从数据库设计的角度来看，如果存在一个弱联系，相关实体的主码不包含父实体主码的组成部分。例如，在球队和球员的签约关系中，签约是弱联系。球队编号在球队实体中是主码，而在球员实体中只是外码，此时球员实体的主码中不包含球队主码中的组成部分，如图1.11和表1.3所示。

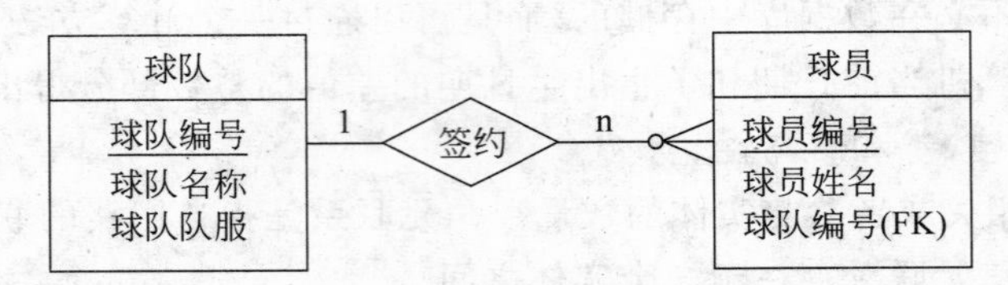

图1.11　强实体的弱联系

表1.3　强实体对应的数据库二维表

球队编号	球队名称	队服颜色
1	大连实德足球队	蓝
2	北京国安足球队	绿
…	…	…

球员编号	球员姓名	球队编号
1	李明	1
2	郝海东	1
3	杨晨	2
4	邵佳一	2

(3) 强联系和弱实体

如果一个实体的存在依赖于一个或更多的实体，它们之间的联系就用"强联系"描述，或者称为可标识联系，这种"强联系"的实体称为弱实体。

一个弱实体必须满足两个条件：第一个是它必须是存在依赖，即如果与它关联的实体不存在的话，它就不存在，在面向对象设计中将其称为"组合"。第二个是它的主码属性全部或部分来自联系中的父实体。

例如，职工和家属实体之间的联系就是强联系、弱实体，如图1.12所示。

应当指出的是在扩展的陈氏模型中，采用两个同心矩形来表示弱实体在属性上并不能反映出弱实体的第二个条件，这种反映只在逻辑层面(关系模式或数据库中的二维表)上反映出来，如表1.4所示。

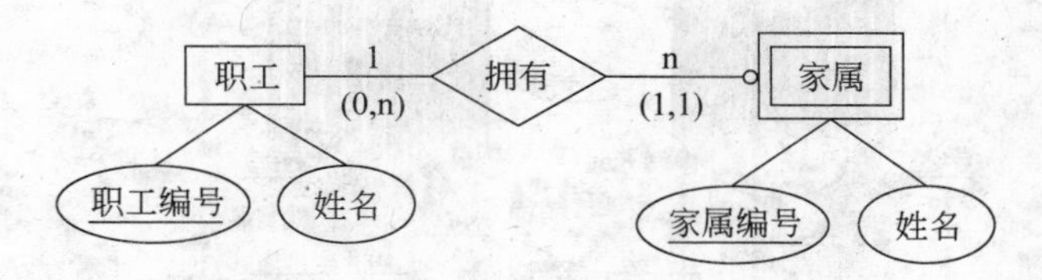

图 1.12　弱实体的强联系

表 1.4　弱实体对应的数据库二维表

职工编号	职工姓名
1	张力
2	李强
…	…

职工编号	家属编号	家属姓名
1	1	严鸣(配偶)
1	2	张大力(大儿子)
1	3	张小力(二儿子)
2	1	王芝(配偶)
2	2	李小强(儿子)
…	…	…

(4) 弱实体与强实体之间的关系

事实上,判断实体之间联系的强弱是相对而言的,关键在于设计人员的需要。

例如,在图 1.11 和表 1.3 中,并不能得知某一个球员在该球队中的编号。如果将其定义为弱实体,采用弱实体方法而非外码方法,则如表 1.5 所示。

表 1.5　弱实体对应的数据库二维表

球队编号	球队名称	队服颜色
1	大连实德足球队	蓝
2	北京国安足球队	绿
…	…	…

球队编号	球员编号	球员姓名
1	1	李明
1	2	郝海东
2	1	杨晨
2	2	邵佳一

从球员表中可以明显看出,球员实体是弱实体,球队编号和球员编号作联合主码,其主码属性部分(球队编号)来自于联系中的父实体。采用弱实体设计球员和球队的联系,很明显可以从球员表中看出,球员李明和郝海东分别是大连实德队的 1 号和 2 号球员,而杨晨和邵佳一则分别是北京国安队的 1 号球员和 2 号球员。

10. 复合实体

在陈氏描述的最初的 E-R 模型中,联系不包含属性。因为只有实体才能转换成关系数据模式,而联系则不能,所以,联系模式需要用到 m∶n 联系时,就必须创建一个“桥连实体”来表示这样的联系,桥连实体包含每个相连实体的主码,称这种桥连实体为复合实体。例如,前面讲到的学生、课程之间的多对多的联系,在扩展的陈氏模型中如图 1.13 所示。

11. 实体之间的泛化

考虑这样一张高校教职工奖金分配信息表,如表 1.6 所示。

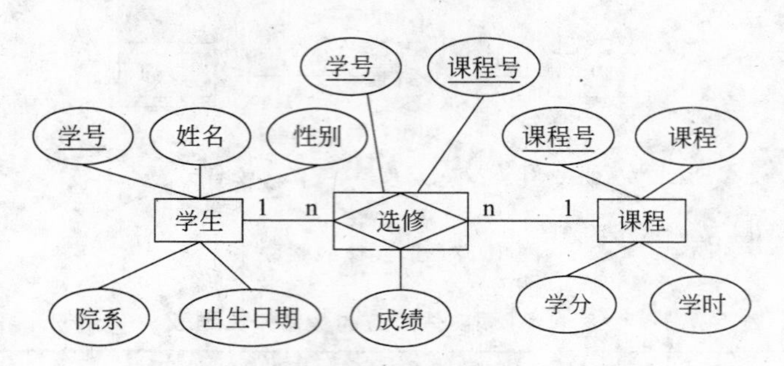

图 1.13 陈氏模型中的复合实体

表 1.6 高校教职工奖金分配信息表

编号	姓名	岗位 1	岗位 2	课酬级别（￥/学时）	课程学时数	讲授班级系数	岗位津贴（￥/月）
1	王星	教授	NULL	10	100	1.1	NULL
2	李刚	讲师	NULL	5	120	1	NULL
3	赵亮	null	处长	NULL	NULL	NULL	1200
4	孙晨	null	科员	NULL	NULL	NULL	600
5	周涛	教授	处长	10	50	1.1	1200
…	…	…	…	…	…	…	…

高校教职工包括教师和职工两类。对于教师来说，他的一些属性，如，每学时课酬级别、课程学时数、教学班的班级数，以及导出属性：工作量属性和课酬金额等属性，对于职工来说没有必要。如果将教师实体和职工实体放在一起的话，将会出现大量的NULL值。很明显，教师和员工都具有一些共有的属性特征，如编号、姓名等，同时教师和职工还都具有自身大量非公有属性特征。当试图将所有这些教职员工放在一张表格中时，这些非公有属性就带来了上述问题。如果分成两张表格，公有属性又带来数据的冗余。例如，一名教工既是教师，又是管理者，因为系主任可能也教课。

当实体A具有实体B的全部属性，而且具有自己特有的某些属性，则A称为B的子类，B称为A的超类。

通常数据库设计人员可以通过抽象层次表示共享公有属性特征的实体，即实体超类和实体子类。针对上面的数据库表，可以抽象出员工实体超类、教师实体子类和职工实体子类，其中员工实体超类具有编号、姓名属性，教师实体子类具有岗位1、每学时课酬级别、课程学时数、讲授班级系数属性，员工实体子类具有岗位津贴属性。

抽象层次实际上代表了一个is-a联系，例如，教授是一名员工，职工是一名员工。一些超类型包含相交的子类型，相交联系用Gs表示。例如，一名教师既可以是教师又可以是一名学生（在职研究生），而超类不相交的子类型之间的相交关系用G表示，如图1.14所示。

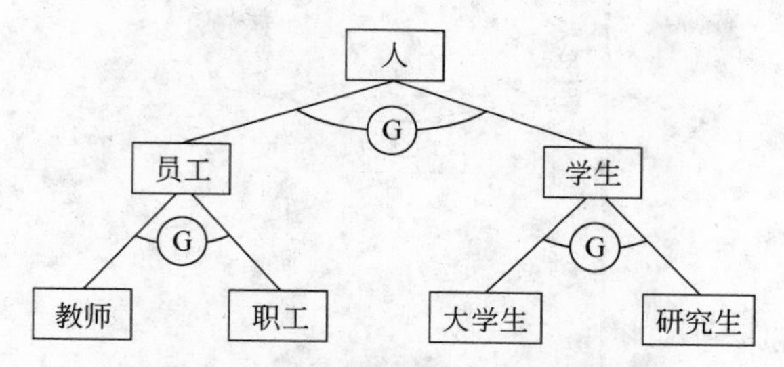

图 1.14　具有相交子类的抽象层次

1.2　概念模型案例分析

【案例 1.1】　假如你是数据库设计人员，为某球队设计数据库系统，该系统记录球队、队员和球迷的信息，包括以下信息。

(1) 对于每个球队，球队的名字、队员以及队服的颜色。

(2) 对于每个队员，他们的姓名。

(3) 对于每个球迷，他们的姓名、喜爱的球队(对于铁杆球迷来说，他们只喜爱一个球队)以及喜爱的队员。

试绘制出概念模型(用陈氏 E-R 模型表示)，并写出相应的关系数据库模式。

案例分析

第一步，确定实体。本案例中共有 3 个实体，分别是球员、球队和球迷。

第二步，确定实体的联系，创建业务规则，并绘制初始的陈氏 E-R 模型。

球队实体与球员实体之间有一对多的联系，球队实体与球迷实体之间有一对多的联系，球员实体与球迷实体之间有多对多的联系。

业务规则如下。

(1) 一个球队拥有多名球员，一个球员在一个赛季里只属于一个球队。

(2) 一个球队拥有多名球迷，一个球迷只支持一个球队。

(3) 一个球员拥有多名喜爱他的球迷，一个球迷钟爱多名球员。

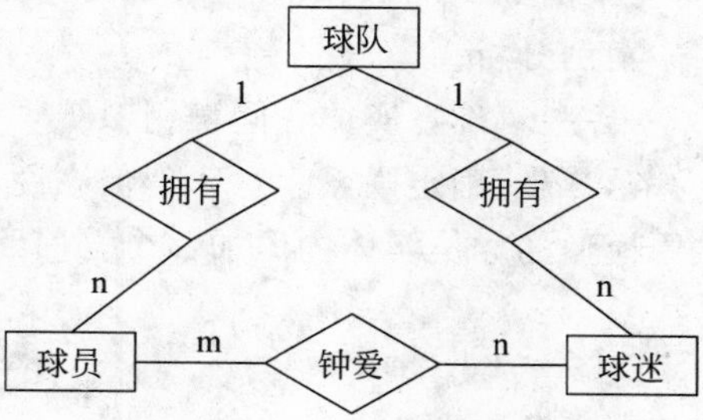

图 1.15　初始的陈氏 E-R 图

初始的陈氏 E-R 图如图 1.15 所示。

第三步，为每个实体确定属性和主码，绘制完整的概念模型。

本案例中球队的属性是球队名称、队服颜色；球员的属性是姓名；球迷的属性是姓名。3 个实体需要分别添加球队编号、球员编号和球迷编号，并分别作为实体的主码，用来唯一标识该实体。

值得注意的是，球迷的属性中并不包含球员的姓名和球队的名称，因为这两个属性本身所包含的信息是球迷实体和球队实体的信息，如图 1.16 所示。

第四步，将陈氏模型转换为关系数据模型。

根据转换原则，一对多的联系，在原多方实体(球员实体和球迷实体)对应的关系中，添

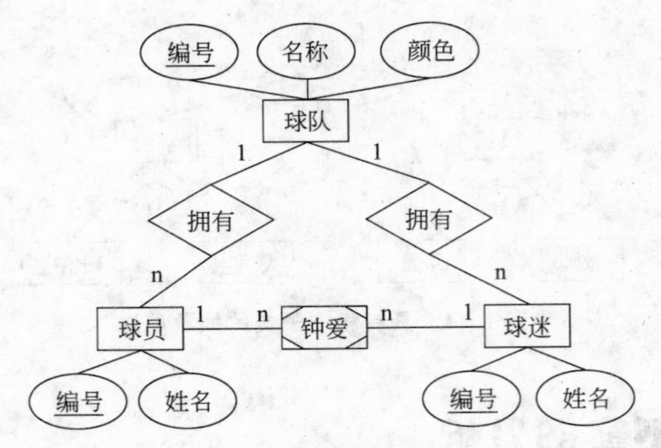

图 1.16 完整的陈氏 E-R 图

加一方实体(球队实体)的标识属性,作为多方实体对应关系的外码。对于多对多的联系,将多对多的联系改为复合实体,实体名为新的实体名(钟爱),复合实体的属性加上相关两个实体的标识属性构成复合实体的属性集,相关两个实体的标识属性的集合构成桥连实体的联合主码"钟爱(球队编号,球迷编号)"。

球队(编号,名称,颜色)
球员(编号,姓名,球队编号)
球迷(编号,姓名,球队编号)
钟爱(球队编号,球迷编号)

本案例到此就结束了,后续的任务是在 SQL Server 中创建数据库,注意:每一个关系对应一张数据库中的表。

【案例 1.2】 修改案例 1.1,对于每个球队,使之球员中间有队长。

案例分析

第一步,确定实体。同案例 1.1。

第二步,确定联系。对于球员来说,使其中间有队长,很显然,这是自回路的递归联系。在原模型的球员实体中添加一个自回路的一对多联系,如图 1.17 所示。

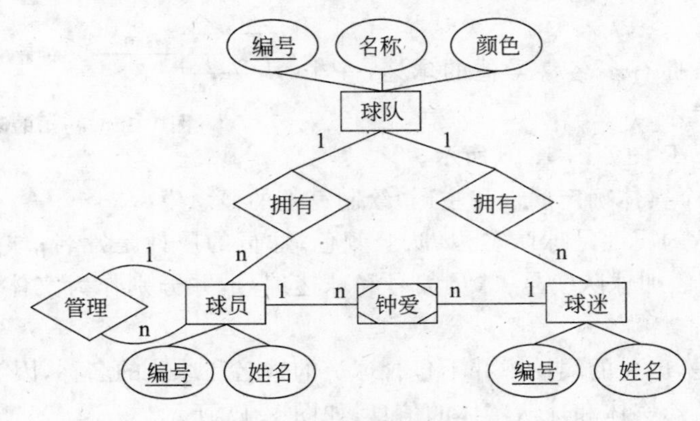

图 1.17 初始的陈氏 E-R 图

第三步，为每个实体确定属性和主码，绘制完整的概念模型。同案例 1.1。

第四步，将陈氏模型转换为关系数据模型。

由于本案例增加了自回路的递归联系，所以球队、球迷和钟爱实体没有变化，而在球员实体中增加外码：队长编号。

球队 (编号，名称，颜色)
球员 (编号，姓名，球队编号，队长编号)
球迷 (编号，姓名，球队编号)
钟爱 (球队编号，球迷编号)

【案例 1.3】 修改案例 1.2，使之为每一个队员记录他所服役的球队历史，包括在每个球队的开始时间和转会时间。

案例分析

第一步，确定实体。同案例 1.1。

第二步，确定联系。对于球队和球员来说，使之为每一个队员记录他所服役的球队历史，很显然，球队和球员之间的联系不再是原来的一对多，而是多对多。因为每个球员在不同时间段内可以效力多个球队。

第三步，为每个实体确定属性和主码，绘制完整的概念模型，如图 1.18 所示。

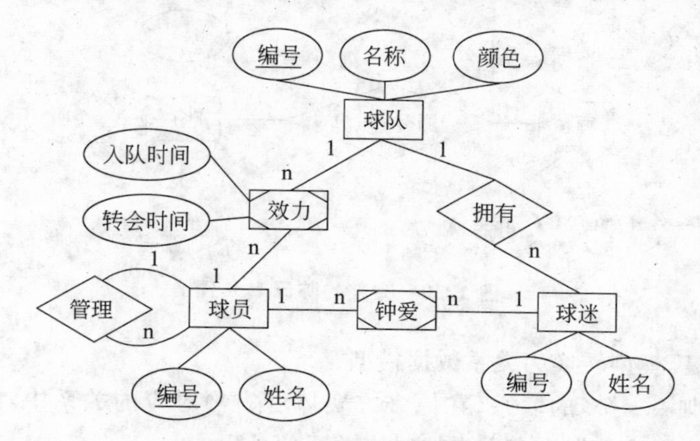

图 1.18 完整的陈氏 E-R 图

第四步，将陈氏模型转换为关系数据模型。

由于本案例需要为每一个队员记录他所服役的球队历史，所以，球员和球队的联系的关联度也发生了变化，由原来的一对多变为多对多，也就是说，原来的拥有关系转换成复合实体，并在新的复合实体中增加了球员服役历史的信息：入队时间属性和转会时间属性，对应的关系转换也发生了改变。

球队 (编号，名称，颜色)
效力 (球队编号，球员编号，入队时间，转会时间)
球员 (编号，姓名，队长编号)
球迷 (编号，姓名，球队编号)
钟爱 (球队编号，球迷编号)

【案例 1.4】 为银行设计一个数据库,包括顾客和账户的信息。顾客信息包括姓名,地址,电话,社会保险号。账户包括编号,类型(例如存款,支票)和金额。画出概念模型(陈氏 E-R 模型),并写出相应的关系数据库模式。

案例分析

第一步,确定实体。本案例共有两个实体,一个是顾客,一个是账户。

第二步,确定实体的联系,创建业务规则,并绘制初始的陈氏 E-R 模型。

顾客实体和账户实体之间是一对多的联系。

业务规则为一个顾客可以创建多个账户,而每个账户只对应一个顾客。

初始的陈氏 E-R 模型如图 1.19 所示。

图 1.19 初始的陈氏 E-R 图

第三步,为每个实体确定属性和主码,绘制完整的概念模型。

顾客实体应包含的属性有:社保号,姓名,地址,电话;账户实体应包含的属性有:编号,类型,金额,如图 1.20 所示。

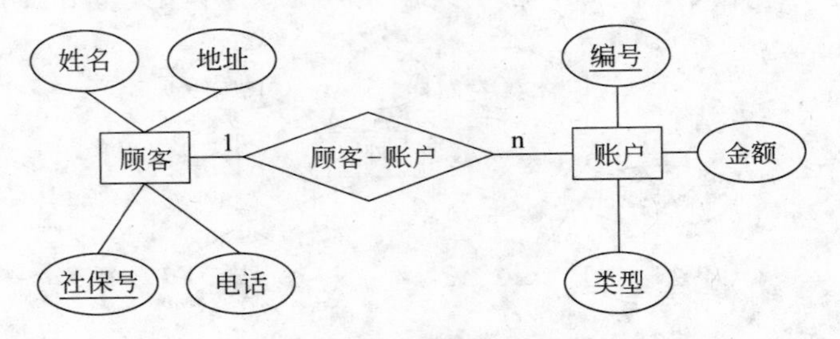

图 1.20 完整的陈氏 E-R 图

第四步,将陈氏模型转换为关系数据模型。

根据转换原则,一对多的联系,在原多方实体(账户)对应的关系中,添加一方实体(顾客)的标识属性(社保号),作为多方实体对应关系的外码。

> 顾客(<u>社保号</u>,姓名,地址,电话)
> 账户(<u>编号</u>,类型,金额,社保号)

【案例 1.5】 修改案例 1.4。使一个顾客只能有一个账号,并且顾客可以有一个地址集合(街道,城市,省份的三元组)。试绘制出概念模型(用陈氏 E-R 模型表示),并写出相应的关系数据库模式。

案例分析

第一步,确定实体。本案例共有 3 个实体,一个是顾客,一个是账户,还有一个地址集合。

第二步,确定实体的联系,创建业务规则,并绘制初始的陈氏 E-R 模型。

顾客实体和账户实体之间是一对一的联系,地址实体和顾客实体是一对多的联系。

业务规则如下。

(1) 一个顾客只能创建一个账户,而每个账户只对应一个顾客。

(2) 一个地址对应多个顾客,而一个顾客只能有一个地址。

初始的陈氏 E-R 模型如图 1.21 所示。

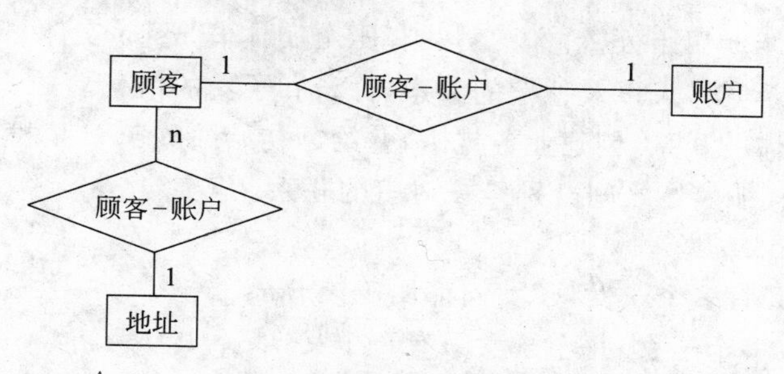

图 1.21　初始的陈氏 E-R 图

第三步,为每个实体确定属性和主码,绘制完整的概念模型。

本案例中,顾客实体应包含的属性有:社保号、姓名、电话;账户实体应包含的属性有:编号、类型、金额;地址实体的属性有:编号、街道、城市、省份,如图 1.22 所示。

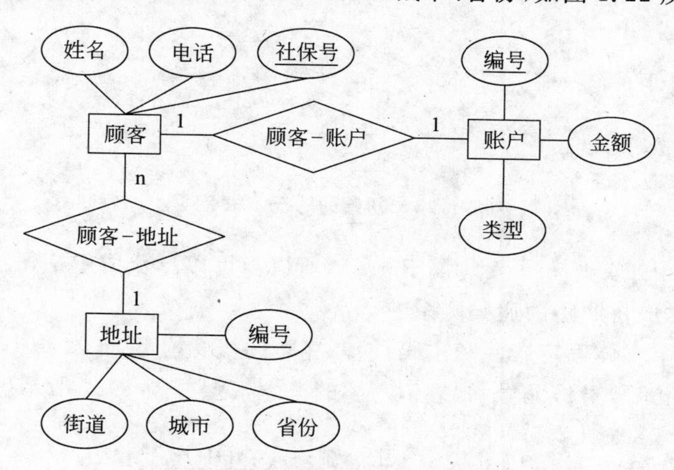

图 1.22　完整的陈氏 E-R 图

第四步,将陈氏模型转换为关系数据模型。

由于本案例中顾客和账户的联系是一对一,那么,可将原两实体合并在一起,用一个关系表示,顾客-账户(<u>社保号</u>,<u>编号</u>,姓名,电话,类型,金额),关系的属性由两个实体属性组合而成,若有的属性名相同,则应加以区分。顾客-账户关系的主码可以是原顾客实体的主码(社保号)或账户实体的主码(编号),也可以由两个实体的标识属性组合而成,即(社保号,编号)作为主码。

顾客实体和地址实体之间是一对多的联系,则将一方的主码(地址编号)放到顾客实体中作为外码。相应的数据库关系模式如下:

顾客-账户 (<u>社保号</u>,<u>账户编号</u>,姓名,电话,类型,金额,地址编号)
地址 (<u>地址编号</u>,街道,城市,省份)

【案例 1.6】 保存一个家谱,应该有一个实体：Person,每个人记录的信息包括姓名和联系(母亲,父亲,孩子)。试绘制概念模型(用陈氏 E-R 模型表示),并写出相应的关系数据库模式。

案例分析

第一步,确定实体。初始分析,本案例共有 4 个实体,Person 实体、母亲实体、父亲实体和孩子实体,分别记录实体人以及他们的父亲、母亲和子女的信息。

第二步,确定实体的联系,创建业务规则,并绘制初始的陈氏 E-R 模型。

Person 实体和其他实体之间分别是一对多的联系。

业务规则如下。

(1) 一个 Person 有多个子女,子女们都属于该 Person。

(2) 一个父亲有多个子女,每个子女只有一个父亲。

(3) 一个母亲有多个子女,每个子女只有一个母亲。

初始的陈氏 E-R 模型如图 1.23 所示。

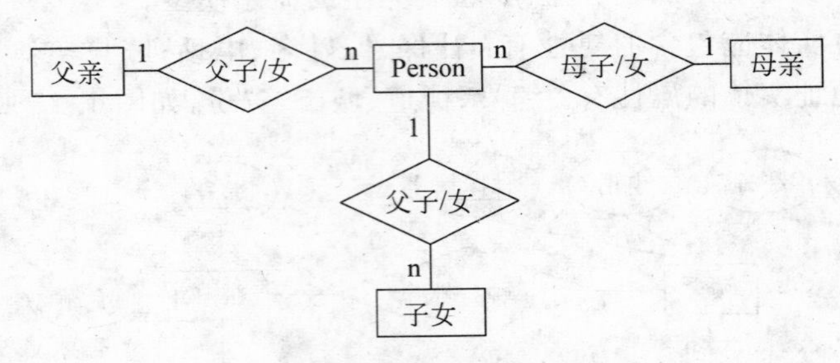

图 1.23 初始的陈氏 E-R 图

进一步分析,由于父母和子女均属 Person,所以都可以泛化成 Person。这样,原来的一对多的关系就转化成自回路的递归联系。

第三步,为每个实体确定属性和主码,绘制完整的概念模型。

Person 的属性有：身份证号和姓名,完整的概念模型如图 1.24 所示。

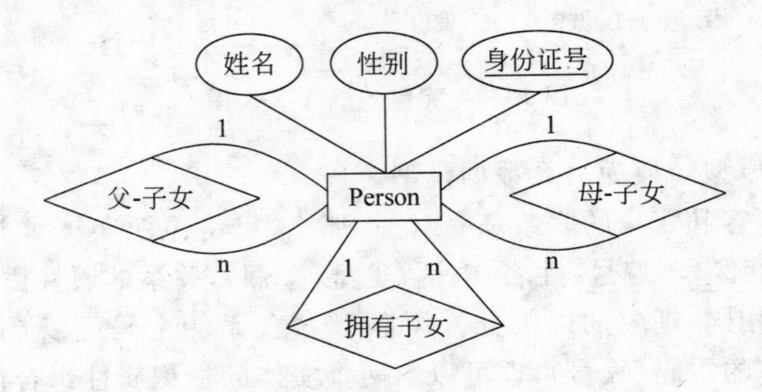

图 1.24 完整的陈氏 E-R 图

第四步,将陈氏模型转换为关系数据模型。

```
Person(身份证号,姓名,母亲,父亲)
```

【案例 1.7】 修改案例 1.6,以便使 Person 实体包含下列信息：男人、女人和做父母的人。

案例分析　若想区分 Person 实体是男人还是女人，只需增加一个属性——性别即可。若想区分该实体是否是做父母的人，只需再增加一个属性——子女数即可。

本案例的概念模型(陈氏 E-R 模型)如图 1.25 所示。

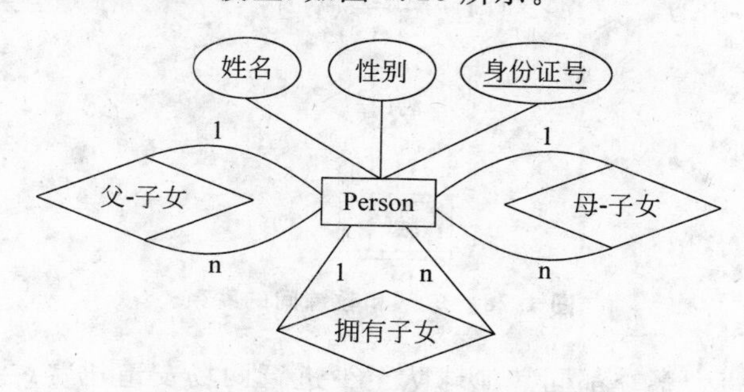

图 1.25　完整的陈氏 E-R 图

对应的关系数据库模式：

```
Person(身份证号,姓名,性别,子女数,父亲,母亲)
```

【案例 1.8】　北京市大学生篮球协会是一个业余性的篮球组织。该市的每个学校都有一支代表该校的球队。每个队最多有 12 名球员，最少有 9 名。不同球队的队员编号可以相同。每个运动队最多有 3 个教练员(进攻、防守和体能教练)，最少有一名。不同球队的教练编号可以相同。一个运动队每个赛季都同其他球队至少进行两场友谊比赛(主场和客场)。

协会需要描述以下实体：学校、球队、教练、球员。已知这些条件，绘制完整的扩展的概念模型(用陈氏 E-R 模型表示)，并转换成关系数据模型。

案例分析

(1) 每个学校都有一支代表该校的球队，说明学校和球队之间是一对一的联系。一个学校拥有一支球队，该球队只隶属于某一个学校，故关联度为 1∶1。对于每个学校来说，球队至少有一支，最多也只有一支，所以势为(1,1)。对于球队来说，它至少要隶属于一所学校，最多也只能代表一所学校，所以势为(1,1)，如图 1.26 所示。

图 1.26　学校、球队间的联系

(2) 每个队最多有 12 名球员，至少有 9 名。不同球队的队员编号可以相同，说明球员实体是球队实体的弱实体，球员实体的主码部分来自于其父实体。(球队编号，球员编号)作为球员实体的联合主码。此外，球队和球员的势分别为(9,12)和(1,1)，如图 1.27 所示。

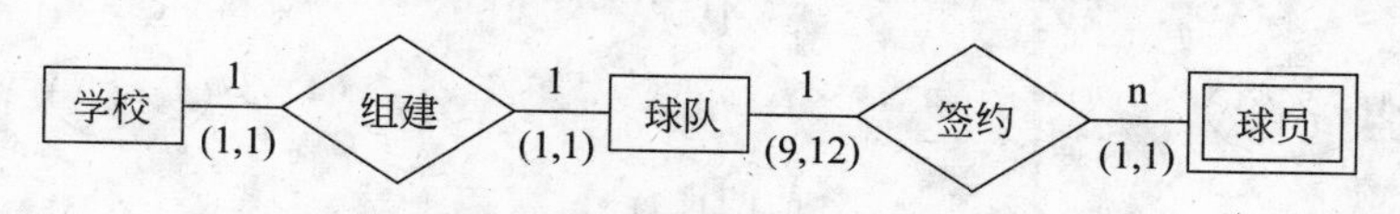

图 1.27　学校、球队、球员间的联系

(3) 每个运动队最多有 3 个教练员，最少有一个教练，不同球队的教练编号可以相同，说明球队和教练之间是一对多的联系，教练实体是弱实体，球队和教练的势分别是(1,3)和(1,1)，如图1.28所示。

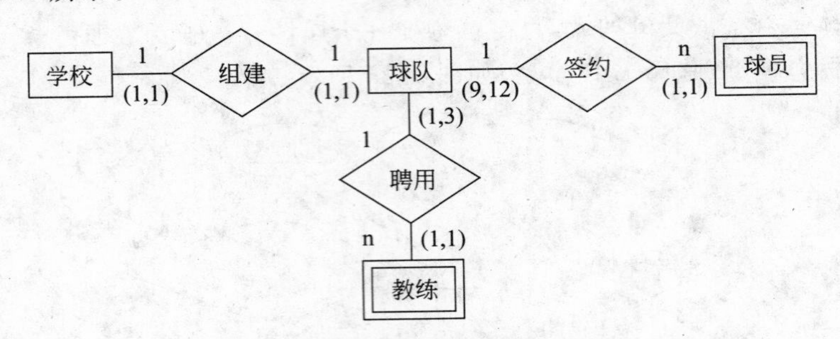

图1.28 球队和教练间的联系

(4) 一个运动队每个赛季都同其他球队至少进行两场友谊比赛(主场和客场)，说明球队和球队之间的联系是多对多，关联度为m∶n。同时，联系是自回路的递归的多对多联系，并将其转换成复合实体，联系的势是(2,n)，如图1.29所示。

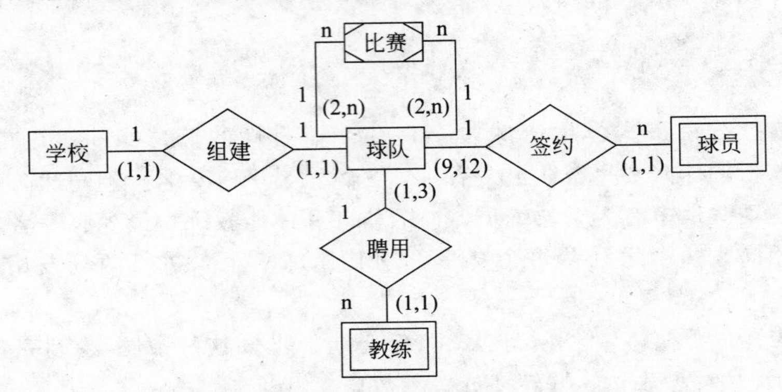

图1.29 球队与球队间的联系

形成最终的概念模型(扩展的陈氏E-R模型)如图1.30所示。

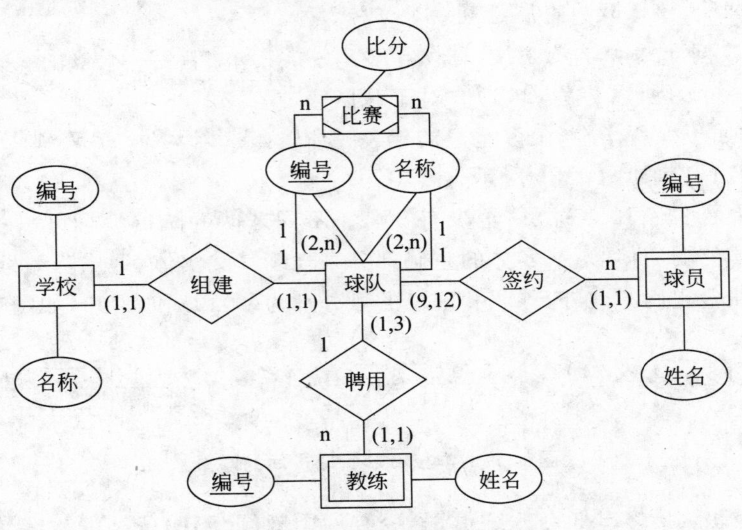

图1.30 扩展的陈氏E-R模型

相对应的数据库关系模式如下：

学校(学校编号,学校名称,球队编号,球队名称)
球员(球队编号,球员编号,球员姓名)
教练(球队编号,教练编号,教练姓名)
比赛(球队编号,球队编号,本场比分)

【案例1.9】 大唐电信公司在春节高峰期间会招聘一些新的员工,分配到其他的分公司中。大唐公司管理者对公司描述如下。

(1) 大唐公司有一个文件,它记录了即将接受工作的应聘者。

(2) 若应聘者以前曾经工作过,该应聘者会有一个特定的工作历史记录。

(3) 每个应聘者都需要提供一些资格证书,一种证书很多应聘者都有。

(4) 大唐公司有一个需要招聘员工计划的分公司列表。

(5) 每当一个分公司需要招聘员工,大唐公司就会在空缺职务文件中添加一条记录,该文件中包含空缺职务代号、公司名称、所需资格、试用期的开始时间、试用期的结束时间和小时待遇。

(6) 每个空缺职务只需一个专业或主要的资格。

(7) 当一位应聘者满足条件时,他就会得到这项工作,并且在工作安排记录文件中生成一条记录。该文件包含空缺职务代号、应聘者代号、总工作时间等,另外还需要在应聘者工作历史记录中生成一条记录。

大唐公司管理者要求记录下面的实体信息：公司、空缺职务、资格证书、应聘者、工作历史记录。试为大唐电信公司的管理者设计数据库的概念模型(用扩展的陈氏E-R模型表示)。

案例分析

(1) 大唐公司有一个文件,它记录了即将接受工作的应聘者。

(2) 若应聘者以前曾经工作过,该应聘者会有一个特定的工作历史记录。

这说明,应聘者实体和工作历史记录实体之间的联系是一对多,关联度是1∶n。对于应聘者来说,工作历史记录最少可以为0,表示以前没有参加过工作,最多可以为n,并无上限,所以参与性为可选择联系,势为(0,n);对于工作历史记录来说,一条工作历史记录最少对应一个应聘者,最多也只能记录一个应聘者,所以势为(1∶1),如图1.31所示。

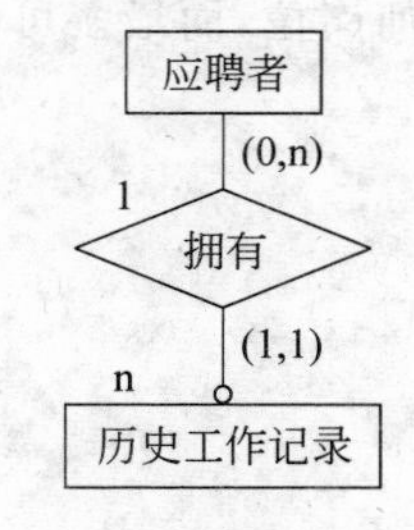

图1.31 应聘者与历史工作记录间的联系

(3) 每个应聘者都需要提供一些资格证书,一种证书很多应聘者都有。

这说明资格证书和应聘者之间的联系是多对多联系,关联度是1∶n,对于应聘者来说,需要提供一些资格证书,最少提供一本证书,最多需要提供n本证书,对于资格证书来说,一种资格证书很多应聘者都有,最少一个人有,最多n个人有,所以势为(1,n)和(1,n),如图1.32所示。

(4) 大唐公司有一个需要招聘员工计划的分公司列表。

(5) 每当一个分公司需要招聘员工,大唐公司就会在空缺职务文件中添加一条记录,该文件中包含空缺职务代号、公司名称、所需资格、试用期的开始时间、试用期的结束时间和小时待遇。

这说明，有一个记录分公司招聘员工计划的信息列表，其中，记录分公司信息的分公司实体与记录空缺职务信息的空缺职务实体之间是多对多的联系，即一个分公司可以有多个空缺职务，一个空缺职务只对应一个分公司。对于分公司来说，空缺职务是可选的，也就是说，分公司不需要人，暂时没有空缺职务，最少可以为0，最多可以为n；对于空缺职务而言，一个空缺职务对应至少一个分公司，最多也只能对应一个分公司，所以势分别是(0,n)和(1,1)，如图1.33所示。

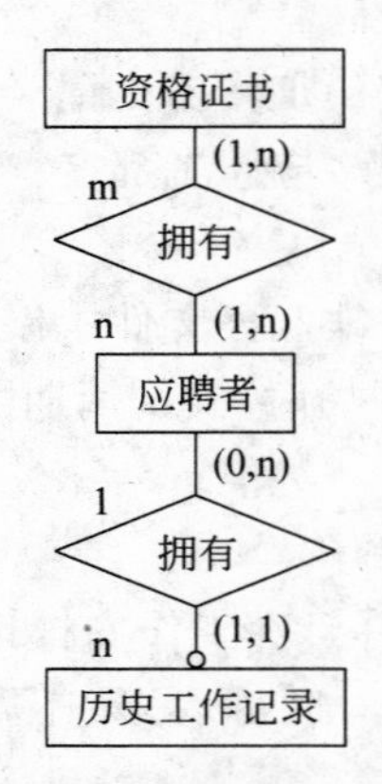

图1.32 应聘者与资格证书间的联系

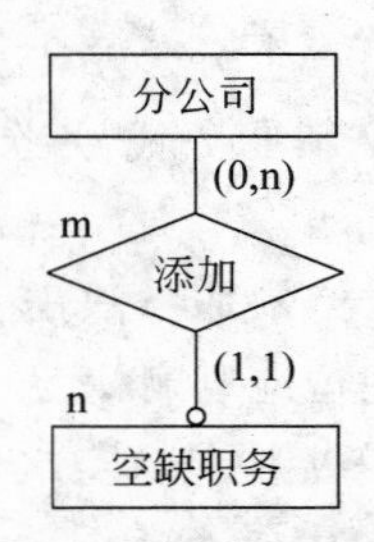

图1.33 分公司和空缺职务的联系

(6) 每个空缺职务只需一个专业或主要的资格。

这说明空缺职务实体和资格证书实体之间是一对多的联系，一个空缺职务只需要一个专业或主要的资格，而应聘者的一个专业或主要的资格可以竞聘多个空缺职务。对于空缺职务来说，至少需要一个专业或主要的资格证书，最多也只需要一个；对于资格证书来说，应聘者用一本资格证书最少可能竞聘到0个空缺职务，即没有适合他的空缺岗位或没有竞聘上任何岗位，而最多可以应聘n个空缺职务，所以势分别是(1,1)和(0,n)，如图1.34所示。

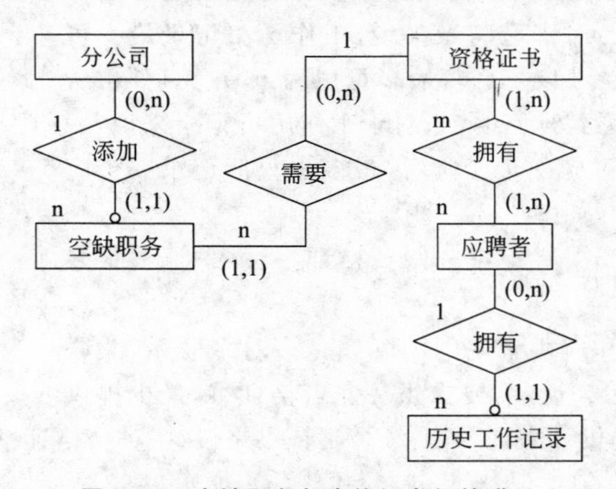

图1.34 空缺职务与资格证书间的联系

(7) 当一位应聘者满足条件时，他就会得到这项工作，并且在工作安排记录文件中生成一条记录。该文件包含空缺职务代号、应聘者代号、总工作时间等，另外还需要在应聘者工作历史记录中生成一条记录。

这说明应聘者实体和空缺职务实体之间是多对多联系，即一个应聘者可以多次安排工作，而一个空缺职务也可以多次招聘应聘者。对于空缺职务来说，不同时间段里可以更换多个应聘者，最少为0，最多为n；对于应聘者来说，不同时间段里可以多次竞聘空缺职务，最少为0，最多为n，所以势分别为(0,n)和(0,n)，如图1.35所示。

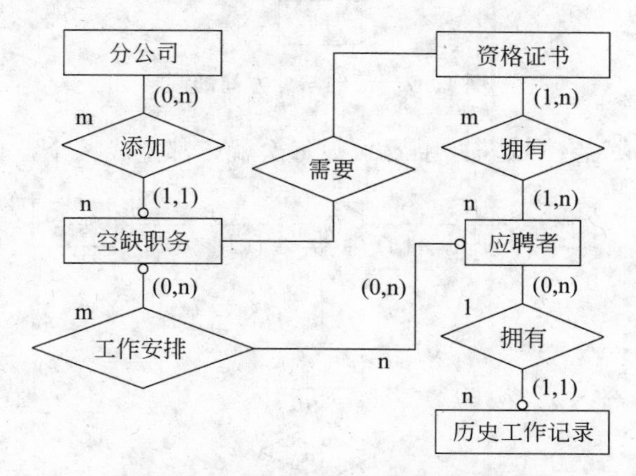

图1.35　应聘者和空缺职务间的联系

经过上面分析后，添加属性，绘制完整的陈氏E-R模型，最后根据转换原则，将陈氏E-R模型转换成数据库关系模式。这里略，读者需自己完成。

【案例1.10】　为一个医院的数据库设计一个概念模型(用扩展的鸭掌模型表示)，并将其转换成关系数据库模式，其中：至少使用下面的业务规则。

(1) 一位病人可以预约该医院中的一位或多位医生，一位医生可以被许多病人预约，但每次预约只能有一位医生，所涉及病人只能有一位。

(2) 急诊不需要预约，但为了预约管理的方便，该急诊在预约记录中输入为“没有安排”。

(3) 如果预约没有取消，则病人就会到预约的医生那里就诊。每次就诊医生都会开一个诊断结果。

(4) 每次就诊都会更新病人的记录，从而生成一次医疗记录。

(5) 如果病人采取治疗(取药或手术)，则每次就诊都生成一个账单。

(6) 必须支付每个账单，但一个账单可以分多次支付，一次付款可以支付很多账单。

(7) 病人可以支付很多账单，或者账单可以作为向保险公司索要医疗赔偿的凭据。

(8) 如果病人投保，账单可以由保险公司部分支付，余额由病人支付。

案例分析

(1) 一位病人可以预约该医院中的一位或多位医生，一位医生可以被许多病人预约。但每次预约只能有一位医生，所涉及病人只能有一位。

(2) 急诊不需要预约，但为了预约管理的方便，该急诊在预约记录中输入为“没有安排”。病人与医生间的联系如图1.36所示。

图1.36　病人与医生间的联系

(3) 如果预约没有取消，则病人就会到预约的医生那里就诊。每次就诊医生都会开一个诊断结果。

(4) 每次就诊都会更新病人的记录,从而生成一次医疗记录,如图 1.37 所示。

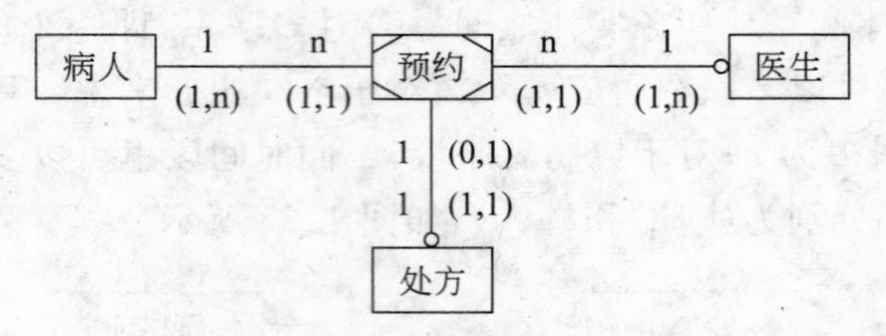

图 1.37 预约与处方间的联系

(5) 如果病人采取治疗(取药或手术),则每次就诊都生成一个账单,如图 1.38 所示。

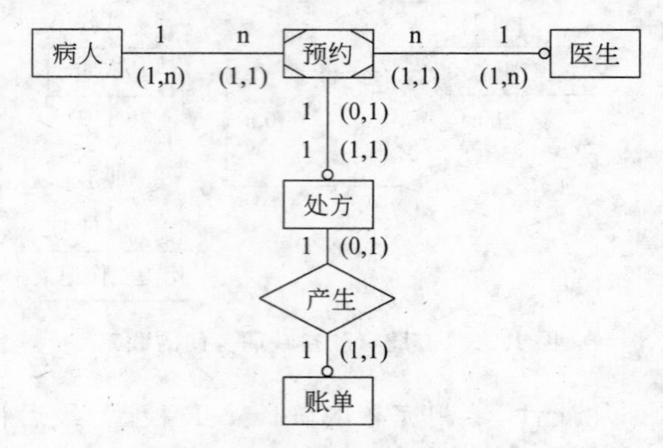

图 1.38 处方与账单间的联系

(6) 必须支付每个账单,但一个账单可以分多次支付,一次付款可以支付很多账单,如图 1.39 所示。

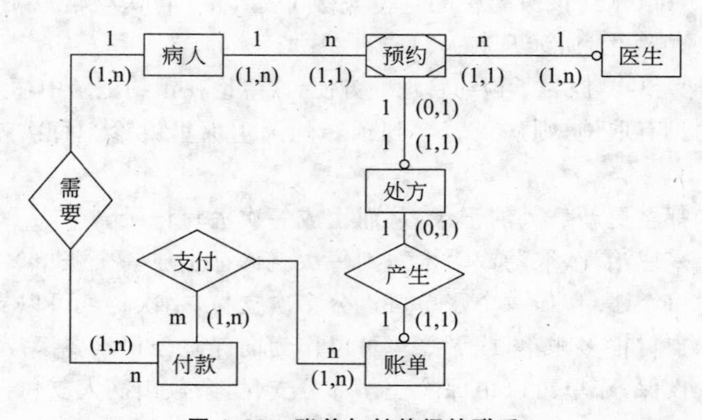

图 1.39 账单与付款间的联系

(7) 病人可以支付很多账单,或者账单可以作为向保险公司索要医疗赔偿的凭据,如图 1.40 所示。

(8) 如果病人投保,账单可以由保险公司部分支付,余额由病人支付,如图 1.41 所示。

经过上面分析后,添加属性,绘制完整的陈氏 E-R 模型,最后根据转换原则,将陈氏 E-R 模型转换成数据库关系模式。这里略,读者需自己完成。

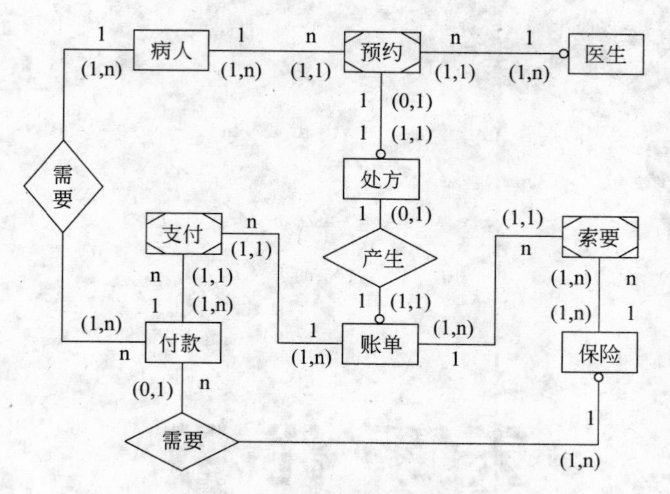

图 1.40　账单与保险间的联系

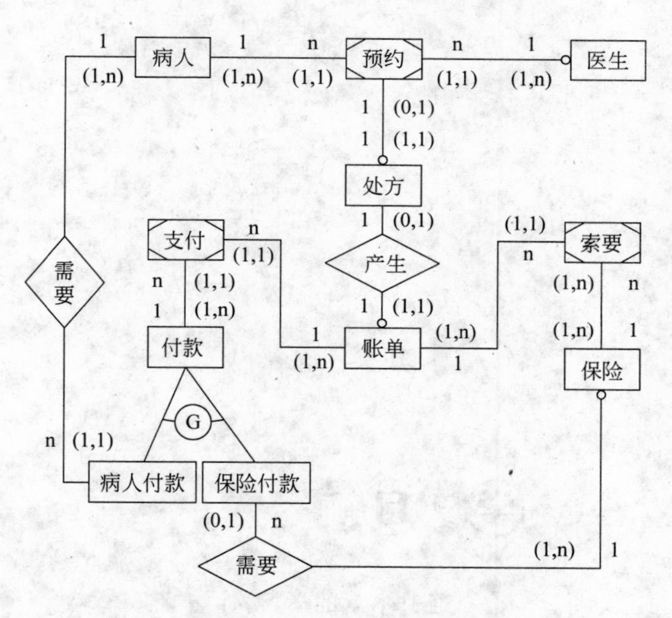

图 1.41　付款方式的分类

小　结

本章讲解了数据库的基本概念以及数据模型的分类及其使用方法，阐述了数据库设计的实用方法，然后讲解了数据库设计的 E-R 模型的经典案例及其分析。通过本章的学习，可以熟练地掌握数据库设计中 E-R 模型的规范画法，从而为将来实际从事软件设计与开发工作奠定坚实的理论基础。

第2章

关系代数

学习目标

通过本章的学习，你能够：

- 掌握关系模型的相关概念。
- 掌握关系代数的基本运算。

2.1 关系代数

1. 关系模型中的码

(1) 超码(Super Key)

在关系模型中,超码的概念形式化定义如下:设R是一个关系模式,如果说K是R的超码,则限制了关系r(R),此关系的任意两个不同元组在K的所有属性上的值不会完全相等,也就是说,如果t1和t2都属于(∈)r,而且t1≠t2,那么t1[K] ≠ t2[K]。

(2) 候选码(Candidate Key)

候选码是指没有冗余的超码。

(3) 主码(Primary Key)

若一个关系中有多个候选码,则选定其中的一个为主码。

(4) 主属性(Prime Attribute)

候选码的诸属性称为主属性。

(5) 非码属性(No-key Attribute)

不包含在任何候选码中的属性称为非主属性或非码属性。

(6) 单码(Single-key)和全码(All-key)

在最简单的情况下,候选码只包含一个属性,称做单码。在最极端的情况下,关系模式的所有属性组是这个关系模式的候选码,称为全码。

(7) 次码(Secondary Key)

严格地用于检索的属性或者属性组合。

(8) 外码(Foreign Key)

某关系R的属性或者属性的组合F,它的值要么匹配另一个关系S的主码K_S,要么是null,则称F是基本关系R的外码。

外码说明如下。

① 关系R和S不一定是不同的关系。

② S的主码K_S和R的外码F必须定义在同一个(或一组)域上。

③ 外码并不一定要与相应的主码同名。

④ 当外码与相应的主码属于不同关系时,通常取相同的名字,以便于识别。

2. 关系运算

关系运算包括选择、投影、连接、除和赋值等运算。

(1) 选择运算

选择运算:生成满足给定条件的所有的行的值,或者说它只产生与给定标准匹配的行的值。

实例:假设有关系R,如下所示,从关系R中选择类型为打印机的产品信息。

R

Model	Maker	Type
1004	B	个人计算机
1006	B	个人计算机
2001	D	便携式计算机
2004	E	便携式计算机
3002	B	打印机

$\sigma_{Type='便携式计算机'}(R)$

R′

Model	Maker	Type
2001	D	便携式计算机
2004	E	便携式计算机

(2) 投影

投影：生成所选属性的所有值，换句话说，投影将产生表的垂直子集。

实例：假设有关系 R，如下所示，从关系 R 中查询销售的产品都有哪些类型。

R

Model	Maker	Type
1004	B	个人计算机
1006	B	个人计算机
2001	D	便携式计算机
2004	E	便携式计算机
3002	B	打印机

$\pi_{R.Type}(R)$
或者 $\pi_{Type}(R)$
或者 $\pi_3(R)$

R′

Type
个人计算机
便携式计算机
打印机

投影之后不仅取消了原关系中的某些列，而且还可能取消某些元组，因为取消了某些属性列后，就可能出现重复行，应去掉这些完全相同的行。

(3) 连接

连接：两个及两个以上的关系中的组合信息。

连接是数据库的真正原动力，它通过共同属性来连接彼此独立的表。连接又称为内连接，是二元关系操作，用符号 $\bowtie$ 表示。

① θ 连接。θ 连接是从两个关系的笛卡儿积中选取属性之间那些满足条件 θ 的元组。记作：

$$R \underset{A\theta B}{\bowtie} S=\{t_r t_s \mid t_r \in R \land t_s \in S \land t_r[A]\theta t_s[B]\}$$

其中，A 和 B 分别为 R 和 S 上度数相等且可比的属性组。θ 是比较运算符（可以是=、>=等）。连接运算从 R 和 S 的笛卡儿积 R×S 中选取（R 关系）在 A 属性组上的值与（S 关系）在 B 属性组上的值满足比较关系 θ 的元组。

θ 连接的步骤如下。

a. 获得 R 和 S 的笛卡儿积。

b. 从笛卡儿积中选择满足条件 θ 的元组，注意，只生成满足条件 θ 的行。

如果 θ 为“=”的连接运算，则称为等值连接。它是特殊的 θ 连接，是从关系 R 与 S 的笛卡儿积中选取 A、B 属性值相等的那些元组，即等值连接为

$$R \underset{A=B}{\bowtie} S=\{t_r t_s \mid t_r \in R \land t_s \in S \land t_r[A]=t_s[B]\}$$

设关系 R、S 分别为

关系 R

A	B	C
1	2	3
6	7	8
9	7	8

关系 S

B	C	D
2	3	4
2	3	5
7	8	10

【实例 2.1】 θ 为 A<D,则 $R \underset{A<D}{\bowtie} S$ 为

A	R. B	R. C	S. B	S. C	D
1	2	3	2	3	4
1	2	3	2	3	5
1	2	3	7	8	10
6	7	8	7	8	10
9	7	8	7	8	10

【实例 2.2】 θ 为等值连接 R. B=S. B ∧ R. C=S. C,则 $R \underset{RB=SB \land RC=S.C}{\bowtie} S$ 为

A	R. B	R. C	S. B	S. C	D
1	2	3	2	3	4
1	2	3	2	3	5
6	7	8	7	8	10
9	7	8	7	8	10

注意　等值连接中连接条件的属性列均需要投影，即 R.B、S.B 和 R.C、S.C。

② 自然连接。若 A、B 是相同的属性组,就可以在结果中把重复的属性去掉。这种去掉了重复属性的等值连接称为自然连接。自然连接可记作:

$$R \bowtie S = \{t_r t_s \mid t_r \in R \land t_s \in S \land t_r[A] \theta t_s[B]\}$$

自然连接的步骤如下。

a. 获得 R 和 S 的笛卡儿积。

b. 从笛卡儿积中选择满足等值条件的元组,注意,只生成满足等值条件的行。

c. 从等值连接中去掉重复的公共属性。

【实例 2.3】 自然连接,则 $R \bowtie S$ 为

A	B	C	D
1	2	3	4
1	2	3	5
6	7	8	10
9	7	8	10

注意　自然连接必须是相同的属性组，而等值连接则不一定；自然连接中相同属性组只投影一次，而等值连接投影两次。

③ 自身连接。连接操作不仅仅可以是两个关系直接进行，也可以是一个关系与其自身进行连接，称为自身连接。

④ 赋值运算。有时通过临时关系变量赋值，可以将关系代数表达式分开，一部分一部分地来写。赋值运算用符号"←"来表示，与程序设计语言中的赋值类似。赋值运算只是将"←"右侧的表达式的结果赋给左侧的关系变量，该关系变量可以在后续的表达式中使用。特别要注意的是：对关系代数而言，赋值必须是赋给一个临时关系变量，而对永久关系的赋值即是对数据库的修改。此外，赋值运算不能增加关系代数的表达能力，但可以使复杂查询的表达变得清晰、简单。

⑤ 除。除可以用前面的几种运算来表达，并不很常用。

给定关系 R(X, Y)和 S(Y, Z)，其中 X, Y, Z 为属性组。R 中的 Y 与 S 中的 Y 可以有不同的属性名，但必须出自相同的域。R 与 S 的除运算得到一个新的关系 P(X)，P 是 R 中满足下列条件的元组在 X 属性列上的投影：元组在 X 上分量值 x 的像集 Y_x 包含 S 在 Y 上投影的集合，记作：

$$R \div S = \{t_r[X] \mid t_r \in R \wedge \pi_y(R) \subseteq Y_x\}$$

其中，Y_x 为 x 在 R 中的像集，$x = t_r[X]$。

A	B	C	D
a	b	c	d
a	b	e	f
b	c	e	f
e	d	c	d
e	d	e	f
a	b	d	e

关系 R

C	D
c	d
e	f

关系 S

A	B
a	b
e	d

R÷S

除示例分析：

在关系 R 中，属性组 X(A, B)可以取三组值 x={x | x∈{(a, b), (b, c), (e, d)}}

a. x=(a, b) 在关系 R 上的像集为：{(c, d), (e, f), (d, e)}。

b. x=(b, c) 在关系 R 上的像集为：{(e, f)}。

c. x=(e, d) 在关系 R 上的像集为：{(c, d), (e, f)}。

S 在(C, D)上的投影为：{(c, d), (e, f)}。

三组值中只有 a 和 c 在关系 R 上的像集包含了 S 在(C, D)属性组上的投影，所以，R÷S={(a, b), (e, d)}。

(4) 广义的投影

广义投影运算通过允许在投影列表中使用算术函数来对投影进行扩展。广义投影运算的形式为

$$\pi_{F1, F2, \cdots, Fn}(E)$$

其中，E 为任意关系代数表达式，而 F1, F2, …, Fn 中的每一个都是涉及常量以及 E 的模式中枢性的算术表达式。特别地，算术表达式可以仅仅是个属性或常量。

【实例 2.4】 假设有关系 R，如下所示，春节大酬宾，各厂家纷纷降低产品价格，普遍下

调100元,试查询降价后的PC信息。

R

Model	Price
1	1000
2	980
3	1040
4	900
5	880

广义投影

$\pi_{model, price, price-100}(R)$

季节波动,价格下调100元

R′

Model	Price	New-Price
1	1000	900
2	980	880
3	1040	940
4	900	800
5	880	780

(5) 聚集函数

聚集函数输入值的一个集合,返回单个的值。例如,聚集函数 sum 输入值的一个集合,返回这些值的和,因此,将函数 sum 输入值的一个集合{1, 1, 3, 4, 4, 11},返回值 24。

分组聚集函数是对关系中的元组按某一条件进行分组,并在分组的元组上使用聚集函数。分组聚集符号用 G 表示。

$$_{Sno}G_{avg(score)}(R)$$

G 左侧的下标 Sno 表明输入关系 R 必须按照 Sno 的值进行分组,G 右侧的下标的表达式 avg(score)表明对每组元组,聚集函数 avg 必须作用于属性 score 上的值的集合。

【实例 2.5】 假设有关系 R,如下所示,其中,学号和课程(Sno, Course)作为联合主码。从关系 R 中按课程分组查询课程的平均分。

R

Sno	Course	Score
1	数学	90
1	语文	80
2	数学	80
2	语文	70
3	数学	70
3	语文	60

$_{Course}G_{avg(score)}(R)$

R′

Course	avg(score)
数学	80
语文	70

(6) 外连接

外连接运算是连接运算的扩展,可以处理缺失的信息。假如有如下关系。

R

Sno	Sname
1	谢一
2	张三
3	王五
4	李四

S

Sno	Course	Score
1	数学	90
1	语文	80
2	数学	80
2	语文	70
3	数学	70
3	语文	60

$R \bowtie S$

R′

Sno	Sname	Course	Sname
1	谢一	数学	90
1	谢一	语文	80
2	张三	数学	80
2	张三	语文	70
3	王五	数学	70
4	王五	语文	60

从自然连接查询结果不难发现，自然连接丢失了李四同学课程的信息，因为该同学并未选修任何课程，使用外连接，可以在查询学生成绩时，避免丢失这样的信息，这样的信息使用空值(null)表示。

两个关系进行外连接，一个关系保留匹配的对，而另一个关系中不匹配的值就设置为null，所以外连接分成左向外连接、右向外连接和全外连接。

左向外连接：以符号 $*\bowtie$ 表示，结果集为左表的所有行。如果左表的某行在右表中没有匹配行，则在相关联的结果集行中右表的所有选择列表列均为空值。

右向外连接：以符号 $\bowtie*$ 表示，结果集为右表的所有行。如果右表的某行在左表中没有匹配行，则将为左表返回空值。

全外连接：以符号 $*\bowtie*$ 表示，返回左表和右表中的所有行。当某行在另一个表中没有匹配行时，则另一个表的选择列表列包含空值。

在通常的连接操作中，只有满足连接条件的元组才能作为结果输出。外连接与普通连接的区别在于：普通连接操作只输出满足连接条件的元组，而外连接操作以指定表为连接主体，将主体表中不满足连接条件的元组一并输出。

【实例 2.6】 上述关系 R 和 S 的左向外连接为

R

Sno	Sname
1	谢一
2	张三
3	王五
4	李四

S

Sno	Course	Score
1	数学	90
1	语文	80
2	数学	80
2	语文	70
3	数学	70
3	语文	60

$R*\bowtie S$

R′

Sno	Sname	Course	Sname
1	谢一	数学	90
1	谢一	语文	80
2	张三	数学	80
2	张三	语文	70
3	王五	数学	70
3	王五	语文	60
4	李四	null	null

(7) 删除

删除运算的表达式和查询表达式非常相似。所不同的是，删除不是将要找出的元组显示给用户，而是要将它们从数据库中去除。特别要注意的是：删除是将元组整个地删除，而不是仅删除某些属性上的值。用关系代数表达式表示的删除操作如下：

$$r \leftarrow r - E$$

其中 r 是关系，E 是查询的关系代数表达式。

【实例 2.7】 假设有关系 R，如下所示，从关系 R 中删除 B 厂商生产的产品。

R

Model	Maker	Type
1004	B	个人计算机
1006	B	个人计算机
2001	D	便携式计算机
2004	E	便携式计算机
3002	B	打印机

$E \leftarrow \pi_{Model, Maker, Type}$

$\sigma_{Maker=B}(R)$

$R=R-E$

R′

Model	Maker	Type
2001	D	便携式计算机
2004	E	便携式计算机

(8) 插入

插入的含义是将新的元组增加到关系中。使用关系代数表达式,插入被表示为

$$r \leftarrow r \cup E$$

其中r是关系,E是关系代数表达式。

【实例2.8】 假设有关系R,如下所示,在关系R中插入一条信息{1005, C, 个人计算机}。

R

Model	Maker	Type
1004	B	个人计算机
1006	B	个人计算机
2001	D	便携式计算机
2004	E	便携式计算机
3002	B	打印机

R←R∪{1005,C,个人计算机}

R′

Model	Maker	Type
1004	B	个人计算机
1006	B	个人计算机
2001	D	便携式计算机
2004	E	便携式计算机
3002	B	打印机
1005	C	个人计算机

(9) 更新

更新的含义是只修改关系中已有元组的部分属性的值,可以用投影表示如下:

$$\pi_{F1,F2,\cdots,Fn}(R)$$

【实例2.9】 假设有关系R,如下所示,销售旺季,PC的市场价格普遍上浮10%。

R

Model	Price
1	1000
2	980
3	1040
4	900
5	880

$R \leftarrow \pi_{Model,Price*1.1}(R)$
销售旺季,价格上浮10%

R′

Model	Price	New-Price
1	1000	1100
2	980	1078
3	1040	1144
4	900	990
5	880	968

【实例2.10】 假设有关系R,如下所示,销售淡季,金额在1000元及以上的商品价格下调10%,其他则下调5%。

$$R \leftarrow \pi_{Model,Price*0.9}(\sigma_{Price \geq 1000}(R)) \cup \pi_{Model,Price*0.95}(\sigma_{Price<1000}(R))$$

R

Model	Price
1	1000
2	980
3	1040
4	900
5	880

销售淡季,金额在1000元及以上的商品价格下调10%,其他下调5%

R′

Model	Price	New-Price
1	1000	900
2	980	931
3	1040	936
4	900	855
5	880	836

2.2 关系代数案例分析

案例说明：

某市场管理部，其产品营销关系数据库模式如下：

```
Product(model, maker, type)
PC(model, speed, ram, hd, cd, price)
Laptop(model, speed, ram, hd, screen, price)
Printer(model, color, type, price)
```

Product关系给出不同产品的制造商、型号和类型(PC、便携式计算机或打印机)。为了方便，假定型号对于所有的制造商和产品类型是唯一的，这个假设并不现实，实际的数据库将把制造商代码作为型号的一部分。PC关系对于每个PC型号给出速度(处理器的速度，以兆赫计算)、RAM的容量(以兆字节计算)、硬盘容量(以吉字节计算)、光盘驱动器的速度(例如，4倍速)和价格。便携式计算机(Laptop)关系和PC是类似的，除了屏幕尺寸(用英寸计算)记录在原来记录CD速度的地方。打印机(Printer)关系对于每台打印机的类型记录打印机是否产生彩色输出(真，如果是)、工艺类型(激光、喷墨或干式)和价格。

写出关系代数表达式，回答下列查询，对于图2.1和图2.2中的数据给出查询结果。

model	maker	type	model	maker	type
1001	A	个人计算机(PC)	2003	D	便携式计算机
1002	A	个人计算机	2004	E	便携式计算机
1003	A	个人计算机	2005	F	便携式计算机
1004	B	个人计算机	2006	G	便携式计算机
1005	C	个人计算机	2007	G	便携式计算机
1006	B	个人计算机	2008	E	便携式计算机
1007	C	个人计算机	3001	D	打印机(Printer)
1008	D	个人计算机	3002	D	打印机
1009	D	个人计算机	3003	D	打印机
1010	D	个人计算机	3004	E	打印机
2001	D	便携式计算机(Laptop)	3005	H	打印机
2002	D	便携式计算机	3006	I	打印机

图 2.1 关系 Product(产品)的采样数据

【案例 2.1】 从Product关系中查询所有产品的信息。

案例分析 关系表达式如下。

(1) $\sigma_{\text{Product.model, Product.maker, Product.type}}$(Product)

(2) 或者 $\sigma_{\text{model,maker,type}}$(Product)

(3) 或者 $\sigma_{1,2,3}$(Product)

model(型号)	speed(速度)	ram(内存)	hd(硬盘)	cd(光驱)	price(价格)
1001	133	16	1.6	6x	1595
1002	120	16	1.6	6x	1399
1003	166	24	2.5	6x	1899
1004	166	32	2.5	8x	1999
1005	166	16	2.0	8x	1999
1006	200	32	3.1	8x	2099
1007	200	32	3.2	8x	2349
1008	180	32	2.0	8x	2349
1009	200	32	2.5	8x	2599
1010	160	16	1.2	8x	1495

(a) 关系 PC(个人计算机)的采样数据

model(型号)	speed(速度)	ram(内存)	hd(硬盘)	screen(屏幕)	price(价格)
2001	100	20	1.10	9.5	1999
2002	117	12	0.75	11.3	2499
2003	117	32	1.00	11.2	3599
2004	133	16	1.10	11.3	3499
2005	133	16	1.00	11.3	2599
2006	120	8	0.81	12.1	1999
2007	150	16	1.35	12.1	4799
2008	120	16	1.10	12.1	2099

(b) 关系 Laptop(便携式计算机)的采样数据

model(型号)	color(彩色)	type(类型)	price(价格)
3001	真	喷墨	275
3002	真	喷墨	269
3003	假	激光	829
3004	假	激光	879
3005	假	喷墨	180
3006	真	干式	470

(c)关系 Printer(打印机)的采样数据

图 2.2　案例中各关系的采样数据

说明：

① 其中下标 1、2、3 分别为 model、maker 和 type 的属性序号。

② 查询的结果就是 Product 表的信息。

③ 单表查询中可以省略表名.属性名中的表名。

查询结果：

model	maker	type
1001	A	个人计算机(PC)
1002	A	个人计算机
1003	A	个人计算机
1004	B	个人计算机
1005	C	个人计算机
1006	B	个人计算机
1007	C	个人计算机
1008	D	个人计算机
1009	D	个人计算机
1010	D	个人计算机
2001	D	便携式计算机(Laptop)
2002	D	便携式计算机
2003	D	便携式计算机
2004	E	便携式计算机
2005	F	便携式计算机
2006	G	便携式计算机
2007	G	便携式计算机
2008	E	便携式计算机
3001	D	打印机(Printer)
3002	D	打印机
3003	D	打印机
3004	E	打印机
3005	H	打印机
3006	I	打印机

【案例 2.2】 从 Product 关系中查询 A 厂商生产的所有产品的信息。

案例分析 从 Product 关系中只选出厂商 A 生产的产品，本案例的关系代数表达式如下。

(1) $\sigma_{Product,moker='A'}$(Product)

(2) 或者 $\sigma_{maker='A'}$(Product)

(3) 或者 $\sigma_{2='A'}$(Product)

查询结果：

model	maker	type
1001	A	个人计算机(PC)
1002	A	个人计算机
1003	A	个人计算机

【案例 2.3】 从 Printer 关系中查询价格小于 300 的打印机信息。

案例分析 从 Printer 中选出价格小于 300 的打印机，本案例的关系代数表达式如下。

(1) $\sigma_{Printer.price<300}$(Printer)

(2) 或者 $\sigma_{price<300}$(Printer)

(3) 或者 $\sigma_{4<300}$(Printer)

查询结果：

model	color	type	price
3001	真	喷墨	275
3002	真	喷墨	269
3005	假	喷墨	180

【案例 2.4】 从 Printer 关系中找出所有彩色打印机的元组。

案例分析 本案例考查的是选择运算。从 Printer 关系中选择打印机颜色为真的元组。本案例的关系代数表达式如下。

$$\sigma_{Printer.color=真}(Printer)$$

查询结果：

model	color	type	price
3001	真	喷墨	275
3002	真	喷墨	269
3006	真	干式	470

【案例 2.5】 查询 PC 的型号和价格。

案例分析　本案例是求 PC 关系在型号和价格两个属性上的投影。本案例的关系代数表达式如下。

(1) $\pi_{PC.model,PC.price}(PC)$

(2) 或者 $\pi_{model,price}(PC)$

(3) 或者 $\pi_{1,6}(PC)$

查询结果：

model	price
1001	1595
1002	1399
1003	1899
1004	1999
1005	1999
1006	2099
1007	2349
1008	2349
1009	2599
1010	1495

【案例 2.6】 查询都有哪些类型的打印机。

案例分析　本案例是只投影到 Type 属性。本案例的关系代数表达式如下。

(1) $\pi_{Printer.price}(Printer)$

(2) 或者 $\pi_{Type}(Printer)$

(3) 或者 $\pi_{4}(Printer)$

查询结果：

type
干式
激光
喷墨

【案例 2.7】 找出价格不超过 2000 元的所有个人计算机的型号、速度以及硬盘容量。

案例分析　本案例考查的是选择运算和投影运算。从 PC 关系中选出小于等于 2000 元的元组，然后，投影型号、速度和硬盘容量属性。本案例的关系代数表达式如下。

$$\pi_{model,speed,hd}(\sigma_{price\leqslant 2000}(PC))$$

查询结果：

model	speed	hd
1001	133	1.6
1002	120	1.6
1003	166	2.5
1004	166	2.5
1005	166	2.0
1010	160	1.2

【案例 2.8】 找出价格不超过 2000 元的所有个人计算机的型号、速度以及硬盘容量，并在此基础上将型号字段改成中文“型号”，速度字段改成“速度”，并将硬盘容量改成“容量”。

案例分析　本案例考查的是命名运算。

$$\rho_{PC'}\text{型号,速度,容量}(\pi_{model,speed,hd}(\sigma_{price\leqslant 2000}(PC)))$$

查询结果：

型号	速度	容量
1001	133	1.6
1002	120	1.6
1003	166	2.5
1004	166	2.5
1005	166	2.0
1010	160	1.2

【案例 2.9】 找出硬盘容量为 1.6GB 或 2.0GB 而且价格低于 2000 元的所有个人计算机的型号、速度以及价格。

案例分析 本案例考查的是复杂条件的查询，涉及选择和投影操作。关系代数表达式为

$$\pi_{model,speed,price}(\sigma_{hd=1.6 \lor hd=2.0 \land price \leqslant 2000}(PC))$$

查询结果：

model	speed	price
1001	133	1595
1002	120	1399
1005	166	1999

【案例 2.10】 找出 PC 价格在 2000～3000 元的机器的型号、硬盘容量以及价格。

案例分析 本案例考查的是复杂条件的查询。价格在 2000 元和 3000 元之间，将其转化成等价条件：价格大于 2000 元，并且价格小于 3000 元。本案例的关系代数表达式为

$$\pi_{model,hd,price}(\sigma_{price \geqslant 2000 \land price \leqslant 3000}(PC))$$

查询结果：

model	hd	price
1006	3.1	2099
1007	3.2	2349
1008	2.0	2349
1009	2.5	2599

【案例 2.11】 查询只销售便携式计算机，不销售其他商品的厂商。

案例分析 本案例考查的是集合差操作。首先，求出销售便携式计算机的厂商；其次，求出销售其他类型产品的厂商(这个集合中包含了既销售便携式计算机，又销售其他类型的厂商)；最后，利用集合差求出只销售便携式计算机的厂商。本案例的关系代数表达式为

$$\pi_{maker}(\sigma_{type=便携式计算机}(Product)) - \pi_{maker}(\sigma_{type<>便携式计算机}(Product))$$

查询结果：

maker
D
E
F
G

−

maker
A
B
C
D
E
H
I

=

maker
F
G

【案例 2.12】 查询 PC 中的硬盘容量比便携式计算机中某一硬盘容量小的 PC 的型号和容量。

案例分析 本案例考查的是 θ 连接，其中，θ 为 PC. hd<Laptop. hd。关系代数表达式为

$$\pi_{PCmodel,PChd}(PC \underset{PC.hd<Laptop.hd}{\bowtie} Laptop)$$

查询结果：

model	hd
1010	1.2

结果集为型号 1010 的 PC，容量为 1.2，它比型号 2007 的 Laptop 的容量小。

【案例 2.13】 找出速度至少为 180Hz 的 PC 的厂商。

案例分析 本案例考查的是自然连接。关系代数表达式为

$$\pi_{Product.maker}(\sigma_{PC.speed\geqslant 180}(Product \bowtie PC))$$

maker
B
C
D

【案例 2.14】 查询便携式计算机具有最小 1.10GB 并且速度大于 130 的 PC 的生产型号、厂商和价格。

案例分析 本题考查的是关系的自然连接和复杂查询。关系代数表达式为

$$\pi_{Product.model, Product.maker, Laptop.price}(\sigma_{Laptop.hd\geqslant 1.10 \wedge Laptop.speed>130}(Product \bowtie Laptop))$$

查询结果：

model	maker	price
2004	E	3499
2007	G	4799

【案例 2.15】 找出厂商 B 生产的 PC 的所有信息。

案例分析 本题考查的是自然连接。这里需要注意的是自然连接与等值连接的区别。自然连接必须是相同的属性组，而等值连接则不一定；自然连接中相同属性组只投影一次，而等值连接投影两次。本案例的关系代数表达式为

$$\sigma_{Product.maker=B}(Product \bowtie PC))$$

model	maker	type	speed	ram	hd	cd	price
1004	B	个人计算机	166	32	2.5	8x	1999
1006	B	个人计算机	200	32	3.1	8x	2099

【案例 2.16】 找出速度高于任何 PC 的便携式计算机的型号和速度。

案例分析 本题考查的是 θ 连接和复杂查询，用连接的等价公式表示。

$$R \underset{A\Theta B}{\bowtie} S = \sigma_{A\theta B}(R \times S)$$

第一步，进行 θ 连接，其中 θ 为 Laptop.speed＞PC.speed，结果集如下。

model	speed	ram	hd	screen	price	model	speed	ram	hd	cd	price
2004	133	16	1.10	11.3	3499	1002	120	16	1.6	6x	1399
2005	133	16	1.00	11.3	2599	1002	120	16	1.6	6x	1399
2007	150	16	1.35	12.1	4799	1001	133	16	1.6	6x	1595
2007	150	16	1.35	12.1	4799	1002	120	16	1.6	6x	1399
2007	150	16	1.35	12.1	4799	1011	133	16	1.6	6x	5000

第二步，投影便携式计算机的型号和速度。

model	speed
2004	133
2005	133
2007	150
2007	150
2007	150

所以，本案例的关系代数表达式为

$$\pi_{Laptop.model,Laptop.speed}(\sigma_{Laptop.speed>PC.speed}(Laptop \times PC))$$

【案例 2.17】 找出厂商 D 生产的所有产品的型号和价格。

案例分析 本案例考查的是集合的并、连接、选择和投影。

首先通过自然连接、选择和投影将厂商 D 生产的 PC 查询出来，同理，查询出 D 厂商生产的便携式计算机和打印机。然后，进行集合并操作，查出最终的结果集。本案例的关系代数表达式为

$$\pi_{Productmodel,PC.price}(\sigma_{Productmaker=D}(Product \bowtie PC))$$
$$\cup \pi_{Productmodel,Laptop.price}(\sigma_{Productmaker=D}(Product \bowtie Laptop))$$
$$\cup \pi_{Productmodel,Printer.price}(\sigma_{Productmaker=D}(Product \bowtie Printer))$$

查询结果：

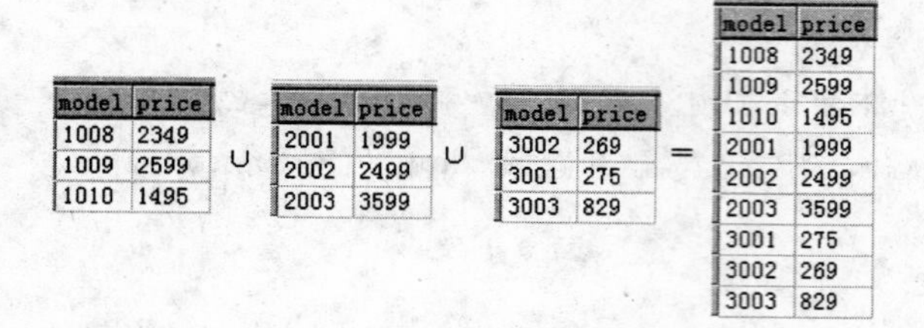

model	price
1008	2349
1009	2599
1010	1495

∪

model	price
2001	1999
2002	2499
2003	3599

∪

model	price
3002	269
3001	275
3003	829

=

model	price
1008	2349
1009	2599
1010	1495
2001	1999
2002	2499
2003	3599
3001	275
3002	269
3003	829

【案例 2.18】 找出既销售便携式计算机，又销售个人计算机(PC)的厂商。

案例分析 本题可以采用 3 种方法进行求解，第一种方法采用交操作；第二种方法采用除操作；第三种方法采用连接操作。

(1) 方法一：集合交操作

分析：假设有如下关系 R

Maker	Type
1	PC
1	Laptop
2	PC
3	Laptop
4	Printer

采用集合交操作：

Maker	Type
1	PC
1	Laptop
2	PC
3	Laptop
4	Printer

投影选择生产PC的厂商

∩

Maker	Type
1	PC
1	Laptop
2	PC
3	Laptop
4	Printer

投影选择生产Laptop的厂商

→ 1, 2 ∩ 1, 3 → 1

所以，本案例的关系代数表达式为

$$\pi_{maker}(\sigma_{type=个人计算机}(Product)) \cap \pi_{maker}(\sigma_{type=便携式计算机}(Product))$$

查询结果：

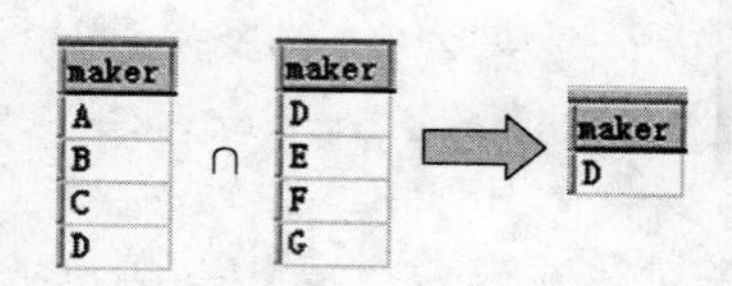

maker
A
B
C
D

∩

maker
D
E
F
G

⇒

maker
D

（2）方法二：除操作

分析：假设有如下关系 R

Maker	Type
1	PC
1	Laptop
2	PC
3	Laptop
4	Printer

第一步，赋值运算。首先建立一个临时关系 K。

K ←

Type
PC
Laptop

第二步，求出既销售 PC 又销售 Laptop 的厂家。

Maker	Type
1	PC
1	Laptop
2	PC
3	Laptop
4	Printer

÷ K =

Maker
1

所以，本案例的关系表达式为

$$K \leftarrow \pi_{maker,type}(\sigma_{type=个人计算机 \vee type=便携式计算机}(Product))$$

$$\pi_{maker}(Product) \div K$$

查询结果：

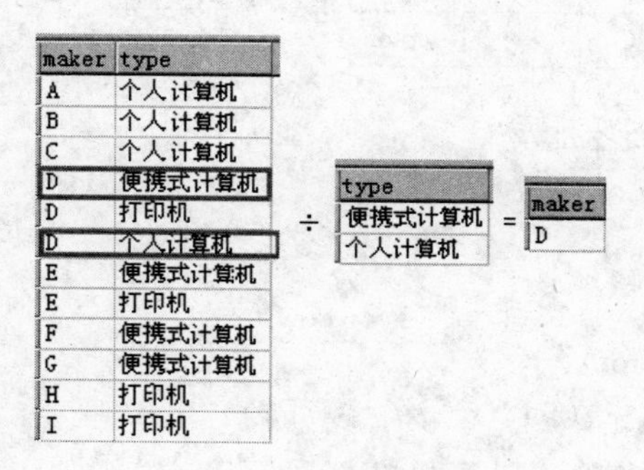

maker	type
A	个人计算机
B	个人计算机
C	个人计算机
D	便携式计算机
D	打印机
D	个人计算机
E	便携式计算机
E	打印机
F	便携式计算机
G	便携式计算机
H	打印机
I	打印机

÷

type
便携式计算机
个人计算机

=

maker
D

(3) 方法三：自身连接操作

分析：假设有如下关系 R

Maker	Type
1	PC
1	Laptop
2	PC
3	Laptop
4	Printer

第一步，为了方便起见，将两个 Product 关系取两个别名，一个是 P1，另一个是 P2。$P1 \leftarrow \rho_{P1}(Product)$；$P2 \leftarrow \rho_{P2}(Product)$。

第二步，经过命名和赋值运算后，进行 Product 关系自身等值连接：

Maker	Type
1	PC
1	Laptop
2	PC
3	Laptop
4	Printer

$\bowtie_{P1.maker=P2.maker}$

Maker	Type
1	PC
1	Laptop
2	PC
3	Laptop
4	Printer

=

Maker	Type	Maker	Type
1	PC	1	PC
1	PC	1	Laptop
1	Laptop	1	PC
1	Laptop	1	Laptop
2	PC	2	PC
3	Laptop	3	Laptop
4	Printer	4	Printer

由于要查询的是既销售便携式计算机又销售个人计算机的厂商，所以，自身等值连接找出同一厂商生产的产品的所有组合对，即为图中标识部分(第 2、3 元组)。这说明，厂商 1 既销售 PC 又销售便携式计算机，而厂商 2、厂商 3 和厂商 4 分别只销售 PC、Laptop 和打印机。

第三步，在同一生产厂商生产的产品的所有组合对的基础上，找出销售便携式计算机和个人计算机组合对的厂商信息(即执行选择操作：P1. Type = PC，并且 P2. Type = Laptop；或者执行选择操作：P1. Type = Laptop，并且 P2. Type = PC)；然后执行投影操作。

Maker	Type	Maker	Type
1	PC	1	PC
1	PC	1	Laptop
1	Laptop	1	PC
1	Laptop	1	Laptop
2	PC	2	PC
3	Laptop	3	Laptop
4	Printer	4	Printer

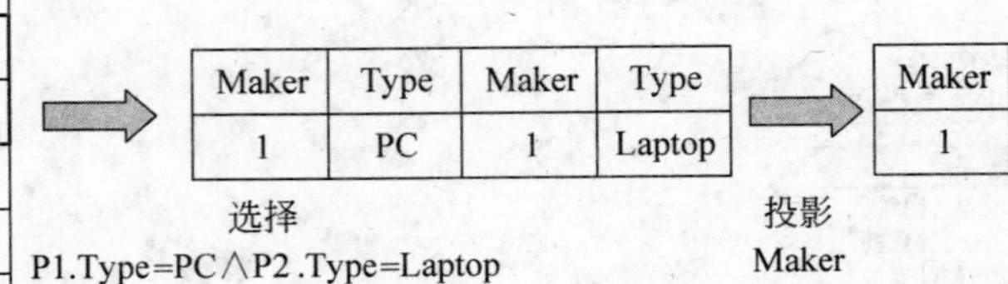

Maker	Type	Maker	Type
1	PC	1	Laptop

Maker
1

所以，本案例的关系代数表达式为

$$P1 \leftarrow \rho_{P1}(Product),\quad P2 \leftarrow \rho_{P2}(Product)$$

$$\pi_{P1.maker}(\sigma_{P1.type='个人计算机' \wedge P2.type='便携式计算机'}(P1 \bowtie_{P1.maker=P2.maker} P2))$$

【案例 2.19】 找出销售便携式计算机，但不销售个人计算机(PC)的厂商。

案例分析 本案例可以采用两种方法进行求解，第一种采用除操作；第二种方法采用差操作。

(1) 方法一：差操作

分析：假设有如下关系 R

Maker	Type
1	PC
1	Laptop
2	PC
3	Laptop
4	Printer

采用差操作：

Maker	Type
1	PC
1	Laptop
2	PC
3	Laptop
4	Printer

投影选择生产Laptop的厂商

−

Maker	Type
1	PC
1	Laptop
2	PC
3	Laptop
4	Printer

投影选择生产PC的厂商

=

1
3

−

1
2

=

3

所以，本案例的关系代数表达式为

$$\pi_{maker}(\sigma_{type=便携式计算机}(\text{Product}))-\pi_{maker}(\sigma_{type=个人计算机}(\text{Product}))$$

查询结果：

maker
D
E
F
G

−

maker
A
B
C
D

=

maker
E
F
G

(2) 方法二：除操作

分析：假设有如下关系 R

Maker	Type
1	PC
1	Laptop
2	PC
3	Laptop
4	Printer

第一步，赋值运算。首先建立一个临时关系 K。

K ←

Type
PC
Laptop

第二步，求出既销售 PC 又销售 Laptop 的厂家。

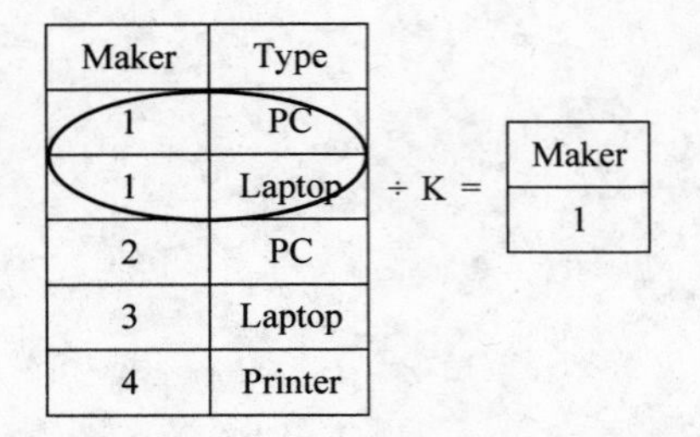

Maker	Type
1	PC
1	Laptop
2	PC
3	Laptop
4	Printer

÷ K =

Maker
1

第三步，集合差求出不同时销售便携式计算机和PC的厂家。

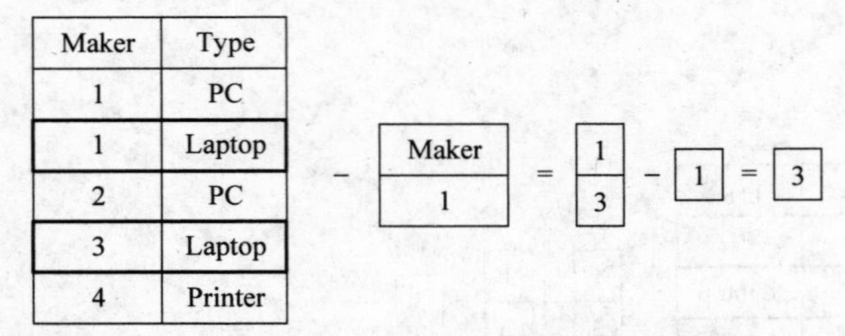

Maker	Type
1	PC
1	Laptop
2	PC
3	Laptop
4	Printer

−

Maker
1

=

1
3

− 1 = 3

投影选择生产Laptop的厂商　　既生产Laptop又生产PC的厂商

所以，本案例的关系代数表达式为：

$$K \leftarrow \pi_{maker,type}(\sigma_{type=个人计算机 \vee type=便携式计算机}(Product))$$

$$R \leftarrow \pi_{maker}(Product) \div K$$

$$\pi_{type}(\sigma_{type=便携式计算机}(Product)) - R$$

查询结果：

maker
D
E
F
G

−

maker
D

=

maker
E
F
G

【案例2.20】 找出两种或两种以上PC上出现的硬盘容量。

案例分析 本案例考查的是自身的θ连接，就是说，需找出如PC的硬盘容量为1.6、2.5这样出现两次以上的硬盘容量。

分析：假设有如下关系R，硬盘容量40出现两次，则需要查询出该型号。这里用连接的等价公式表示。

$$R \underset{A\theta B}{\bowtie} S = \sigma_{A\theta B}(R \times S)$$

model	hd
1	40
2	40
3	60

第一步，先将关系R改名，改为一个是FR，另一个是SR，然后进行笛卡儿积运算。

$$FR \leftarrow \rho_{FR}(R), \quad SR \leftarrow \rho_{SR}(R), \quad FR \times SR$$

model	hd
1	40
2	40
3	60

FR

×

model	hd
1	40
2	40
3	60

SR

=

model	hd	model	hd
1	40	1	40
1	40	2	40
1	40	3	60
2	40	1	40
2	40	2	40
2	40	3	60
3	60	1	40
3	60	2	40
3	60	3	60

FR×SR

第二步，在笛卡儿积中选择硬盘容量相等，而型号不等的元组。这是因为两个相同的hd经过笛卡儿积连接，就形成了一个元组，而型号相同，则有可能是自身的连接的结果。

model	hd	model	hd
1	40	1	40
1	40	2	40
1	40	3	60
2	40	1	40
2	40	2	40
2	40	3	60
3	60	1	40
3	60	2	40
3	60	3	60

FR×SR

=

model	hd	model	hd
1	40	2	40
2	40	1	40

第三步，投影 FR 关系的 model 和 hd 属性。

model	hd	model	hd
1	40	2	40
2	40	1	40

=

hd
40

需要找出硬盘容量(40)出现两次的元组，显然应在笛卡儿积中投影、选择第 2 个和第 4 个元组，而第 1、5、9 个元组是自身的连接，并没有意义，第 3，6，7，8 元组又不满足条件。

所以，本案例的关系代数表达式为

$$FR \leftarrow \rho_{FR}(R),\quad SR \leftarrow \rho_{SR}(R)$$

$$\pi_{FPC.hd}(\sigma_{FPC.hd=SPC.hd \wedge FPC.model \neq SPC.model}(FPC \times SPC))$$

查询结果：

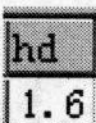

hd
1.6
2.0
2.5

【案例 2.21】 找出速度相同且 ram 相同的成对的 PC 型号。一对型号只列出一次。

案例分析 本案例考查的是自身的 θ 连接。采用自身 θ 连接的等价公式来表示。

分析：假设有如下关系 R，硬盘容量是 128 的型号为 1 和 2，则需要查询出这种型号对 (1,2)。注意与上一个案例不同的是 1 和 2 的连接与 2 和 1 的连接只能出现一次。

这里用连接的等价公式表示：

$$R \underset{A\theta B}{\bowtie} S = \sigma_{A\theta B}(R \times S)$$

model	ram
1	128
2	128
3	256

第一步，先将关系 R 改名，改为一个是 FR，另一个是 SR，然后进行笛卡儿积。

$$FR \leftarrow \rho_{FR}(R), \quad SR \leftarrow \rho_{SR}(R), \quad FR \times SR$$

model	ram
1	128
2	128
3	256

FR

×

model	ram
1	128
2	128
3	256

SR

=

model	ram	model	ram
1	128	1	128
1	128	2	128
1	128	3	256
2	128	1	128
2	128	2	128
2	128	3	256
3	256	1	128
3	256	2	128
3	256	3	256

FR×SR

第二步，选择 ram 相同的型号对的元组。

model	ram	model	ram
1	128	1	128
1	128	2	128
1	128	3	256
2	128	1	128
2	128	2	128
2	128	3	256
3	256	1	128
3	256	2	128
3	256	3	256

=

model	ram	model	ram
1	128	2	128

可以看出，在 ram 相同的型号对中，其一，有自身连接的型号对，如型号 1 自身的连接。其二，有重复的连接对，如第 2 个元组构成的型号对是型号 1 和型号 2，而第 4 个元组构成

的型号对是型号 2 和型号 1，而案例题目要求一对型号只列出一次，所以必须去掉这两种类型的型号对。方法是选择 FR. model<SR. model，这样就可以去掉第一种情况，同时也使得第二种情况只会出现一次。

第三步，投影该型号对的 model 属性。

model	ram	model	ram
1	128	2	128

=

model	model
1	2

所以，本案例的关系代数表达式为

$$FPC \leftarrow \rho_{FPC}(PC), \quad SPC \leftarrow \rho_{SPC}(PC)$$

$$\pi_{FPC.model,\ SPC.model}(\sigma_{FPC.ram=SPC.ram \wedge FPC.speed=SPC.speed \wedge FPC.model<SPC.model}(FPC \times SPC))$$

查询结果：

model	model
1006	1007
1006	1009
1007	1009

小　结

本章讲解了关系代数的基本理论、基本运算的使用方法，阐述了扩展关系代数和关系代数之间的区别和数据库修改模式的具体使用方法。通过本章的学习，应熟练掌握关系代数的基本运算的具体应用，以及扩展的关系代数和数据库修改模式的使用方法，从而为学习数据库查询语言奠定坚实的理论基础，为将来学习数据库设计应用打下基础。

第3章

规范化理论

学习目标

通过本章的学习，你能够：

- 熟练掌握和理解各种范式的定义，以及它们的具体应用。
- 熟练掌握规范化的方法和步骤。

3.1 规范化

3.1.1 范式的种类

1. 范式的种类

所谓第几范式，是指一个关系模式按照规范化理论设计符合哪一级别的要求。

2. 范式之间的关系及规范化

各范式之间的关系及规范化过程如下。

(1) 取原始的报表格式的表，根据数据分量不可分原则，采用第1章讲过的多值属性或弱实体的处理方法，消除可分的数据分量，从而产生一组1NF关系模式。

(2) 取1NF关系，消除任何非主属性对候选码的部分函数依赖，从而产生一组2NF的关系模式。

(3) 取2NF关系模式，消除任何非主属性对候选码的传递函数依赖，产生一组3NF的关系模式。

(4) 取3NF的关系模式的投影，消除主属性对候选码的部分函数依赖和传递函数依赖，产生一组BCNF的关系模式。

(5) 取BCNF关系模式的投影，消除非平凡且非函数依赖的多值依赖，产生一组4NF关系模式。

(6) 取4NF关系模式，消除连接依赖，产生一组5NF关系模式。

所以，$1NF \supset 2NF \supset 3NF \supset BCNF \supset 4NF \supset 5NF$。

3.1.2 范式的定义

1. 第一范式(简称1NF)

定义3.1 如果一个关系模式R的所有属性都是不可分的基本数据项，则称R是第一范式，记为$R \in 1NF$。

示例：表3.1所示的职工工资表和表3.2所示的职工信息表，它们是非规范关系。

表3.1 职工工资表

职工号	姓名	工资		
		基本工资	职务工资	工龄工资

表3.2 职工信息表

职工号	姓名	职称	学历	毕业年份
001	张三	教授	大学 硕士	1963 1982

工资表中的工资属性又细分为基本工资、职务工资、工龄工资3个列，数据分量可分，所以不是第一范式。职工信息表中学历和毕业年份的数据分量又分别有两个不同的值，数据

分量可分,所以也不是第一范式。

解决方法请详见第1章中的复合/简单属性和单值/多值属性内容。

2. 第二范式(简称2NF)

定义3.2 设有关系模式R∈1NF,如果它的所有非主属性都完全函数依赖于R的候选码,则称R是第二范式,记为R∈2NF。

如表3.3所示的学生表,存储了学生的基本信息和成绩信息。

表3.3 学生表

学　　号	姓　　名	院系名称	课程名	成　　绩
1	王子	计算机	计算机网络	80
2	杨帆	计算机	数据库原理及应用	70
3	杨帆	计算机	英语	90
4	周立	土木工程	钢混	70

学生表中的属性组(学号、课程名)是主码,对于非主属性院系名称来说,函数只依赖于学号,而不依赖于课程名,也就是说(学号、课程名)→院系名称,学号→院系名称。院系名称依赖于主码中的一部分,所以不是第二范式,将表3.3分解为两张表,即表3.4和表3.5,分解后,表3.4的主码是学号,肯定不存在部分函数依赖,表3.5的主码是联合主码(学号,课程号),但成绩属性不部分函数依赖于主码中的任何一个,所以它们都是第二范式。

表3.4 学生表

学号	姓名	院系名称
1	王子	计算机
2	杨帆	计算机
3	周立	土木工程

表3.5 成绩表

学号	课　程　名	成绩
1	计算机网络	80
2	数据库原理及应用	70
2	英语	90
3	钢混	70

3. 第三范式(简称3NF)

定义3.3 关系模式R<U,F>∈1NF中若不存在这样的码X、属性组Y及非主属性Z($Z \not\subseteq Y$),使得$X \rightarrow Y$,$Y \not\rightarrow X$,$Y \rightarrow Z$成立,则称R<U,F>∈3NF。

如表3.6所示的学生表。学生表中的学号为主码,不存在部分函数依赖,但对于非主属性院系名称、系主任来说,产生了传递现象,学号→院系名称,院系名称→系主任,可以推出学号→系主任。由于学号是主码,所以学号→系主任,而不应该是传递推导出来的,所以不是第三范式。将表3.6分解为两张表,即表3.7和表3.8,分解后,表3.7的主码是学号,不存在非主属性姓名、院系名称对候选码学号的部分函数依赖,也不存非主属性对候选码的传递函数依赖,它符合第三范式,表3.7的主码是院系名称,它也符合第三范式。

表3.6 学生表

学　　号	姓　　名	院系名称	系　主　任
1	王子	计算机	易忠
2	杨帆	计算机	易忠
3	周立	土木工程	罗晓曙

表 3.7 学生表

学号	姓名	院系名称
1	王子	计算机
2	杨帆	计算机
3	周立	土木工程

表 3.8 主任表

院系名称	系主任
计算机	易忠
土木工程	罗晓曙

4. Boyce-Codd 范式(简称 BC 范式或 BCNF)

BC 范式是由 Boyce 和 Codd 提出的,通常认为 BCNF 是修正的第三范式,有时也称为扩充的第三范式。

定义 3.4 设关系模式 R<U,F>∈1NF,如果对于 R 的每个函数依赖 X→Y,若 Y 不属于 X,则 X 必含有候选码,那么 R∈BCNF。

如表 3.9 所示的选课表,假设规定每位教师只教一门课程,每门课程有若干教师,某一学生选定某门课程,就对应一个固定的教师。

表 3.9 选课表

学　　号	教师编号	课程编号	成　　绩
2007400901	101	11	90
2007400901	102	12	80
2007400902	101	11	70
2007400903	103	12	60

选课表中(学号,课程号)和(学号,教师编号)都是候选码,也就是说,(学号、课程号)或(学号,教师编号)确定了,其他属性就确定了。根据第 2 章码的概念,如果候选码不止一个,选取一个作为主码,假设选取(学号、课程编号)作为主码。此外,教师编号→课程编号。

表 3.9 和图 3.1 显示了一个很明显属于 3NF 的结构,然而教师编号→课程编号,教师编号是决定因素,但教师编号不是候选码,(学号,教师编号)才是候选码,这导致该表不符合 BCNF 要求,这说明,选择的主码存在着问题。解决的方案是将教师编号和课程编号易位。将图 3.1 进行修改易位得到图 3.2。

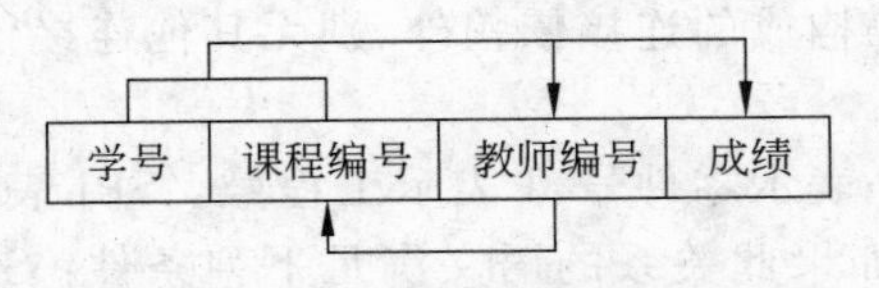

图 3.1 选课关系模式的函数依赖图

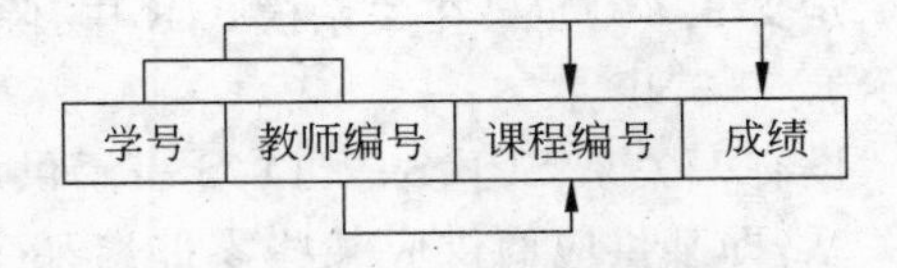

图 3.2 BCNF 解决方案分解图

易位后的图 3.2,其关系模式的结构是 1NF,但易位后又出现了主属性(课程编号)对候选码(学号,教师编号)的部分函数依赖,所以对图 3.2 进行进一步分解,如图 3.3 所示,相应的表 3.9 则分解为两张表,即表 3.10 和表 3.11。

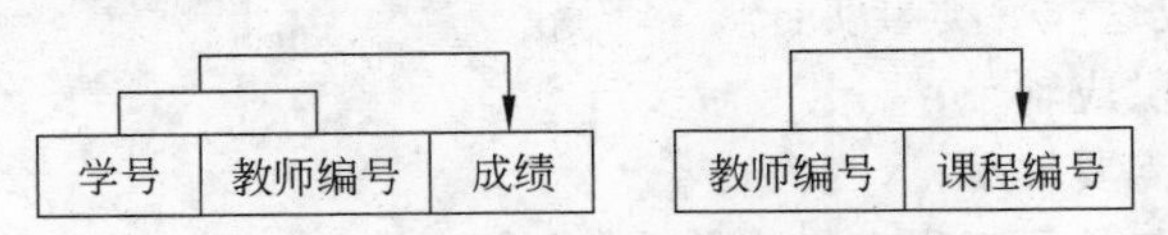

图 3.3 BCNF 解决方案分解图

表 3.10 学生选课表

学　　号	教师编号	成　绩
2007400901	101	90
2007400901	102	80
2007400902	101	70
2007400903	103	60

表 3.11 教师授课表

教师编号	课程编号
101	11
102	12
103	12

5. 第四范式(简称 4NF)

定义 3.5 关系模式 R<U,F>∈1NF,如果对于 R 的每个非平凡多值依赖 X→→Y(Y⊄X),X 都含有候选码,则 R∈4NF。

4NF 就是限制关系模式的属性之间不允许有非平凡且非函数依赖的多值依赖。

将具有多值依赖的关系模式 Happy_day(职工姓名,工作地点,工作类型),如表 3.12 所示规范为 4NF。

表 3.12 多值属性示例

职工姓名	工作地点	工作类型	职工姓名	工作地点	工作类型
吕十	数计学院	清洁工	吕十	数计学院	宿管员
吕十	物电学院	清洁工	吕十	物电学院	宿管员
吕十	中文学院	清洁工	吕十	中文学院	宿管员

解决方案:将产生多值依赖的两项分开,分解成两个关系,即工作地点(职工姓名,工作地点)和工作类型(职工姓名,工作类型),如表 3.13 和表 3.14 所示。

表 3.13 工作地点表

职工姓名	工作地点
吕十	数计学院
吕十	物电学院
吕十	中文学院

表 3.14 工作类型表

职工姓名	工作类型
吕十	清洁工
吕十	宿管员

6. 第五范式(简称 5NF)

定义 3.6 如果在关系模式 R 中,除了由超码构成的连接依赖外,别无其他连接依赖,则 R 属于 5NF。

设有一关系 SPJ(S,P,J),S 表示供应商号,P 表示零件号,J 表示工程号。SPJ 表示供应关系,即某供应商供应某些零件给某个工程。如果此关系的语义满足下列条件:SPJ=SP[S,P] ⋈ PJ[P,J] ⋈ SJ[J,S],那么,SPJ 可以分解成等价的 3 个二元关系。

所谓的等价是指投影分解后的 3 个二元关系经过连接后可以重新构建原来的关系,满足这样的条件的分解称为无损连接分解,或简称为无损分解。这样表达的语义在现实世界中似乎很难理解,但如果给以适当的解释,还是有一定的实际意义,虽然这种情况并不多见。上述条件可以解释成这样一类事实:

若(1)南方公司供应轴承;

且(2)长征工程需要轴承;

且(3)南方公司与长征工程有供应关系;

则南方公司必供应长征工程轴承。

3.1.3 规范化的方法和步骤

假设有关系 R 及其包含的各种依赖，如图 3.4 所示，其中斜粗体 ***A*** 和斜粗体 ***B*** 为联合主码，关系的上方表示关系的主码依赖，下方表示关系 R 的函数依赖。

解：从图 3.4 可以看出这是一个典型的 1NF 结构，因为该结构的数据分量是不可分的，即不存在表中有表的情况，但它却不是 2NF 结构，因为该结构包含了非主属性对候选码的部分函数依赖(B→C)。规范化其关系的基本方法和步骤如下。

第一步，将每个主码(PK)写在单独的一行，将初始的 PK 写在最后一行。分解图如图 3.5 所示。

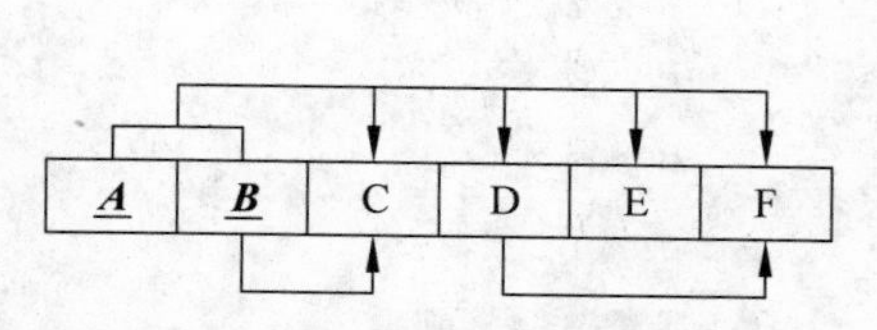

图 3.4 关系 R 的函数依赖图

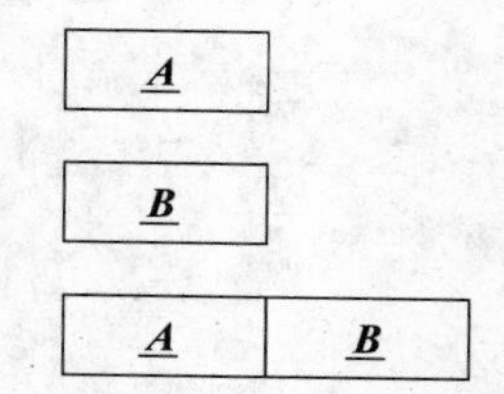

图 3.5 关系 R 由 1NF 向 2NF 转换的规范化分解图

第二步，投影分解，将第一步确定的 PK 属性的各种依赖放在该 PK 属性后面，如图 3.6 所示。

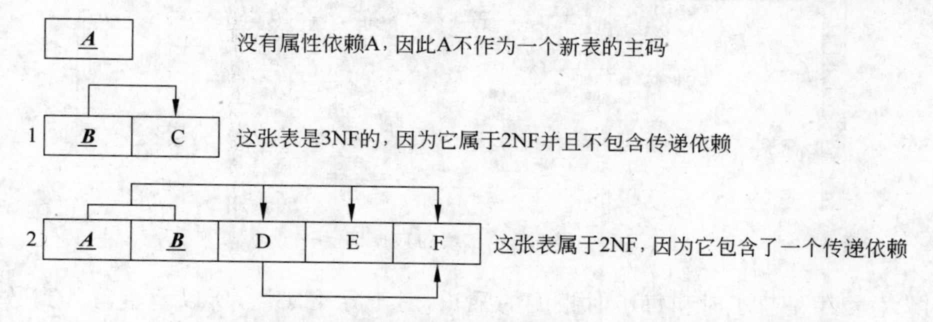

图 3.6 关系 R 由 1NF 向 2NF 转换的进一步规范化分解图

分解为 2 张表，其中原表中不满足 2NF 的非主属性 C 对候选码（A，B）的部分函数依赖（B→C）分解到第一张表中，而在第二张表中除了主码依赖以外，只剩下 D→F 的非主属性对候选码的传递函数依赖。

第三步，投影分解，将第二步确定的函数依赖表再进行分解，原第二张表再分解为两张表，如图 3.7 所示。

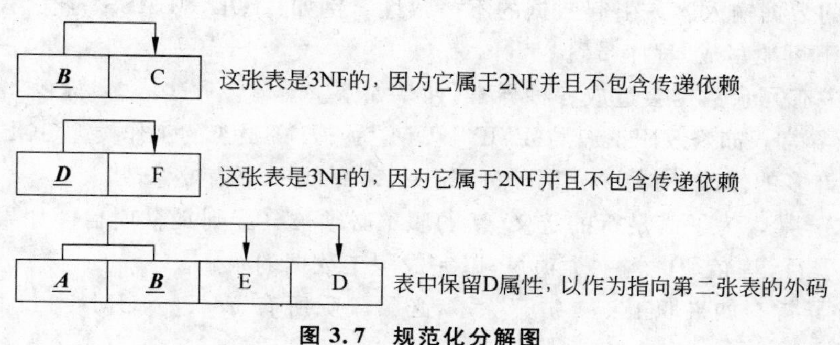

图 3.7 规范化分解图

3.2 规范化案例分析

【案例 3.1】 假设有如图 3.8 所示的加班补助报表的 Excel 样本，现欲将其构建成数据库，并用规范化理论对其进行规范。

计算机系月加班补助报表样例							
项目编号	项目名称	职工编号	职工姓名	工作类型	每小时报酬	小时数	总费用
15	实验自动化	103	张三	电器工程师	84.5	23.8	2011.1
		101	李四	数据库设计师	105	19.4	2037
		105	王五*	总设计师	37.75	12.6	450.45
		102	贾六	系统分析员	96.75	23.8	2302.65
18	大学生考试系统	114	赵七	程序分析员	48.1	24.6	1183.26
		102	贾六	市场调研员	18.36	45.3	831.708
		104	杨八*	系统分析员	96.75	32.4	3134.7
		112	万二	DSS分析师	45.95	44	2021.8
22	学生选课系统	105	王五	数据库设计师	105	64.7	6793.5
		104	杨八	系统分析员	96.75	48.4	4682.7
		113	金九*	程序分析员	48.1	23.6	1135.16
		111	吕十	市场调研员	26.87	22	591.14

图 3.8 加班补助报表

案例分析

第一步，根据 Excel 表，建立初始的数据库，如图 3.9 所示。

PRO_NUM	PROJ_NAME	EMP_NUM	EMP_NAME	JOB_CLASS	CHG_HOUR	HOURS
15	实验自动化	103	张三	电器工程师	84.5	23.8
		101	李四	数据库设计师	105	19.4
		105	王五*	总设计师	37.75	12.6
		102	贾六	系统分析员	96.75	23.8
18	大学生考试系统	114	赵七	程序分析员	48.1	24.6
		102	贾六	市场调研员	18.36	45.3
		104	杨八*	系统分析员	96.75	32.4
		112	万二	DSS分析师	45.95	44
22	学生选课系统	105	王五	数据库设计师	105	64.7
		104	杨八	系统分析员	96.75	48.4
		113	金九*	程序分析员	48.1	23.6
		111	吕十	市场调研员	26.87	22

图 3.9 初始的数据库

因为总费用是总小时和每小时报酬的乘积，属于导出属性，所以暂不写入到数据库中(可用一个计算方法导出)。不幸的是，初建的数据库不符合关系数据库的要求，它也不能很好地处理数据，因为关系数据库必须满足 1NF 的要求。1NF 的要求是：数据项不可分和数据分量不可分(参见第 1 章)。

很容易得出初建数据库有以下不足。

(1) 项目编号(PRO_NUM)很明显是希望作为一个主码，或至少为主码的一部分，但是它却包含了许多 null 值。

(2) 表的数据输入容易引起数据的不一致性。例如：JOB_CLASS 的值“程序设计员”，在某些情况下可能写成“程序员”。

(3) 表中有冗余数据会造成各种异常，列举如下。

① 更新异常。如修改职工编号(EMP_NUM)为 105 的员工的工作类型(JOB_CLASS)，将潜在地要求许多的修改，对每个 EMP_NUM=105 的记录都需要修改。

② 插入异常。为了满足行的定义，新的职工必须被分配到某个项目。如果职工没有被分配到某个项目，就必须虚构一个项目，以完成职工数据的录入。

③ 删除异常。如果职工 111 被开除了，必须删除所有 EMP_NUM=111 的记录，而一

且这些记录被删除，将会丢失许多别的重要数据。

第一步，将其从非关系转换为 1NF。

先确定(项目编号，员工编号)作为联合主码，然后，将初始数据库的主码中 null 部分添加完整，同时消除重复的元组，即消除可分的数据分量(多值属性)和可分的数据项。最后，标识关系中所有主码依赖和函数依赖。为了查询的方便，将相应的中文改为英文，关系如图 3.10 所示。

PRO_NUM	PROJ_NAME	EMP_NUM	EMP_NAME	JOB_CLASS	CHG_HOUR	HOURS
15	实验自动化	103	张三	电器工程师	84.5	23.8
15		101	李四	数据库设计师	105	19.4
15		105	王五*	总设计师	37.75	12.6
15		102	贾六	系统分析员	96.75	23.8
18	大学生考试系统	114	赵七	程序分析员	48.1	24.6
18		102	贾六	市场调研员	18.36	45.3
18		104	杨八*	系统分析员	96.75	32.4
18		112	万二	DSS分析师	45.95	44
22	学生选课系统	105	王五	数据库设计师	105	64.7
22		104	杨八	系统分析员	96.75	48.4
22		113	金九*	程序分析员	48.1	23.6
22		111	吕十	市场调研员	26.87	22

图 3.10　修改后的数据库

虽然关系满足 1NF，保证了实体完整性约束，但仍然存在着各种异常。

第二步，将关系由 1NF 转换成 2NF，转换步骤如下。

(1) 将每个码的组成的依赖部分分别写在单独的行中，然后将原来的(组合)码写在最后一行，如图 3.11 所示。

(2) 每个主码组成的依赖部分都将成为新表，换句话说，将初始表分成 3 张表。表分别称为 PROJECT、EMPLOYEE 和 ASSIGN。为什么要分成 3 个表？根据部分函数依赖的种类，有多少种类型的部分函数依赖就拆分成多少张表，外加主码表。本例中有两种部分函数依赖，一种依赖 PRO_NUM(构成 PROJECT 表)，另一种依赖 EMP_NUM(构成 EMPLOYEE 表)，外加主码表(ASSIGN 表)，共计 3 张表。

PRO_NUM

EMP_NUM

PRO_NUM	EMP_NUM

图 3.11　规范化分解图

(3) 在每个新表的码后面写出相关的属性。注意：因为 ASSIGN 表中，每个职工在每个项目中工作的小时数同时依赖于 PRO_NUM 和 EMP_NUM，所以将这些小时数叫做 ASSIGN_HOURS。转换后 2NF 的关系如图 3.12 所示。

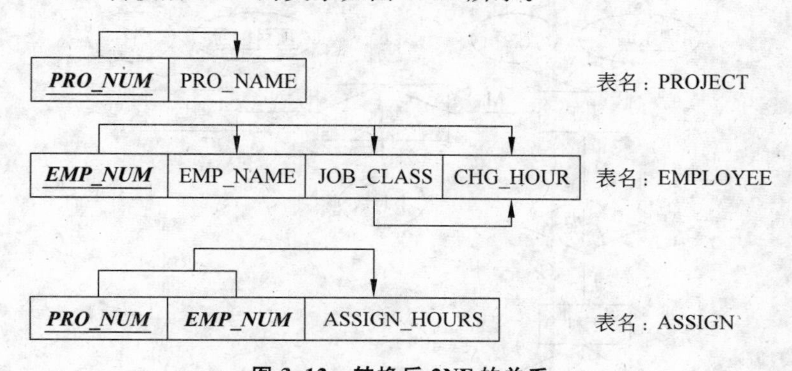

图 3.12　转换后 2NF 的关系

至此，前面讨论的异常都已经消除。比如：如果想添加/删除/修改 PROJECT 记录，只需在 PROJECT 表中增删其中一行就可以了。只是消除前面所提到的,但仍存在各类异常。因为 2NF 分解图中,仍然存在着主属性对候选码的传递函数依赖,JOB_CLASS→CHG_HOUR,这些传递会产生异常。例如,如果很多职工所属工种变化了,则所有职工的每小时报酬都必须改变。如果忘记了更新某些受到工种变化影响的职工记录,那么具有相同工种的职工将会有不同的每小时报酬。

第三步,将关系由 2NF 转换为 3NF。消除非主属性对候选码的传递函数依赖。消除的方法是将规范化分解图下方的箭头标明的传递函数依赖对应的属性进行分离,并将它们分别存储在不同的表中,这样二者就不可传了,但 JOB_CLASS 必须作为外码继续存在于原来的 2NF 表中,以便在原来的表和新建的表中建立连接。关系的分解图如图 3.13 所示。

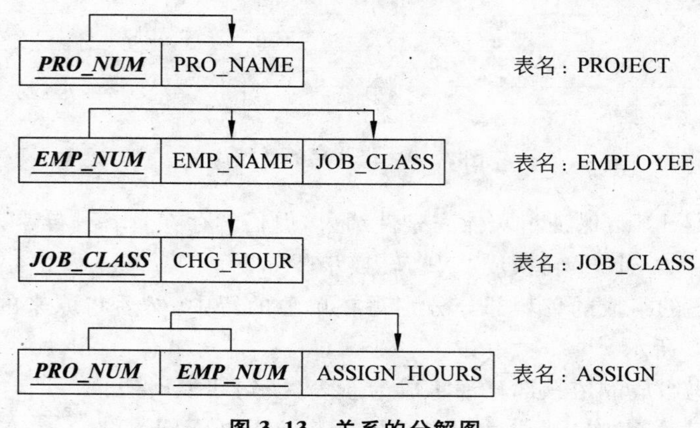

图 3.13 关系的分解图

从规范化角度已经清楚了需要 4 张表,就应该清楚实际上是 3 个实体和一个关系。语义说明(业务规则)如下。

(1) 公司有很多项目,每个项目要求许多职工的参与。

(2) 一个职工可以被分派到几个不同的项目中。

(3) 每个职工有一个主要的工作类型,该工作类型决定了每小时工作的报酬标准。

(4) 许多职工有相同的工作类型。

根据业务规则绘制的陈氏 E-R 模型如图 3.14 所示。

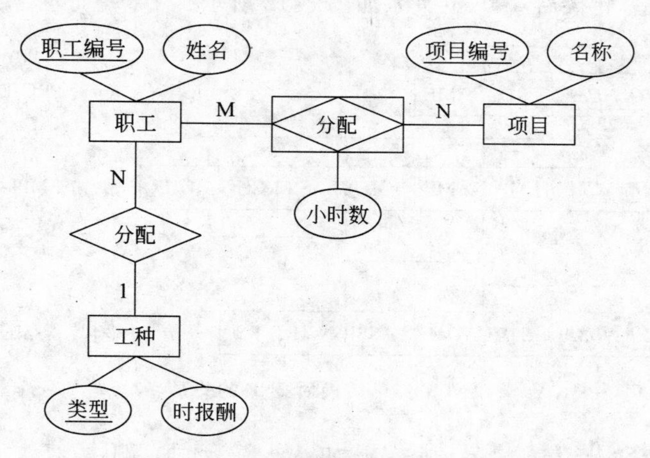

图 3.14 加班补助数据库的陈氏 E-R 模型

【案例 3.2】　假设有如下的关系，关系中(A,B)和(A,C)为候选码，选择(A,B)为主码，且存在如下函数依赖。

(1) A→D 非主属性对候选码的部分函数依赖。

(2) F→G 非主属性对候选码的传递依赖。

(3) C→B 主属性对候选码的传递函数依赖。

(4) C→I 主属性对候选码的传递函数依赖。

(5) ⋈(C,H,J) 连接依赖。

(6) X=A,Y=F,Z=(C,E),X→Y 多值依赖。

如图 3.15 所示，试用规范化理论对其进行规范。

案例分析

第一步，将每个 PK 写在单独的一行，将初始的 PK 写在最后一行，如图 3.16 所示。

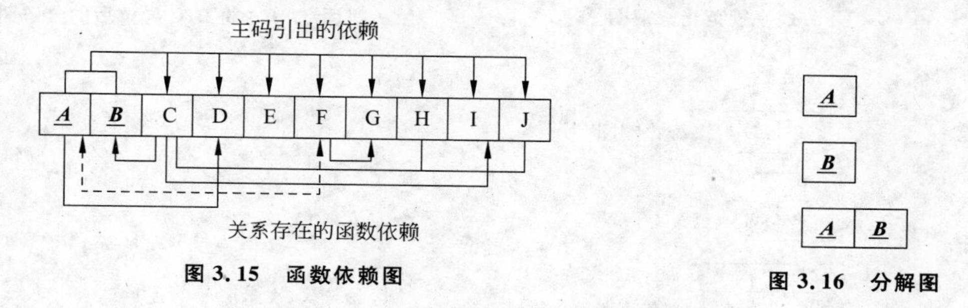

图 3.15　函数依赖图

图 3.16　分解图

第二步，投影分解，将第一步确定的 PK 属性的依赖放在该 PK 属性后面，关系由原来的 1NF 转换成 2NF，如图 3.17 所示。

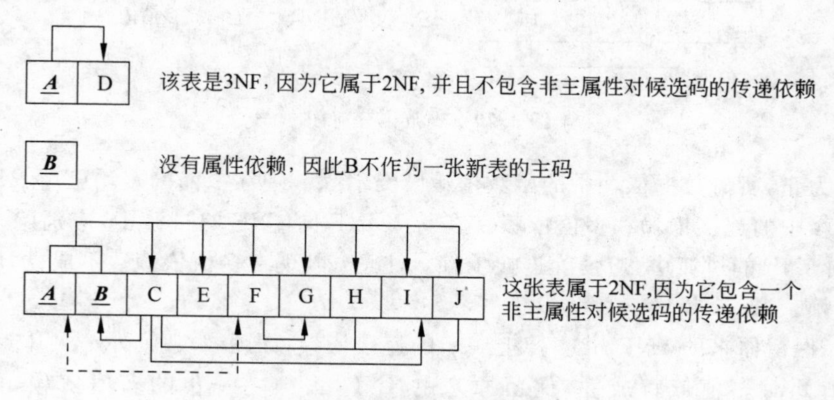

图 3.17　规范化分解图

第三步，保留所有的 3NF 结构，去掉上一步骤中的非主属性对候选码的传递依赖，如图 3.18 所示。

第四步，保留所有 BCNF 结构，去掉主属性对候选码的传递依赖。这说明最初在(A,B)和(A,C)时，选取(A,B)作为主码有误，应该选取(A,C)作为主码，所以解决方案：将 B、C 异位，如图 3.19 所示。这样就出现了新的问题。

第五步，保留原来的 BCNF，并去掉上一步骤的主属性对码的部分函数依赖，如图 3.20 所示。

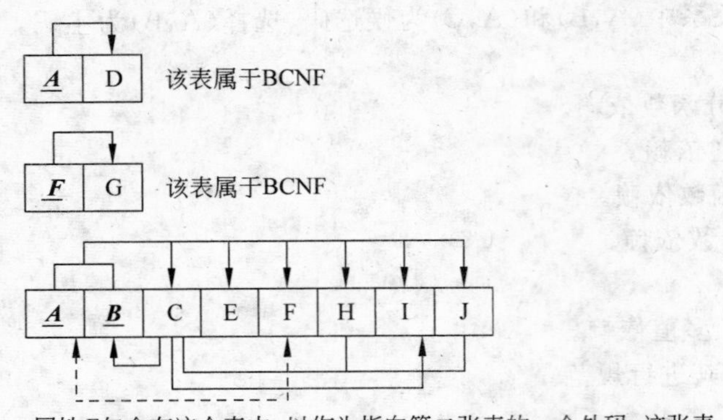

属性F包含在这个表中，以作为指向第二张表的一个外码，这张表属于3NF，但不属于BCNF，因为它包含一个主属性对码的传递依赖

图 3.18　规范化分解图

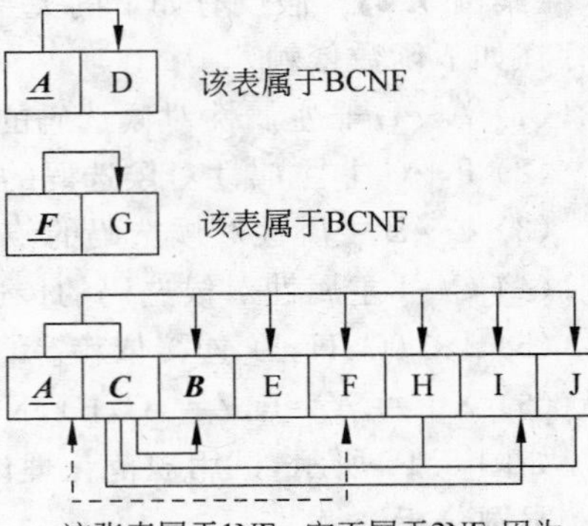

A D 该表属于BCNF

F G 该表属于BCNF

A C B E F H I J

这张表属于1NF，它不属于2NF，因为包含主属性对候选码的部分函数依赖

图 3.19　将 B、C 异位后的分解图

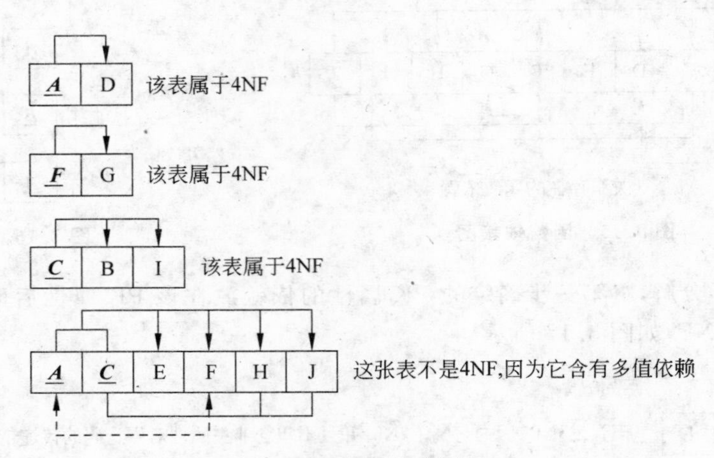

图 3.20　规范化分解图

到目前为止，所有数据依赖中的函数依赖已经消除。现在上面的表均已是 BCNF，但仍含有数据依赖中的连接依赖和多值依赖。在从 BCNF 向 4NF 的过渡中，应消除多值依赖，在从 4NF 向 5NF 的过渡中，应消除连接依赖。注意：因现在多值依赖暂不成立，所以，应先消除连接依赖。

第六步，保留原来的 4NF，并去掉上一步的连接依赖，如图 3.21 所示。

第七步，此时多值依赖成立，保留原来的 4NF，去掉上一步的多值依赖，如图 3.22 所示。

从规范化角度已经清楚了需要 8 张表，下面再现陈氏 E-R 模型，如图 3.23 所示。

补充说明：规范化基本思想概括如下。

（1）消除不合适的数据依赖的各关系模式达到某种程度的“分离”。

（2）采用“一事一地”的模式设计原则，让一个关系描述一个概念、一个实体或者实体间的一种联系。若多于一个概念就把它“分离”出去。

（3）所谓规范化实质上是概念的单一化。

（4）不能说规范化程度越高，关系模式就越好。

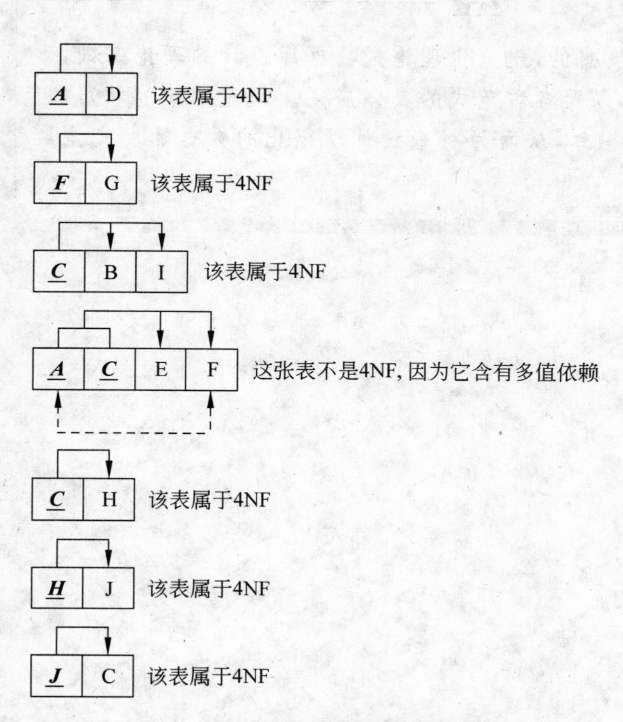

图 3.21 去掉连接依赖的分解图

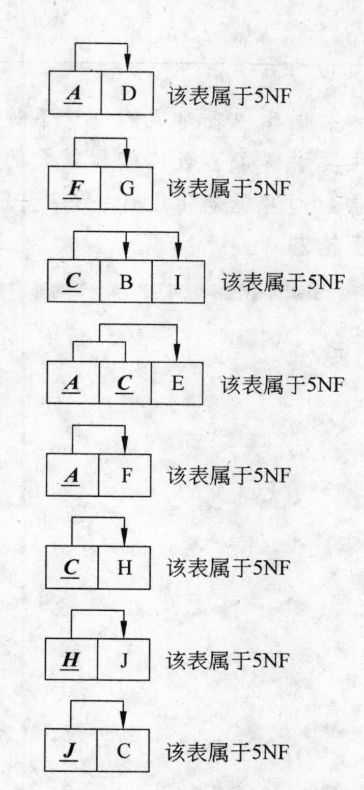

图 3.22 去掉多值依赖的分解图

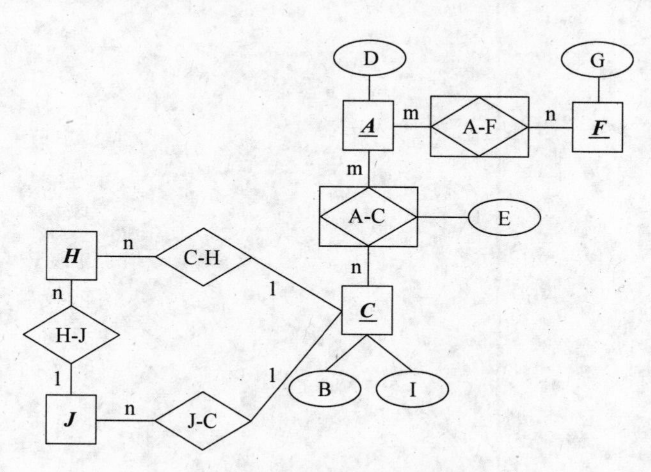

图 3.23 陈氏 E-R 模型

(5) 在设计数据库模式结构时,必须对现实世界的实际情况和用户应用需求做进一步分析,确定一个合适的、能够反映现实世界的模式。

(6) 上面的规范化步骤可以在其中任何一步终止。数据库的设计只有好坏之分,没有对错之分。学习规范化理论的目的是为了设计一个"好"的数据库,但要根据实际情况而定。

小　结

数据库中表对象的设计不是凭空设想的，规范化理论是数据库设计的理论基础，本章主要讲解了函数依赖和范式的定义，以及各种范式的具体应用。通过本章的学习，应该学会如何规范化设计一个“好”的数据库，从而为将来设计规范化的数据库奠定坚实的理论基础。

第4章

SQL Server 2005 安全管理

通过本章的学习，你能够：

- 理解 SQL Server 2005 的安全机制。
- 了解登录和用户的概念，掌握常用的权限管理和角色管理操作。
- 培养良好的数据库安全意识，以及制定合理的数据库安全策略。

4.1 SQL Server 的安全性机制

对于任何数据库的使用者而言，首先考虑的问题是数据库的安全性，所谓安全性是指根据用户的权限不同来决定用户是否可以登录到当前的 SQL Server 2005 数据库，以及可以对数据库对象实施哪些操作。在介绍安全管理之前，首先看 SQL Server 是如何保证数据库安全性的，即了解 SQL Server 的安全机制。

1. 权限层次机制

SQL Server 2005 的安全性管理可分为 3 个等级：①操作系统级；②SQL Server 级；③数据库级。

2. 操作系统级的安全性

在用户使用客户计算机通过网络实现 SQL Server 服务器的访问时，用户首先要获得计算机操作系统的使用权。

一般说来，在能够实现网络互联的前提下，用户没有必要向运行 SQL Server 服务器的主机进行登录，除非 SQL Server 服务器就运行在本地计算机上。SQL Server 可以直接访问网络端口，所以可以实现对 Windows NT 安全体系以外的服务器及其数据库的访问。

操作系统安全性是操作系统管理员或者网络管理员的任务。由于 SQL Server 采用了集成 Windows NT 网络安全性的机制，所以使得操作系统安全性的地位得到了提高，但同时也加大了管理数据库系统安全性的灵活性和难度。

3. SQL Server 级的安全性

SQL Server 的服务器级安全性建立在控制服务器登录账号和口令的基础上。SQL Server 采用了标准 SQL Server 登录和集成 Windows NT 登录两种方式。无论是使用哪种登录方式，用户在登录时提供的登录账号和口令决定了用户能否获得 SQL Server 的访问权，以及在获得访问权以后，用户在访问 SQL Server 时可以拥有的权利。

4. 数据库级的安全性

在用户通过 SQL Server 服务器的安全性检验以后，将直接面对不同的数据库入口，这是用户将接受的第三次安全性检验。

在建立用户的登录账号信息时，SQL Server 会提示用户选择默认的数据库。以后用户每次连接上服务器后，都会自动转到默认的数据库上。对任何用户来说，master 数据库的门总是打开的，设置登录账号时若没有指定默认的数据库，则用户的权限将局限在 master 数据库以内。

在默认的情况下只有数据库的拥有者才可以访问该数据库的对象，数据库的拥有者可以分配访问权限给别的用户，以便让别的用户也拥有针对该数据库的访问权限，在 SQL Server 中并不是所有的权限都是可以转让分配的。

4.2 服务器和数据库认证

4.2.1 服务器认证

服务器认证是在用户访问 SQL Server 2005 数据库之前，操作系统本身或数据库服务器对来访用户进行身份合法性验证，这是 SQL Server 2005 认证的第一步，用户只有通过服务器认证后，才能连接到 SQL Server 2005 服务器；否则，服务器将拒绝用户对数据库的连接。

SQL Server 2005 支持的服务器认证模式共有 3 类，分别是 Windows 认证模式、SQL Server 2005 认证模式、混合认证模式。

1. Windows 认证模式

Windows 认证模式是 Windows NT 或 Windows 2000 以上版本的用户账号安全性检测系统，如安全合法性、口令加密、对密码最小长度进行限制等。

2. SQL Server 2005 认证模式

在 SQL Server 2005 认证模式下，用户连接 SQL Server 2005 时必须提供 SQL Server 2005 管理员为其设定的登录名和密码。用户认证由 SQL Server 2005 自身完成。只有用户输入正确的用户名和密码后才可以连接登录 SQL Server 2005 服务器。

3. 混合认证模式

在混合认证模式下，Windows 认证和 SQL Server 2005 认证都可以使用，其是两种认证模式的有机结合。

4.2.2 数据库认证

当用户通过服务器认证后，按常理来说是可以对 SQL Server 2005 内部数据库进行操作访问了，但由于 SQL Server 2005 是客户端/服务器型数据库服务平台，访问 SQL Server 2005 数据库的不可能只有一个用户，如果每个用户只要通过服务器认证后就可以访问 SQL Server 2005 中所有的数据，显然没有任何安全可言，所以，在访问 SQL Server 2005 之前，还要进行数据库认证。进行数据库认证就是要有数据库用户及其权限。

1. 数据库用户

SQL Server 2005 是以数据库用户为依据来决定来访用户可以操作哪些数据的。当用户登录成功后，在访问数据库前，SQL Server 2005 将使用管理员权限对用户访问权限进行判定，以决定该用户可以访问哪些数据。

在一个数据库中，来访用户的数据库用户是唯一的。用户对数据的访问权限以及对数据库对象的所有关系都是通过用户账号来控制的。数据库用户是基于数据库的，即两个不同的数据库中可以有两个相同的数据库用户。一个合法的用户成功连接 SQL Server 2005 数据库后，可以使用不同数据库用户名登录不同的数据库。

2. 权限

权限是指数据库用户可以对哪些数据库对象执行哪些操作的规则。在这里，权限共有 3 种，分别是对象权限、语句权限和暗示性权限。

(1) 对象权限：处理数据或执行数据库查询操作时使用的权限，如 SELECT、INSERT、DELETE、UPDATE。

(2) 语句权限：用户在创建数据库或数据库对象时要使用的权限，如 CREATE DATABASE、CREATE TABLE 等。

(3) 暗示性权限：用来控制那些只能由定义系统角色的成员或数据库对象所能执行的操作，如 sysadmin 固定服务器角色成员在 SQL Server 2005 安装中进行操作或查看数据的全部权限。

4.3 登录账号的管理

登录属于服务器级的安全策略，要连接到数据库，首先要存在一个合法的登录。管理员可以利用 T-SQL 来管理登录账号，即创建登录账号、修改登录账号、删除登录账号。登录账号主要存储在数据库的 syslogins 系统表中。在创建账号的过程中，管理员可以为每个用户指定一个默认的数据库。用户在每次登录 SQL Server 2005 时默认访问该数据库。

可以使用 Management Studio 进行登录账号的管理，也可以使用 T-SQL 代码来进行登录账号的管理。

【案例 4.1】 使用 Management Studio 进行登录账号的管理。

案例分析 具体操作步骤如下。

(1) 双击桌面上的图标，弹出“连接到服务器”对话框，在该对话框中可以对服务器类型、服务器名称、身份验证方式进行选择，如图 4.1 所示。

图 4.1 “连接到服务器”对话框

(2) 在这里采用默认设置，然后单击“连接”按钮，就可以连接并打开 Microsoft SQL Server Manager 管理器，如图 4.2 所示。

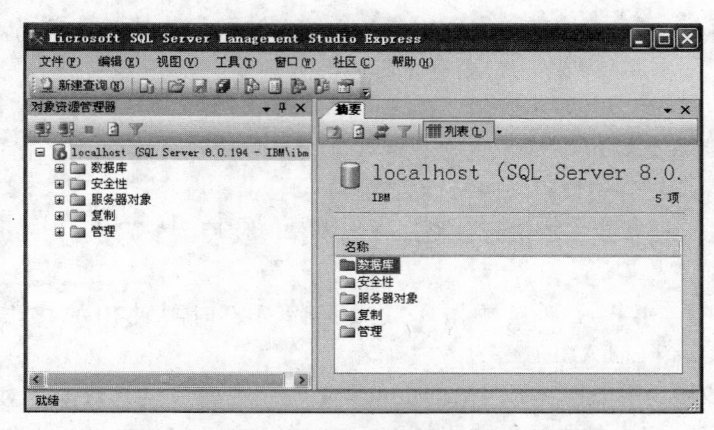

图 4.2 Microsoft SQL Server Manager 管理器

(3) 在“对象资源管理器”中，单击“安全性”前面的“＋”号，选择“登录名”并右击，弹出快捷菜单，如图 4.3 所示。

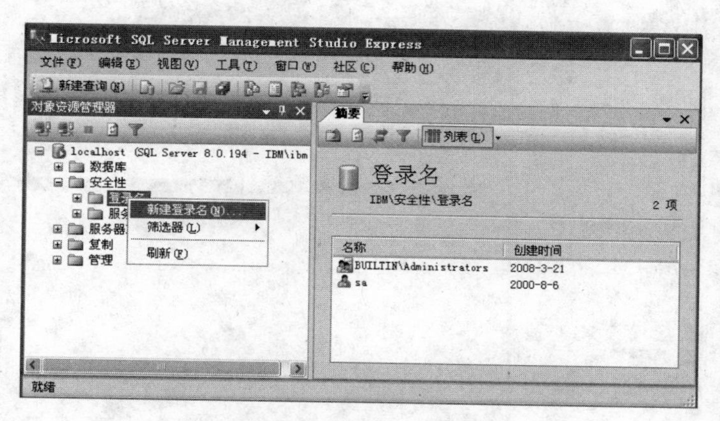

图 4.3　右击“登录名”项

(4) 单击快捷菜单中的“新建登录名”命令，弹出“登录名-新建”对话框，如图 4.4 所示。

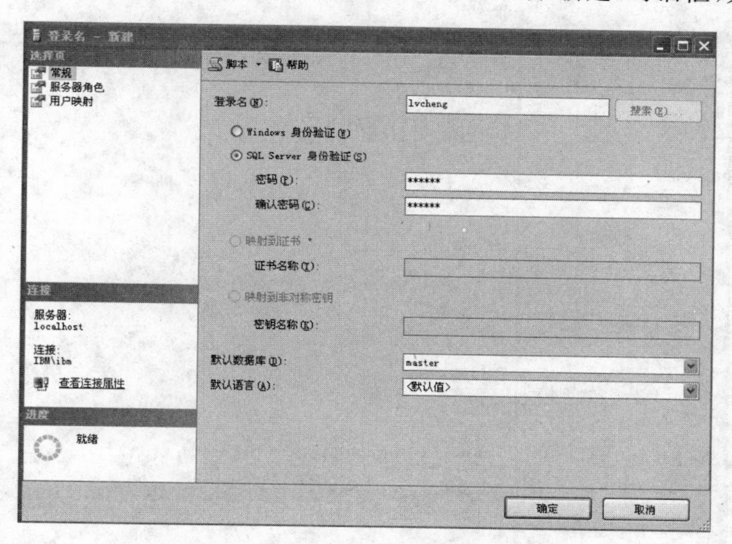

图 4.4　“登录名-新建”对话框

(5) 创建登录账户，登录账户有两种方式，一种是 Windows 身份验证，另一种是 SQL Server 身份验证。如果选择 Windows 身份验证，则要输入一个 Windows 用户名，但在实际的应用程序中都使用 SQL Server 身份验证。

(6) 设置登录名及其密码，当然，还可以进一步设置默认数据库和默认语言，在这里登录名为 lvcheng，密码为 123456，其他项为默认。

(7) 下面给用户 lvcheng 赋权限，单击“服务器角色”项就可以给用户赋服务器管理权限，具体设置如图 4.5 所示。

(8) 还可以给用户指定具体数据库及数据库权限。单击“用户映射”项就可以设置具体数据库及数据库权限，具体设置如图 4.6 所示。

(9) 设置好后，单击“确定”按钮即可。这样，就可以看到创建的登录用户 lvcheng，如

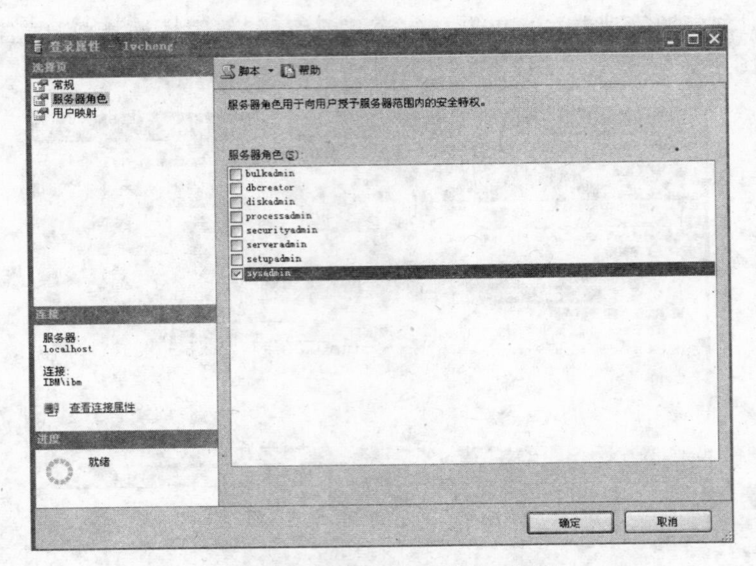

图 4.5　给用户赋服务器管理权限

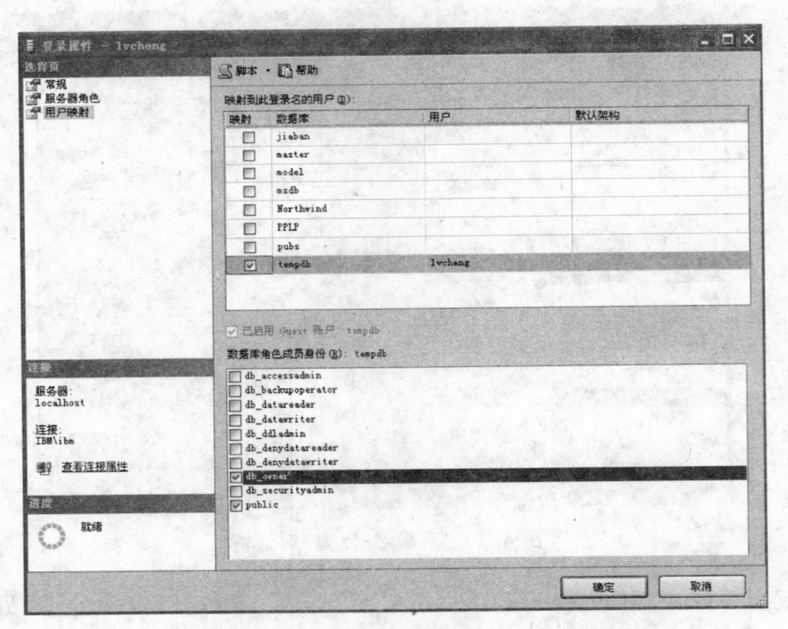

图 4.6　给用户指定具体数据库及数据库权限

图 4.7 所示。

(10) 修改登录用户名很简单。选择用户名，右击，在弹出的快捷菜单中单击“重命名”命令就可以修改登录用户名了。

(11) 删除登录用户名也很简单，选择用户名，右击，在弹出的快捷菜单中单击“删除”命令，弹出“删除对象”对话框，如图 4.8 和图 4.9 所示。

(12) 单击“确定”按钮就可以删除登录用户。

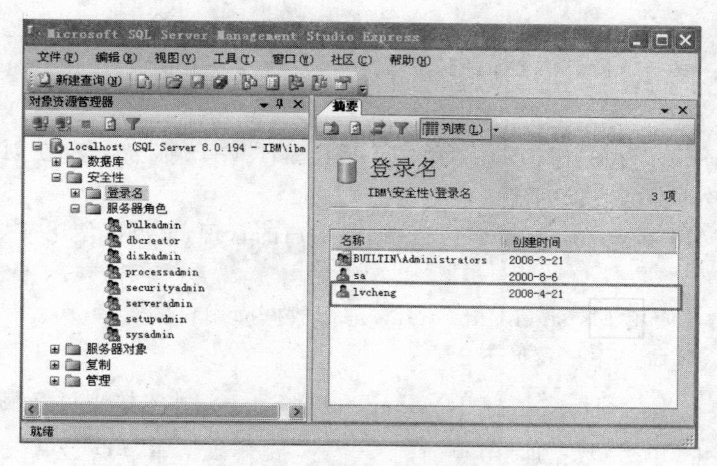

图 4.7　创建登录用户 lvcheng

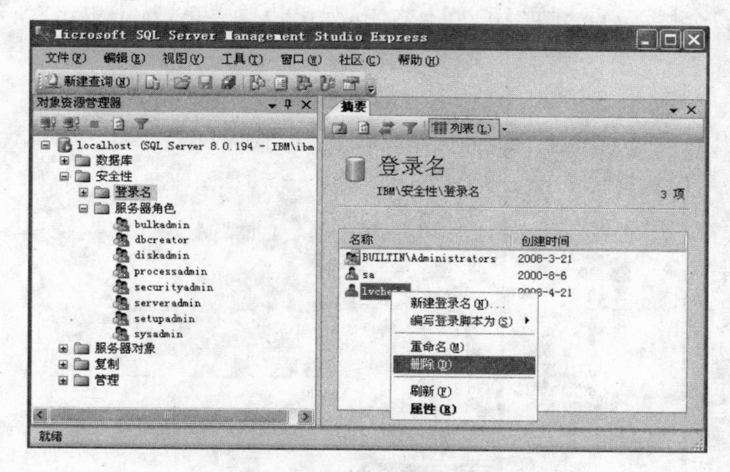

图 4.8　删除登录用户名

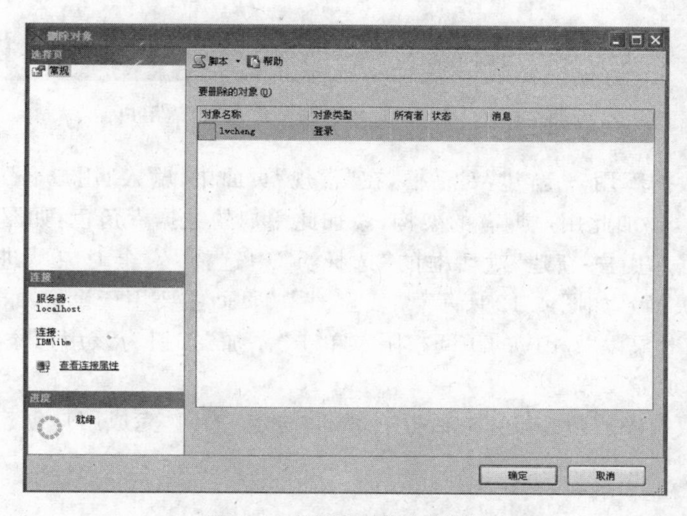

图 4.9　“删除对象”对话框

4.4 数据库用户的管理

用户是数据库级的安全策略，在为数据库创建新的用户前，必须存在创建用户的一个登录或者使用已经存在的登录创建用户。

可以使用 Management Studio 进行数据库用户的管理，也可以使用 T-SQL 代码来进行数据库用户的管理。

【案例 4.2】 使用 Management Studio 进行数据库用户的管理。

案例分析 具体操作步骤如下。

(1) 双击桌面上的图标，打开 Management Studio，并连接到目标服务器，在“对象资源管理器”窗口中，单击“数据库”节点前的“+”号，展开数据库节点。单击要创建用户的目标数据节点前的“+”号，展开目标数据库节点（如 Northwind）。单击“安全性”节点前的“+”号，展开“安全性”节点。在“用户”上右击，弹出快捷菜单，从中单击“新建用户”命令，如图 4.10 所示。

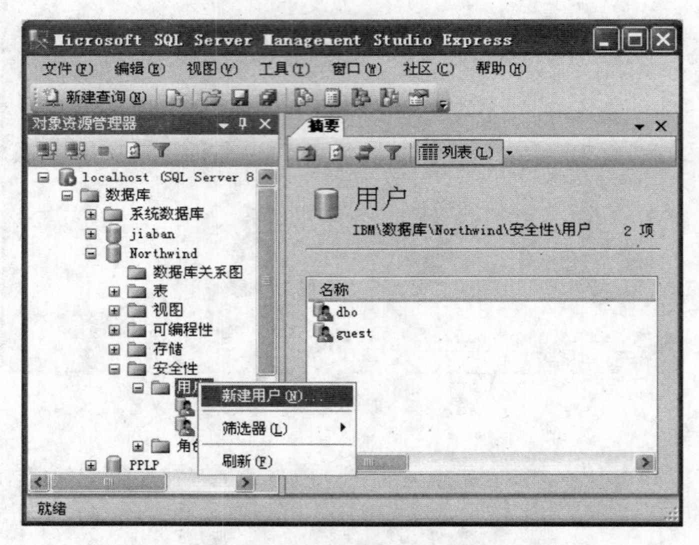

图 4.10 利用“对象资源管理器”创建用户

(2) 出现“数据库用户-新建”对话框，在“常规”页面中，输入“用户名”，选择“登录名”和“默认架构”名称，添加此用户拥有的架构，添加此用户的数据库角色，如图 4.11 所示。

(3) 在“数据库用户-新建”对话框的“选择页”中选择“安全对象”，进入权限设置页面（即“安全对象”页面），如图 4.12 所示。“安全对象”页面主要用于设置数据库用户拥有的能够访问的数据库对象以及相应的访问权限。单击“添加”按钮为该用户添加数据库对象，并为添加的对象添加显示权限。

(4) 单击“数据库用户-新建”对话框底部的“确定”按钮，完成用户创建。

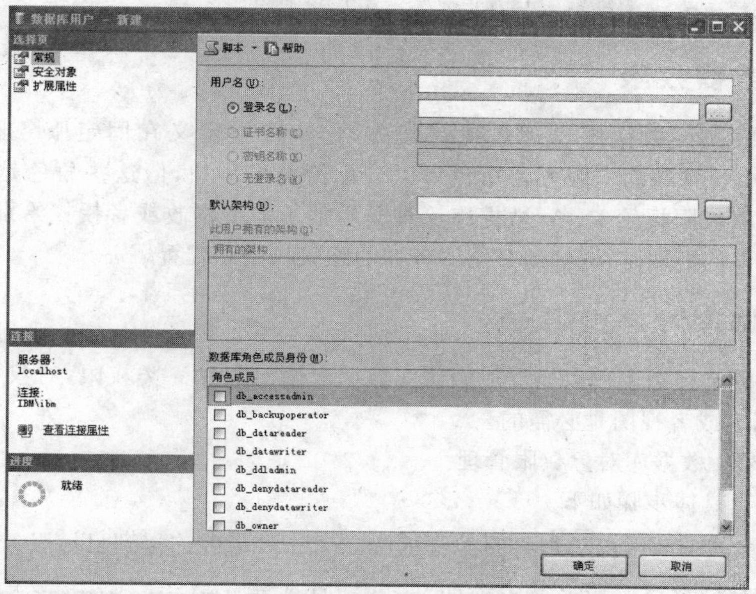

图 4.11 新建数据库用户

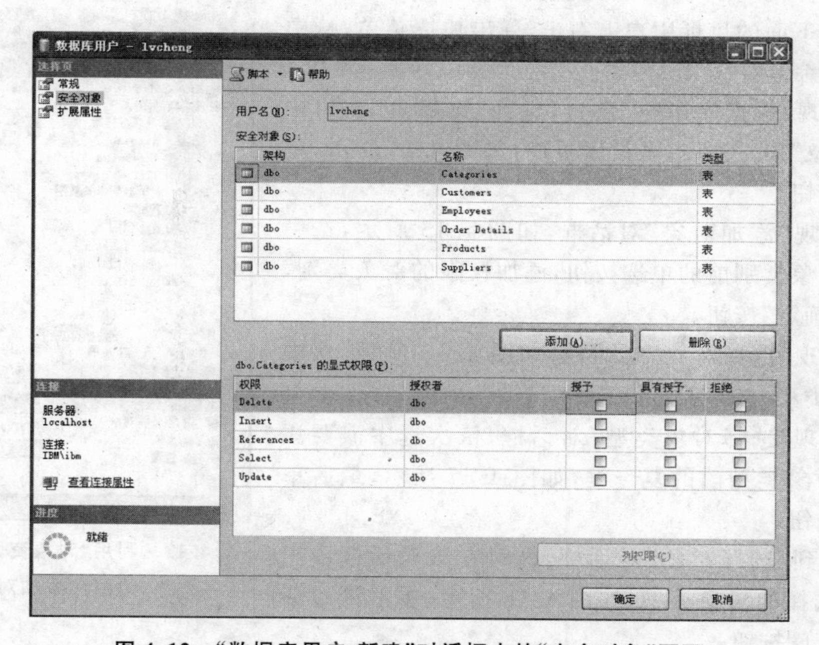

图 4.12 “数据库用户-新建”对话框中的“安全对象”页面

4.5 权限管理

权限用于控制对数据库对象的访问，以及指定用户对数据库可以执行的操作，用户可以设置服务器和数据库的权限。服务器权限允许数据库管理员执行管理任务，数据库权限用于控制对数据库对象的访问和语句执行。

4.5.1 服务器权限

服务器权限允许数据库管理员执行任务，这些权限定义在固定服务器角色（Fixed Server Roles）中。这些固定服务器角色可以分配给登录用户，但这些角色是不能修改的。一般只把服务器权限授给 DBA（数据库管理员），他不需要修改或者授权给别的用户登录，将在后面讲解角色管理时，详细地介绍服务器的相关权限和配置。

4.5.2 数据库对象权限

数据库对象是授予用户以允许他们访问数据库中对象的一类权限，对象权限对于使用 SQL 语句访问表或者视图是必需的。

【案例 4.3】 数据库对象权限管理。

案例分析 具体步骤如下。

(1) 双击桌面上的图标，打开 Management Studio，并连接到目标服务器。依次单击“对象资源管理器”窗口中树形节点前的“+”号，直到展开目标数据库的“用户”节点为止，如图 4.13 所示。在“用户”节点下面的目标用户上右击，弹出快捷菜单，从中单击“属性”命令。

(2) 出现“数据库用户”窗口，选择“选择页”窗口中的“安全对象”项，进入权限设置页面，如图 4.14 所示，单击“添加”按钮。

(3) 出现“添加对象”对话框，如图 4.15 所示，选中要添加的对象类别前的单选按钮，添加权限的对象类别，然后单击“确定”按钮。

(4) 出现“选择对象”对话框，如图 4.16 所示，从中单击“对象类型”按钮。

(5) 出现“选择对象类型”对话框，依次选中需要添加权限的对象类型前的复选框，如图 4.17 所示，最后单击“确定”按钮。

(6) 回到“选择对象”对话框，此时在该对话框中出现了刚才选择的对象类型，如图 4.18 所示，单击该对话框中的“浏览”按钮。

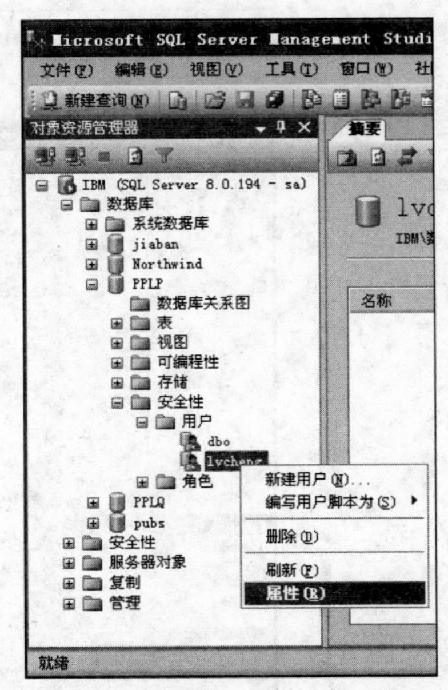

图 4.13 利用“对象资源管理器”为用户添加对象权限

(7) 出现“查找对象”对话框，依次选中要添加权限的对象前的复选框，如图 4.19 所示，最后单击“确定”按钮。

(8) 又回到“选择对象”对话框，并且已包含了选择的对象，如图 4.20 所示。确定无误后，单击该对话框中的“确定”按钮，完成对象选择操作。

(9) 又回到“数据库用户”窗口，此窗口中已包含用户添加的对象，依次选择每一个对象，并在下面的该对象的“显示权限”窗口中根据需要选中“授予/拒绝”列的复选框，添加或

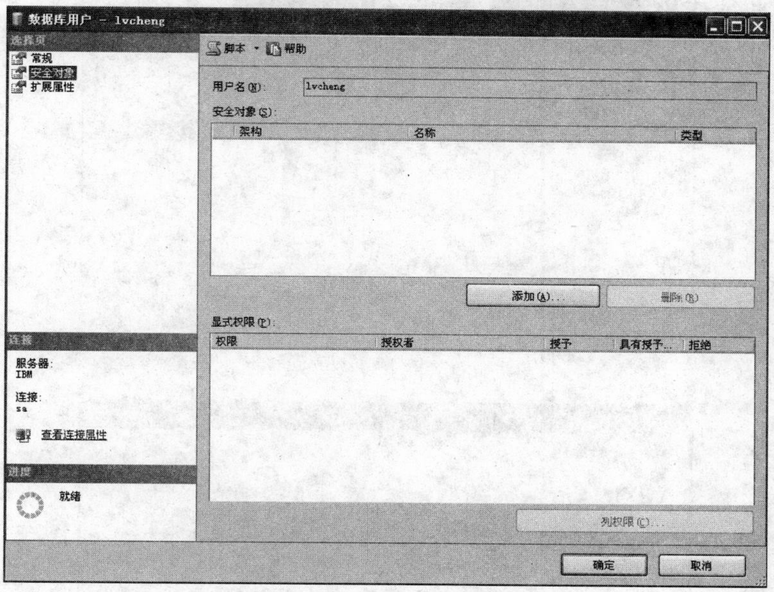

数据库用户 - lvcheng

选择页
常规
安全对象
扩展属性

脚本 · 帮助

用户名(N): lvcheng

安全对象(S):

架构	名称	类型

添加(A)... 删除(R)

显式权限(P):

权限	授权者	授予	具有授予...	拒绝

列权限(C)...

连接
服务器: IBM
连接: sa
查看连接属性

进度
就绪

确定 取消

图 4.14　“数据库用户”窗口

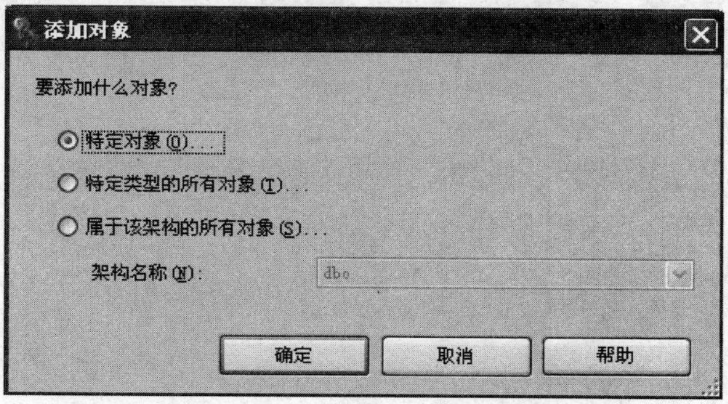

添加对象

要添加什么对象?

特定对象(O)...

特定类型的所有对象(T)...

属于该架构的所有对象(S)...

架构名称(N): dbo

确定 取消 帮助

图 4.15　“添加对象”对话框

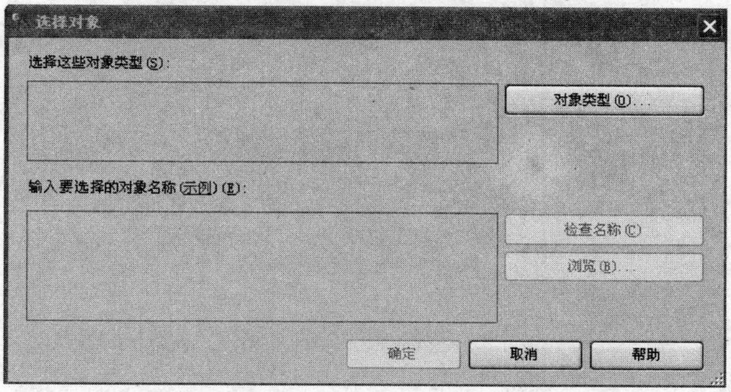

选择对象

选择这些对象类型(S):

对象类型(O)...

输入要选择的对象名称(示例)(E):

检查名称(C)

浏览(B)...

确定 取消 帮助

图 4.16　“选择对象”对话框

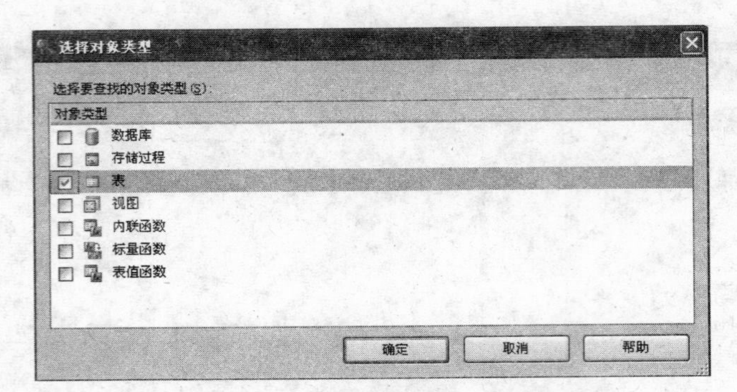

图 4.17 “选择对象类型”对话框

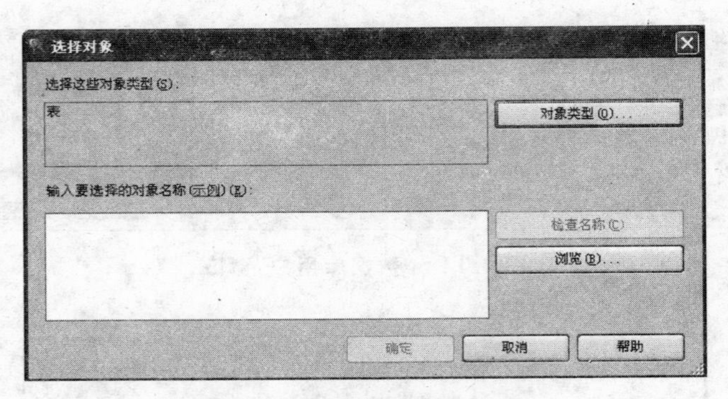

图 4.18 “选择对象”对话框

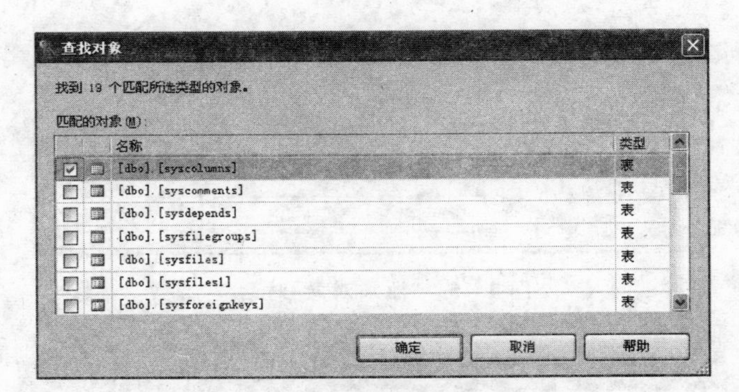

图 4.19 “查找对象”对话框

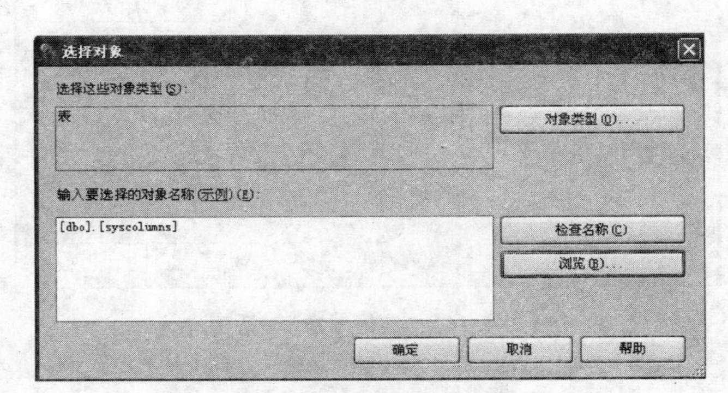

图 4.20 “选择对象”对话框

禁止对该(表)对象的相应访问权限,如图 4.21 所示。设置完每一个对象的访问权限后,单击“确定”按钮,完成给用户添加数据库对象权限的所有操作。

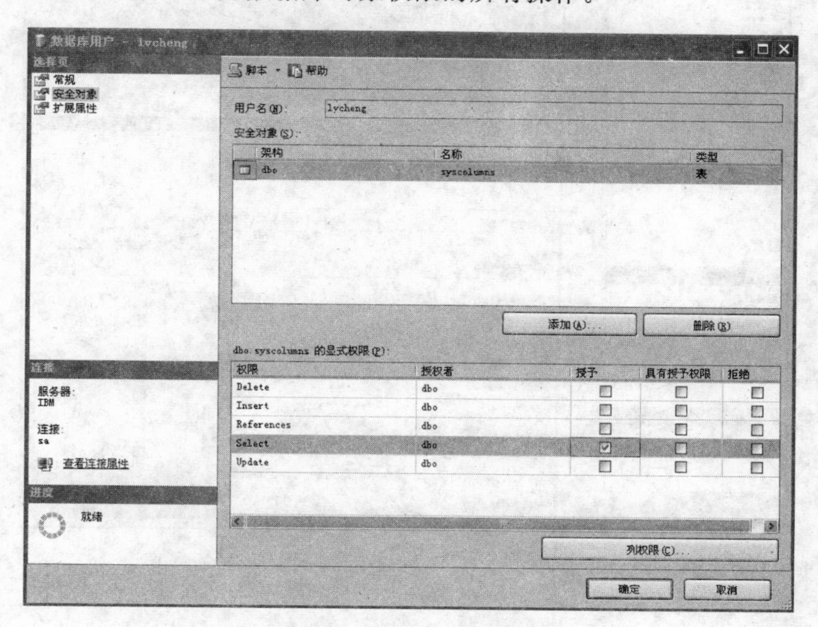

图 4.21 “数据库用户”窗口

4.5.3 数据库权限

对象权限使用户能够访问存在于数据库中的对象,除了数据库对象权限外,还可以给用户分配数据库权限。

【案例 4.4】 使用 Management Studio 给用户添加数据库权限。

案例分析 具体操作步骤如下。

(1) 双击桌面上的图标,打开 Management Studio,并连接到目标服务器,在“对象资源管理器”窗口中,单击服务器前的“+”号,展开服务器节点。单击“数据库”前的“—”号,展开数据库节点。在要给用户添加数据库权限的目标数据库上右击,弹出快捷菜单,如图 4.22 所示,从中单击“属性”命令。

(2) 出现“数据库属性”窗口,选择“选择页”窗口中的“权限”项,进入如图 4.23 所示的权限设置页面,在该页面的“用户或角色”中选择要添加数据库权限的用户,如果该用户不在列表中,就单击“添加”按钮,添加该用户到当前数据库中,然后在该用户的“…显式权限”中添加相应的数据库权限。最后单击“确定”按钮,完成操作。

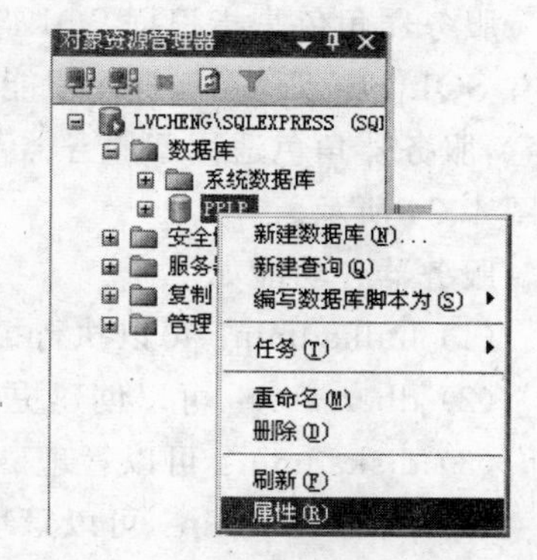

图 4.22 利用对象资源管理器为用户添加数据库权限

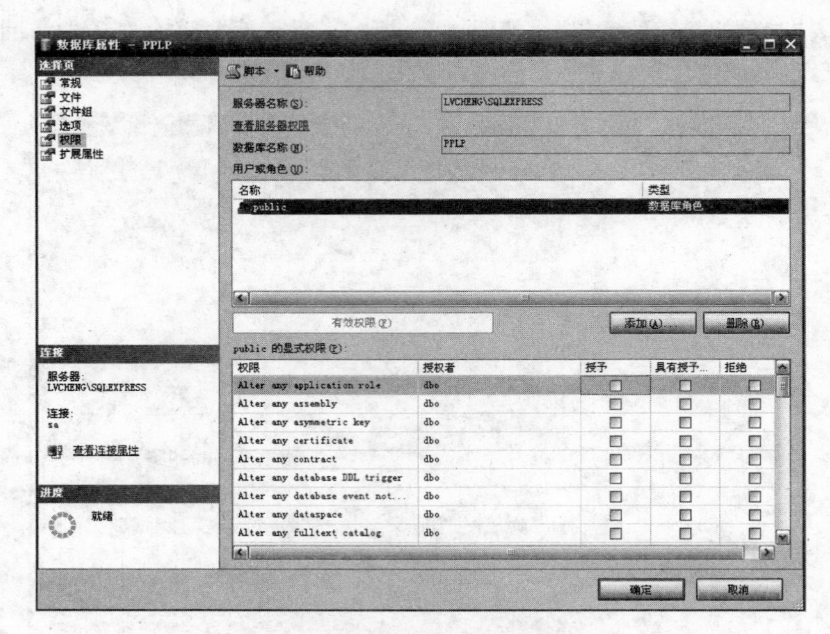

图 4.23 “数据库属性”窗口的权限页面

4.6 角色管理

为了方便管理员管理 SQL Server 2005 数据库中的数据权限，在 SQL Server 2005 中引入了角色这个概念，数据库管理员可以根据实际应用的需要，将数据库的访问权限指定给角色，当创建用户后，再把用户添加到角色中，这样，用户就具有角色具有的权限。在 SQL Server 2005 中，角色分为服务器角色和数据库角色。

4.6.1 服务器角色

服务器角色是指根据 SQL Server 2005 管理任务以及这些任务相对的重要性等级来把具有 SQL Server 2005 管理职能的用户划分为不同角色来管理 SQL Server 2005 的权限。注意，服务器角色适用于服务器范围内，并且其权限不能被修改，共有 8 个服务器角色，具体如图 4.24 所示。

服务器各功能如下。

(1) bulkadmin：可以执行插入操作。

(2) dbcreator：可以创建更改数据库。

(3) diskadmin：可以管理磁盘文件。

(4) processadmin：可以管理运行在 SQL Server 2005 中的进程。

(5) securityadmin：可以管理服务器的登录。

(6) serveradmin：可以配置服务器范围的设置。

(7) setupadmin：可以管理扩展的存储过程。

(8) sysadmin：可以执行 SQL Server 安装中的任何操作。

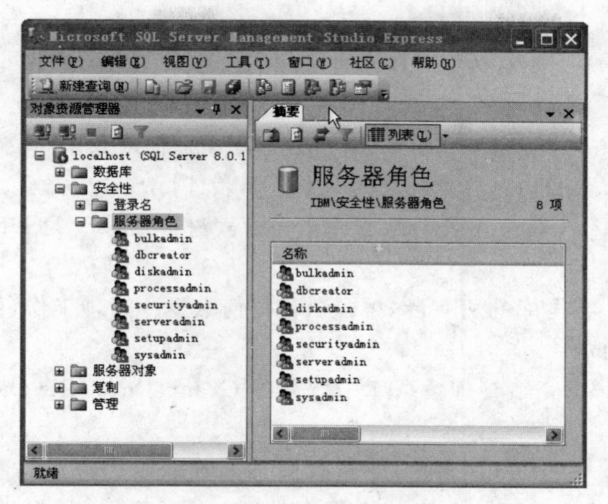

图 4.24　服务器角色

4.6.2　数据库角色

在 SQL Server 2005 中，数据库角色可以新建，也可以使用已存在的数据库角色。固定的数据库角色有 10 个，具体如图 4.25 所示。

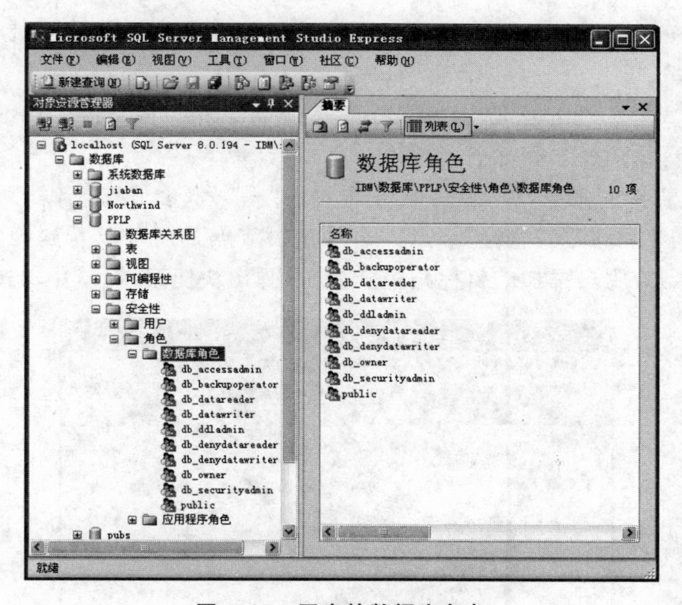

图 4.25　固定的数据库角色

数据库各角色的功能如下。

(1) db_accessadmin：可以增加或删除 Windows NT 认证模式下用户或用户组以及 SQL Server 2005 用户。

(2) db_backupoperator：可以备份数据库。

(3) db_datareader：能且仅能对数据库中任何表进行 Select 操作，从而读取所有表的信息。

(4) db_datawriter：能对数据库中任何表进行 Insert、Delete、Update 操作，但不能进行 Select 操作。

(5) db_ddladmin：可以新建、删除、修改数据库中任何对象。

(6) db_denydatareader：不能对数据库中任何表进行 Select 操作。

(7) db_denydatawriter：不能对数据库中任何表进行 Insert、Delete、Update 操作，但能进行 Select 操作。

(8) db_owner：数据库的所有者，可以执行任何数据库管理工作，可以对数据库中的任何对象进行任何操作。

(9) db_securityadmin：管理数据库中权限的 Grant、Deny、Revoke 操作，即对语句、对象、角色权限的管理。

(10) public：是一个特殊的角色，它包含所有的数据库用户账号和角色所拥有的访问权限，这种权限的继承关系不能改变。管理员应该特别注意给该角色赋权限。

数据库角色能为某一用户或一组用户授予不同级别的管理、访问数据库或数据对象的权限。这些权限是基于 SQL Server 2005 数据库专有的，而且，还可以使一个用户具有属于同一数据库的多个角色。

4.6.3 创建、删除服务器角色成员

在 SQL Server 中，对服务器角色只能有两种操作，向服务器角色中添加成员，或删除服务器角色中的成员。

【案例 4.5】 使用 Management Studio 进行服务器角色成员的管理。

案例分析 具体操作步骤如下。

(1) 在"对象资源管理器"中，单击服务器前的"＋"号，展开"服务器"节点。单击"安全性"节点前的"＋"号，展开"安全性"节点。这时在次节点下面可以看到固定服务器角色，如图 4.26 所示，在要给用户添加的目标角色上右击，弹出快捷菜单，从中单击"属性"命令。

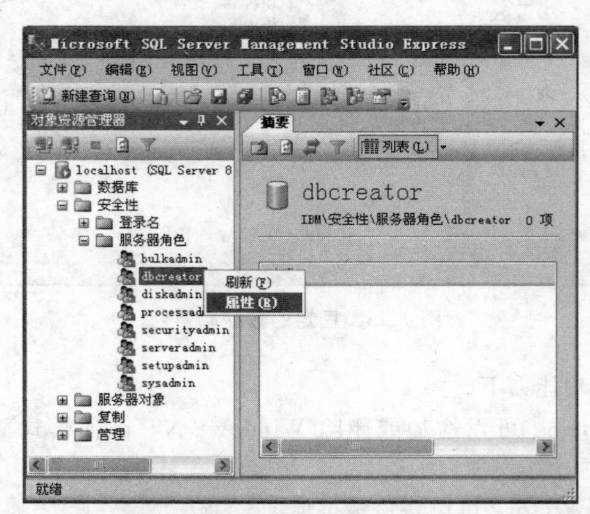

图 4.26 利用"对象资源管理器"为用户分配固定服务器角色

（2）出现“服务器角色属性”窗口，如图 4.27 所示，单击“添加”按钮。

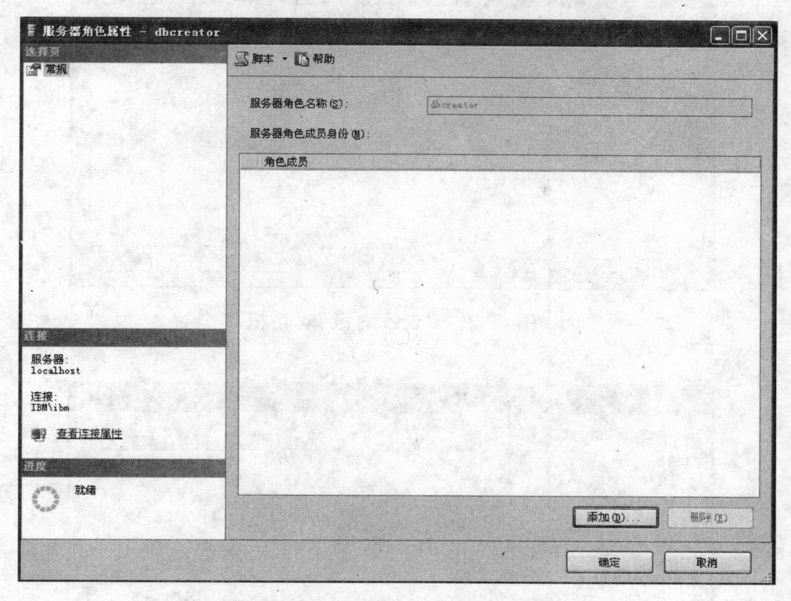

图 4.27　“服务器角色属性”窗口

（3）出现“选择登录名”对话框，如图 4.28 所示，单击“浏览”按钮。

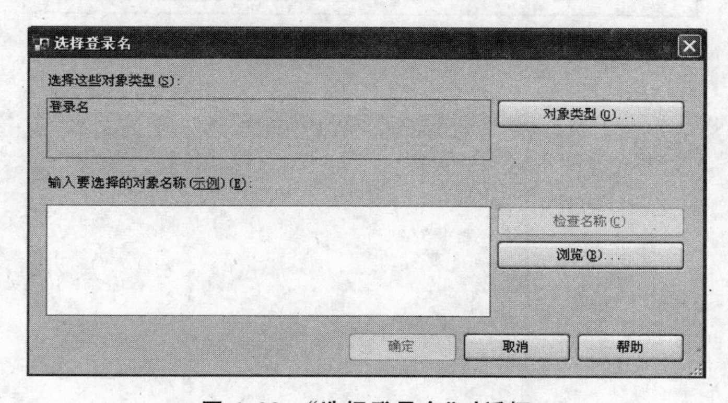

图 4.28　“选择登录名”对话框

（4）出现“查找对象”对话框，在该对话框中选中目标用户前的复选框，如图 4.29 所示，最后单击“确定”按钮。

（5）回到“选择登录名”对话框，可以看到选中的目标用户已包含在对话框中，如图 4.30 所示，确定无误后，单击“确定”按钮。

（6）回到“服务器角色属性”窗口，如图 4.31 所示。确定添加的用户无误后，单击“确定”按钮，完成为用户分配角色的操作。

4.6.4　创建、删除数据库角色成员

在 SQL Server 2005 中，有两种数据库角色，一种是预定义的数据库角色，另一种是自定义的数据库角色。

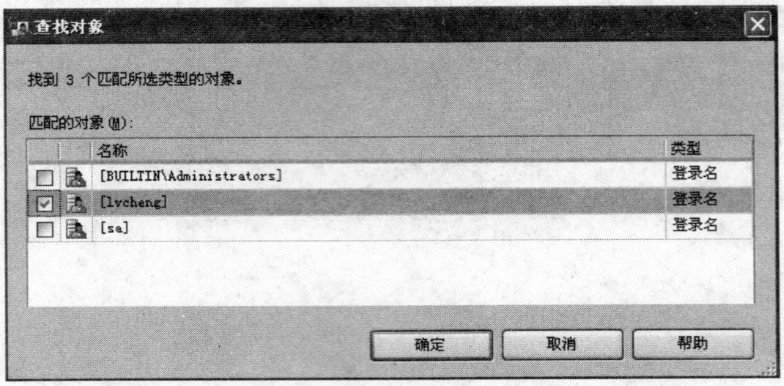

查找对象

找到 3 个匹配所选类型的对象。

匹配的对象(M):

	名称	类型
☐	[BUILTIN\Administrators]	登录名
☑	[lvcheng]	登录名
☐	[sa]	登录名

确定 取消 帮助

图 4.29 “查找对象”对话框

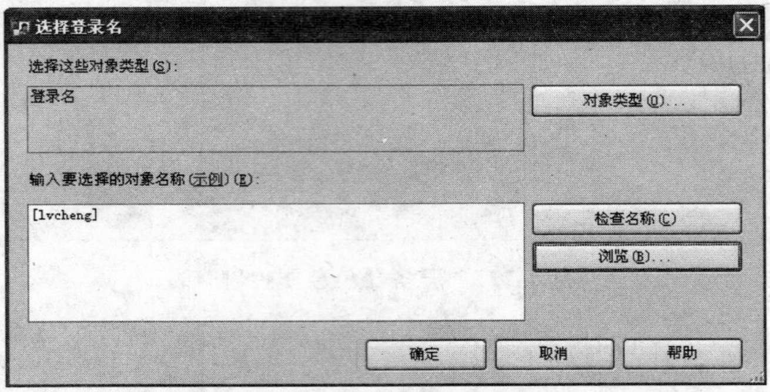

选择登录名

选择这些对象类型(S):

登录名

对象类型(O)...

输入要选择的对象名称(示例)(E):

[lvcheng]

检查名称(C)

浏览(B)...

确定 取消 帮助

图 4.30 “选择登录名”对话框

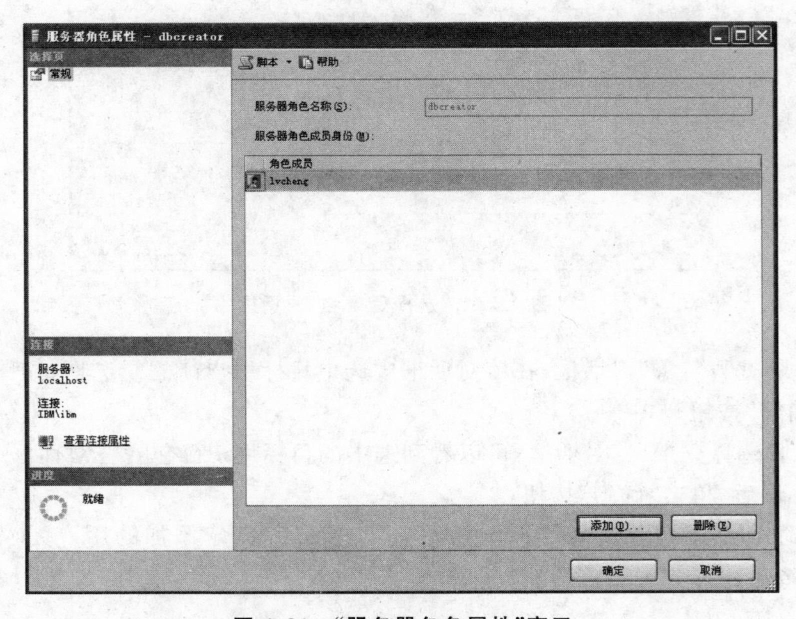

图 4.31 “服务器角色属性”窗口

预定义的数据库角色是在 SQL Server 2005 中已经定义好的具有管理访问数据库管理权限的角色,不能对预定义数据库角色进行任何的权限修改,也不能删除这些角色。

自定义的数据库角色可以使用户实现对多数据库操作的某一特定功能，具体如下。

(1) SQL Server 2005 数据库角色可以包含多个用户。

(2) 在同一个数据库中，用户可以有不同的自定义角色，这种角色的组合是自由的。

(3) 角色可以进行嵌套，从而在数据库中实现不同级别的安全性。

【案例 4.6】 使用 Management Studio 进行数据库角色成员的管理。

案例分析 具体操作步骤如下。

(1) 双击桌面上的图标，打开 Management Studio，并连接到目标服务器。依次单击“对象资源管理器”窗口中树形节点前的“+”号，直到展开目标数据库的“数据库角色”节点为止，如图 4.32 所示。在“数据库角色”节点上右击，弹出快捷菜单，从中单击“新建数据库角色”命令。

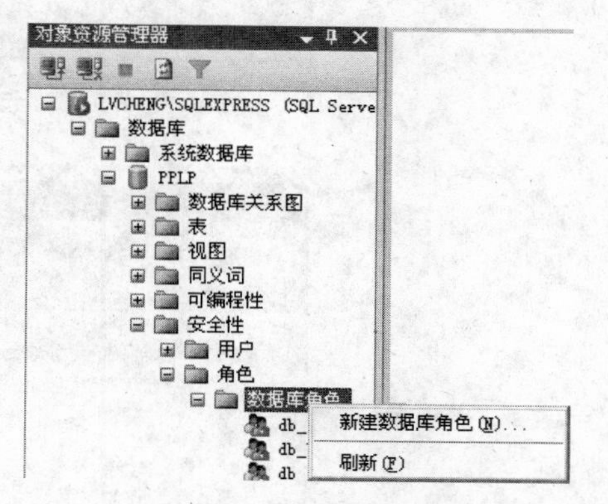

图 4.32　新建数据库角色

(2) 弹出“数据库角色-新建”窗口，并在“角色名称”文本框中输入所要创建的数据库角色的名称(例如，r1)，如图 4.33 所示。

(3) 单击“所有者”后面的展开按钮，弹出“选择数据库用户或角色”对话框，如图 4.34 所示。

(4) 单击“浏览”按钮，弹出“查找对象”对话框，并在需要的对象前面打钩选择，并单击“确定”按钮，返回“选择数据库用户或角色”对话框，检查无误，单击“确定”按钮，返回“数据库角色-新建”窗口，如图 4.35 所示，检查无误，单击“确定”按钮，完成新建数据库角色操作。

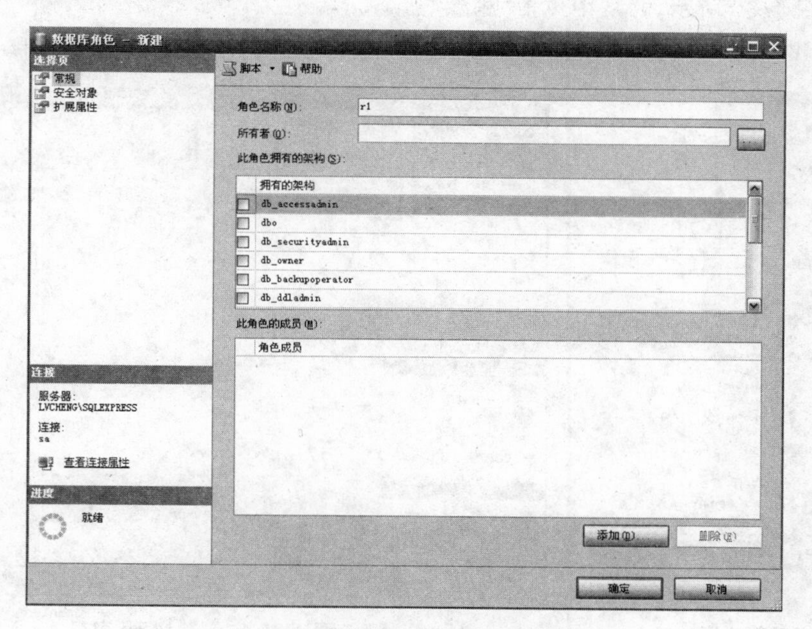

图 4.33　“数据库角色-新建”窗口

(5) 右击“对象资源管理器”窗口中的“数据库角色”节点下的目标数据库角色，弹出快

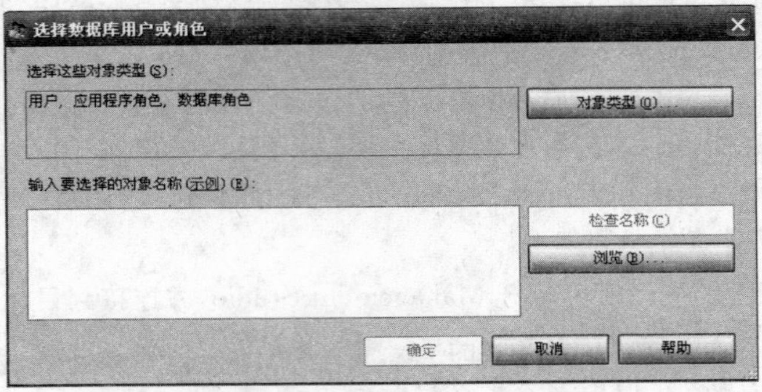

图 4.34 “选择数据库用户或角色”对话框

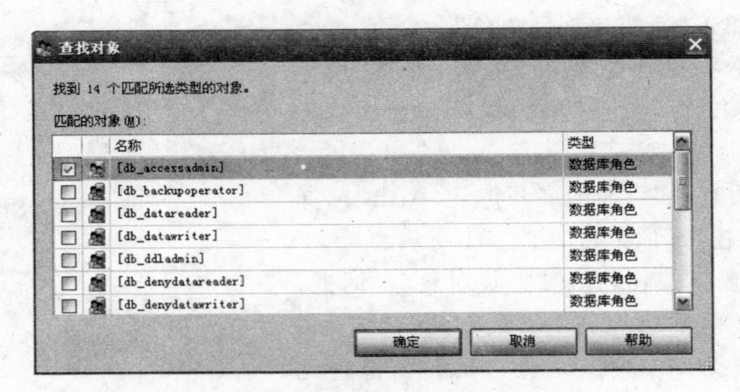

图 4.35 “查找对象”对话框

捷菜单，如图 4.36 所示，并从中单击“删除”命令。

（6）弹出“删除对象”窗口，如图 4.37 所示，单击“确定”按钮完成删除操作。

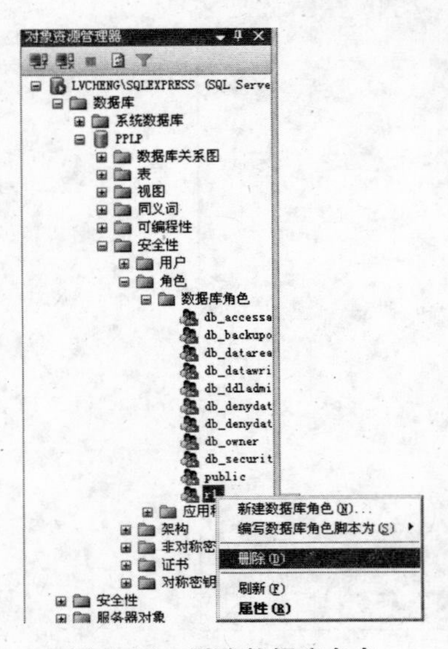

图 4.36 删除数据库角色

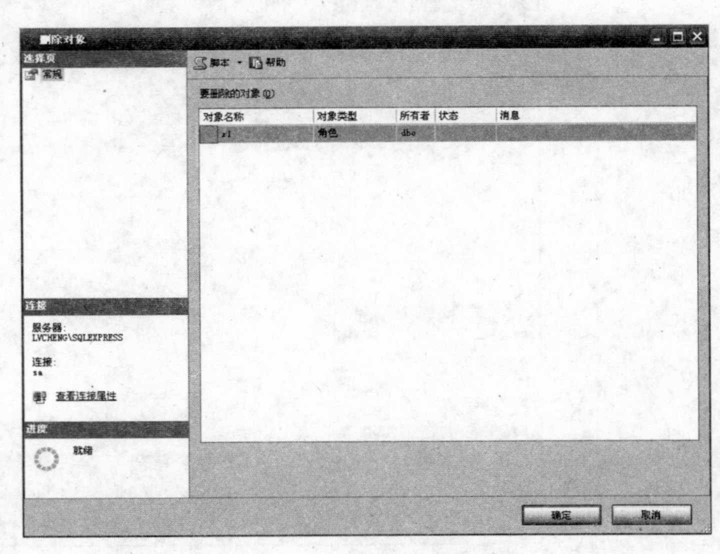

图 4.37 “删除对象”窗口

小　结

本章讲解了数据库安全控制的基本概念;SQL Server 2005 的安全体系结构,包括安全控制策略、身份验证模式、验证模式的设置;SQL Server 2005 数据库的安全性管理,包括数据库系统登录管理中的管理模式和管理方法,数据库用户管理的基本概念和方法,数据库系统的角色管理和权限管理。

第5章

SQL Server 2005 数据库与表的操作

通过本章的学习，你能够：

- 掌握 SQL Server 2005 数据库的基本概念，熟练掌握用 SQL Server Management Studio 和 T-SQL 语句创建、查看、修改和删除数据库的各种方法和步骤。
- 了解 SQL Server 2005 表的基本知识；掌握表的创建、修改和删除操作；熟练掌握记录的插入、删除和修改操作。
- 了解索引的基本知识，掌握索引的创建和删除操作。

5.1 SQL Server 2005数据库概述

5.1.1 数据库的定义

数据库(database)是对象的容器,以操作系统文件的形式存储在磁盘上。它不仅可以存储数据,而且能够使数据存储和检索以安全可靠的方式进行。一般包含关系图、表、视图、存储过程、用户、角色、规则、默认、用户自定义数据类型和用户自定义函数等对象。

5.1.2 SQL Server 2005数据库

SQL Server数据库分为系统数据库、实例数据库和用户数据库。

1. 系统数据库

(1) master数据库。记录SQL Server 2005实例的所有系统级信息,定期备份,不能直接修改。

(2) tempdb数据库。用于保存临时对象或中间结果集以供稍后的处理,SQL Server 2005关闭后该数据库清空。

(3) model数据库。用作SQL Server 2005实例上创建所有数据库的模板。对model数据库进行的修改(如数据库大小、排序规则、恢复模式和其他数据库选项)将应用于以后创建的所有数据。

(4) msdb数据库。用于SQL Server 2005代理计划警报和作业,是SQL Server中的一个Windows服务。

(5) resource数据库。一个只读数据库,包含SQL Server 2005包括的系统对象。系统对象在物理上保留在resource数据库中,但在逻辑上显示在每个数据库的sys架构中。

2. 实例数据库

AdventureWorks/AdventureWorks DW是SQL Server 2005中的实例数据库(如果在安装过程中选择了安装),此数据库基于一个生产公司,以简单、易于理解的方式来展示SQL Server 2005的新功能。

3. 用户数据库

用户根据数据库设计创建的数据库,如某公司产品销售系统数据库(PPLP)。

5.1.3 数据库文件

数据库的内模式(物理存储结构)。数据库在磁盘上是以文件为单位存储的,由数据文件和事务日志文件组成。

1. 主数据文件(.mdf)

主数据文件包含数据库的启动信息,并指向数据库中的其他文件;存储用户数据和对象;每个数据库有且仅有一个主数据文件。

2. 次数据文件(.ndf)

次数据文件也称辅助数据文件,存储主数据文件未存储的其他数据和对象;可用于将数据分散到多个磁盘上。如果数据库超过了单个Windows文件大小的最大限,可以使用次数据文件，这样数据库就能继续增长；可以没有也可以有多个；名字尽量与主数据文件名相同。

3. 事务日志文件(.ldf)

事务日志文件保存用于恢复数据库的日志信息；每个数据库至少有一个日志文件，也可以有多个。

5.1.4 数据库文件组

为了便于分配和管理，SQL Server 2005 允许将多个文件(不同的磁盘)归纳为同一组，并赋予此组一个名称。与数据库文件一样，文件组也分为主文件组(Primary File Group)和次文件组(Secondary File Group)。

主文件组包含系统表和主数据文件，是默认的数据文件组。

5.2 创建数据库

SQL Server 2005 创建数据库的方法有两种：使用 SQL Server Management Studio (SSMS)和使用 T-SQL 代码。

【案例 5.1】 使用 Management Studio 创建数据库。

案例分析 具体操作步骤如下。

(1) 双击桌面上的图标，打开 SSMS，并连接到目标服务器，在“对象资源管理器”窗口中，单击“数据库”前面的“+”号，并右击“数据库”，从弹出的快捷菜单中单击“新建数据库”命令，打开“新建数据库”窗口，如图 5.1 所示。

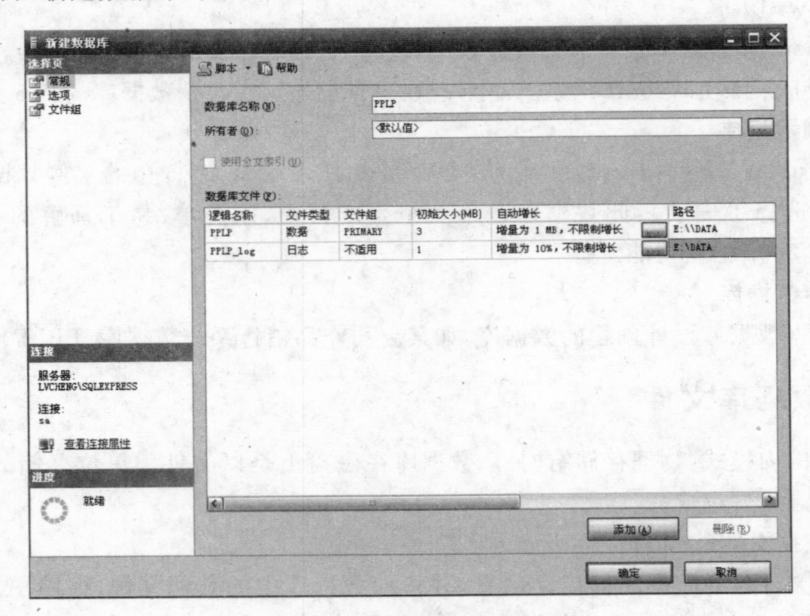

图 5.1 “新建数据库”窗口

(2) 在窗口中根据提示输入该数据库的相关内容，如数据库名称、所有者、文件初始大小、自动增长值和保存路径(例如，修改为 E:\DATA 目录下)等。

下面以创建第 2 章的产品营销数据库为例详细说明各项的应用。

例如，创建产品营销数据库，数据库名称 PPLP。主数据文件默认保存路径为 C:\Program Files\Microsoft SQL Server\MSSQL\data\数据文件；日志文件默认保存路径为 C:\Program Files\Microsoft SQL Server\MSSQL\data\日志文件。主数据文件初始大小为 3MB，最大为 10MB，增长速度为 10%；日志文件的初始大小为 2MB，最大为 2MB，增长速度为 10%。

当然，可以单击 按钮更改数据库的自动增长方式，如图 5.2 所示。

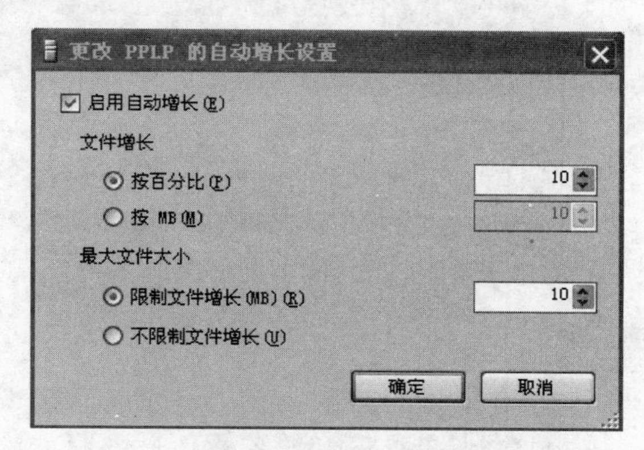

图 5.2 “更改 PPLP 的自动增长设置”对话框

(3) 单击“新建数据库”窗口中“常规”项中的“确定”按钮，系统开始创建数据库，创建成功后，当回到 SSMS 中的“对象资源管理器”窗口时，刷新其中的内容，在“对象资源管理器”的“数据库”节点中就会显示新创建的数据库 PPLP，如图 5.3 所示。

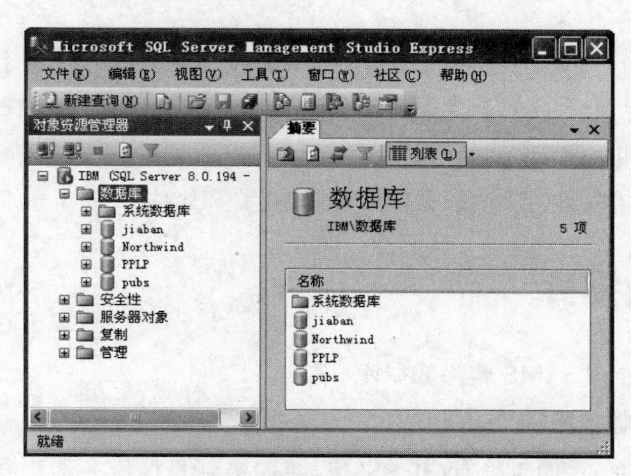

图 5.3 新建数据库 PPLP

5.3 查看和修改数据库

【案例 5.2】 使用 SSMS 查看或修改数据库。

案例分析 具体步骤如下。

(1) 双击桌面上的图标,打开 SSMS,并连接到目标服务器。在"对象资源管理器"窗口中,右击所要修改的数据库,从弹出的快捷菜单中单击"属性"命令,出现如图 5.4 所示的"数据库属性"窗口。

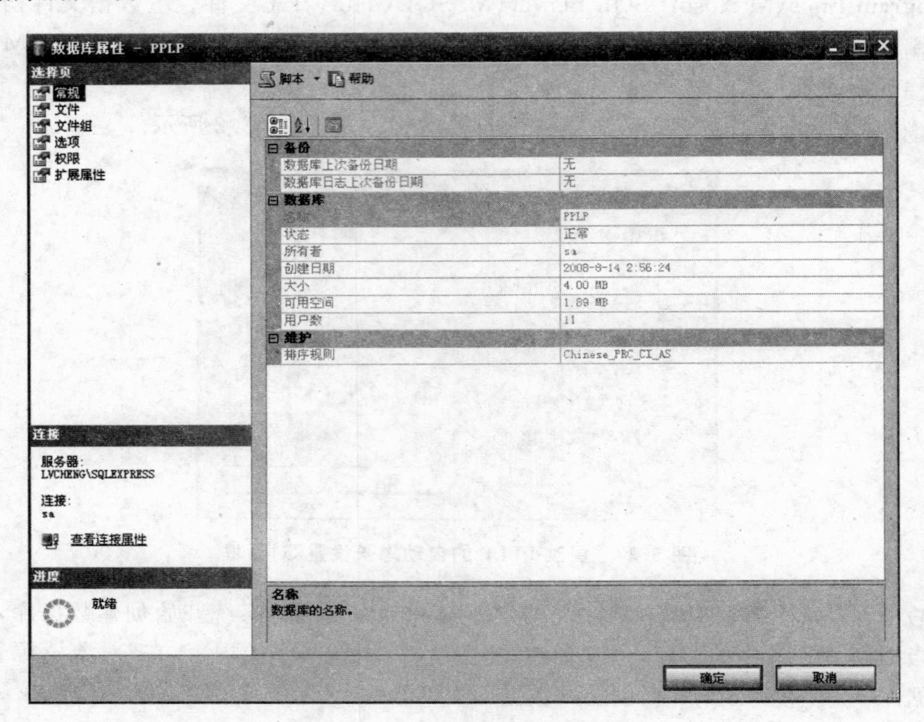

图 5.4 "数据库属性"窗口

可以分别在"常规"、"文件"、"文件组"、"选项"、"权限"和"扩展属性"项中根据要求来查看或修改数据库的相应设置。

(2) 单击"确定"按钮,完成"数据库属性"的查看和修改。

5.4 删除数据库

【案例 5.3】 使用 SSMS 删除数据库。

案例分析 具体步骤如下。

(1) 双击桌面上的图标,打开 SSMS,并连接到目标服务器。在"对象资源管理器"窗口中,在目标数据库上右击,弹出快捷菜单,单击"删除"命令。

(2) 出现"删除对象"窗口,确认是否为目标数据库,并通过选中复选框决定是否要删除备份以及关闭已存在的数据库连接,如图 5.5 所示。

(3) 单击"确定"按钮,完成数据库删除操作。

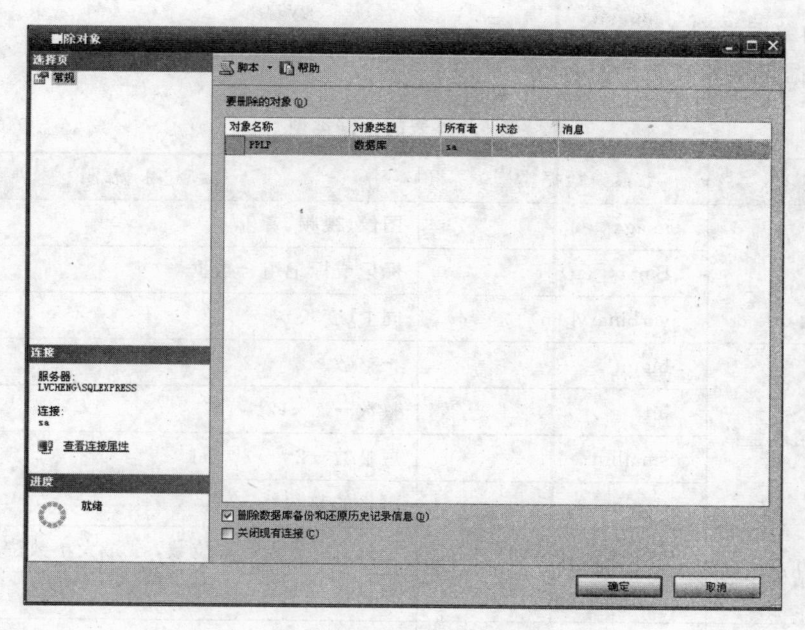

图 5.5 “删除对象”窗口

5.5 SQL Server 2005 表的基本知识

1. 表的基本概念

在为一个数据库设计表之前，应该完成需求分析，确定概念模型，将概念模型转换为关系模型，关系模型中的每一个关系对应数据库中的一个表。表是数据库对象，用于存储实体集和实体间联系的数据。SQL Server 2005 表主要由列和行构成。

(1) 列：每一列用来保存对象的某一类属性。

(2) 行：每一行用来保存一条记录，是数据对象的一个实例。

2. 表的类型

SQL Server 2005 除了提供用户定义的标准表外，还提供了一些特殊用途的表：分区表、临时表和系统表。

(1) 分区表。当表很大时，可以水平地把数据分隔成一些单元，放在同一个数据库的多个文件组中。用户可以通过分区快速地访问和管理数据的某部分子集而不是整个数据表，从而便于管理大表和索引。

(2) 临时表。有两种临时表：局部临时表和全局临时表。局部临时表只是对一个数据库实例的一次连接中的创建者是可见的。在用户断开数据库的连接时，局部临时表就被删除。全局临时表创建后对所有的用户和连接都是可见的，并且只有所有的用户都断开临时表相关的表时，全局临时表才会被删除。

(3) 系统表。系统表用来保存一些服务器配置信息数据，用户不能直接查看和修改系统表，只有通过专门的管理员连接才能查看和修改。不同版本的数据库系统的系统表一般不同，在升级数据库系统时，一些应用系统表的应用可能需要重新改写。

3. 表的数据类型

表的数据类型如表 5.1 所示。

表 5.1　表的数据类型

数据类型		系统数据类型	应用说明
二进制		image	图像、视频、音乐
		Binary[(n)]	标记或标记组合数据
		varbinary[(n)]	同上(变长)
精确数字	精确整数	bigint	长整数 $-2^{63}\sim2^{63}-1$
		int	整数 $-2^{31}\sim2^{31}-1$
		smallint	短整数 $-2^{15}\sim2^{15}-1$
		tinyint	更小的整数 0～255
	精确小数	Decimal[(p[,s])]	小数,p:最大数字位数,s:最大小数位数
		numeric[(p[,s])]	同上
	近似数字	float[(n)]	－1.79E＋308～1.79E＋308
		real	－3.40E＋38～3.40E＋38
字符		char[(n)]	定长字符型
		varchar[(n)]	变长字符型
		text	变长文本型,存储字符长度大于 8000 的变长字符
unicode		nchar[(n)]	unicode 字符(双倍空间)
		nvarchar[(n)]	unicode 字符(双倍空间)
		ntext	unicode 字符(双倍空间)
日期和时间		Datetime	1753-1-1～9999-12-31(12:00:00)
		smalldatetime	1900-1-1～2079-6-6
货币		Money	$-2^{63}\sim2^{63}-1$(保留小数点后四位)
		smallmoney	$-2^{31}\sim2^{31}-1$(保留小数点后四位)
特殊		bit	0/1,判定真或假
		Timestamp	自动生成的唯一的二进制数,修改该行时随之修改,反映修改记录的时间
		uniqueidentifier	全局唯一标识(GUID),十六进制数字,由网卡/处理器 ID 以及时间信息产生,用法同上
用户自定义		用户自行命名	用户可创建自定义的数据类型

4. 表的完整性体现

(1) 主键约束体现实体完整性,即主键各列不能为空且主键作为行的唯一标识。

(2) 外键约束体现参照完整性。

(3) 默认值和规则等体现用户定义的完整性。

5. 表的设计

设计表时需要确定如下内容。

(1) 表中需要的列以及每一列的类型(必要时还要有长度)。

(2) 列是否可以为空。

(3) 是否需要在列上使用约束、默认值和规则。

(4) 需要使用什么样的索引。

(5) 哪些列作为主键。

5.6 创建表

【案例 5.4】 使用 Management Studio 创建数据库。

案例分析 具体操作步骤如下。

(1) 双击桌面上的图标,打开 Management Studio,并连接到目标服务器。在"对象资源管理器"窗口中,展开"数据库"节点,再展开所选择的具体数据库节点,右击"表"节点,单击"新建表"命令,进入表设计器即可进行表的定义。

例如:在某市场管理部(参见第 2 章 2.2 节的案例分析),其产品营销关系数据库模式为:

```
Product(model, maker, type)
PC(model, speed, ram, hd, cd, price)
Laptop(model, speed, ram, hd, screen, price)
Printer(model, color, type, price)
```

创建该产品营销系统的数据库(PPLP)中的 Product 表、PC 表、Laptop 表和 Printer 表。

(2) 在"对象资源管理器"窗口中,展开"数据库"下的 PPLP 节点,右击"表"节点,单击"新建表"命令,进入表设计器,在表设计器的第一列中输入列名,第二列选择数据类型,第三列选择是否为空,具体如表 5.2～表 5.5 所示。

表 5.2　表 Product 的设计对话框

表 - dbo.Product　摘要

列名	数据类型	允许空
model	char(10)	☐
maker	nchar(20)	☑
type	nvarchar(30)	☑

表 5.3　表 PC 的设计对话框

表 - dbo.PC　摘要

列名	数据类型	允许空
model	char(10)	☐
speed	int	☑
ram	int	☑
hd	numeric(6, 1)	☑
cd	nchar(10)	☑
price	numeric(6, 2)	☑

表 5.4　表 Laptop 的设计对话框

表 - dbo.Laptop　LVCHENG\SQL...LQuery3.sql*　摘要

列名	数据类型	允许空
model	char(10)	☐
speed	int	☑
ram	int	☑
hd	numeric(6, 2)	☑
screen	numeric(6, 1)	☑
price	numeric(6, 2)	☑

表 5.5　表 Printer 的设计对话框

表 - dbo.Printer　摘要

列名	数据类型	允许空
model	char(10)	☐
color	bit	☑
type	nvarchar(30)	☑
price	numeric(6, 2)	☑

(3) 创建主键约束。例如：Product 中的 model。

单击选择一列名，Shift＋单击选择连续的列名组成联合主键，Ctrl＋单击选择不相邻的列名，右击，在弹出的快捷菜单中单击“设置主键”命令或单击工具栏按钮，设置主键，如图 5.6 所示。

PC 表、Laptop 表、Printer 表主键约束采用同样的方法设置。

表 - dbo.Product* 摘要

列名	数据类型	允许空
model	char(10)	☐
maker	nchar(20)	☑
type	nvarchar(30)	☑

图 5.6　创建主键约束

(4) 创建唯一性约束。右击，在弹出的快捷菜单中单击“索引/键”命令或单击工具栏按钮，在弹出的“索引/键”对话框中，单击“添加”按钮，添加新的主/唯一键或索引；在常规的“类型”右边选择“唯一键”，在“列”的右边单击省略号按钮，选择列名和排序规律，如图 5.7 所示。一般来说建立索引的目的是为了检索方便，如关系学生(学号，姓名，……)中，主码是学号，但检索时并不方便，因为几乎没有人会检索学号，如果不存在重名的情况下，则选择姓名作为索引键。

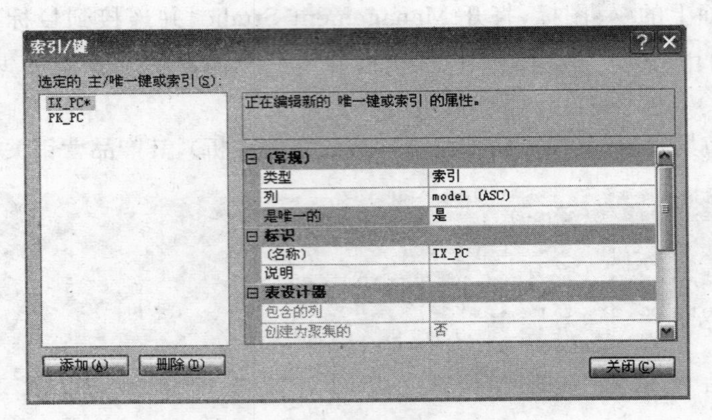

图 5.7　“索引/键”对话框

(5) 创建外键约束。例如：将 PC 表中的 model 设置为外码。

右击，在弹出的快捷菜单中单击“关系”命令或单击工具栏按钮，在弹出的“外键关系”对话框(见图 5.8)中，单击“添加”按钮添加新的约束关系。

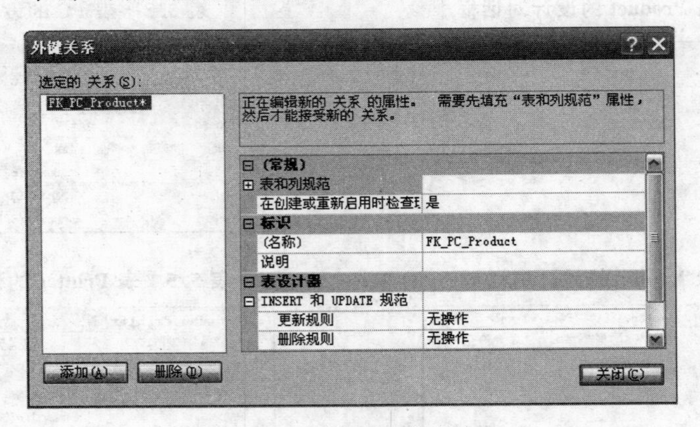

图 5.8　“外键关系”对话框

(6) 单击“表和列规范”左边的“＋”号，再单击“表和列规范”内容框中右边的省略号按钮，从弹出的“表和列”对话框中进行外键约束的表和列的选择，单击“确定”按钮，如图 5.9 所示。

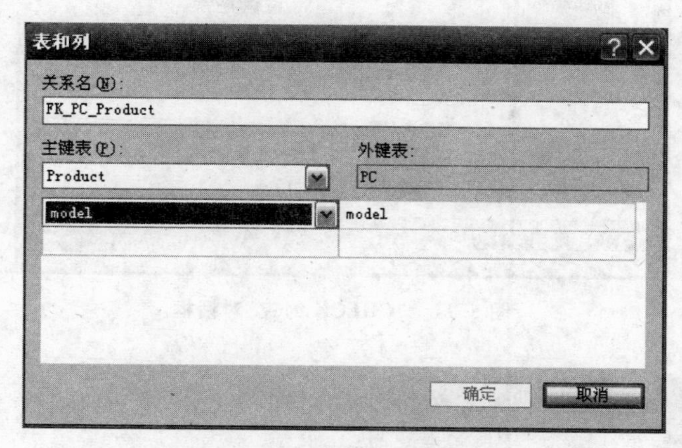

图 5.9　“表和列”对话框

(7) 回到“外键关系”对话框，将“强制外键约束”选项选择为“是”，设置“更新规则”和“删除规则”的值，如图 5.10 所示。

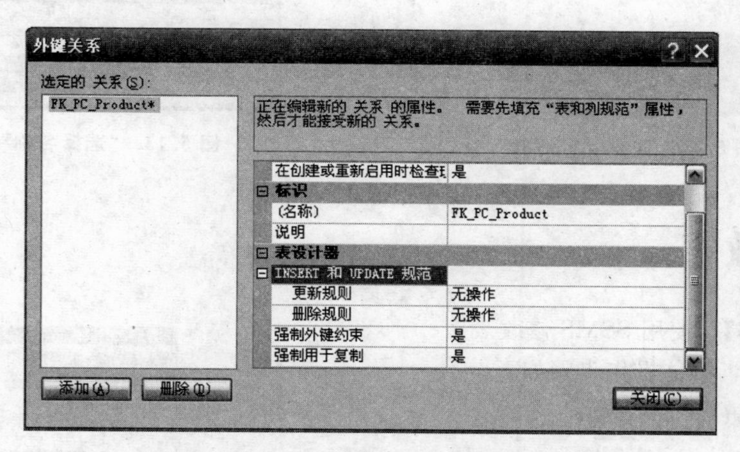

图 5.10　“外键关系”对话框的“INSERT 和 UPDATE 规范”选项

(8) 创建检查约束。例如：PC 表中的 price 大于等于零。

右击，在弹出的快捷菜单中单击“CHECK 约束”命令或单击工具栏按钮，在打开的“CHECK 约束”对话框中单击“添加”按钮，在“表达式”文本框中输入检查表达式，在“表设计器”中进行选项的设置，如图 5.11 所示。

(9) 保存表的定义。单击关闭按钮，关闭表设计器窗口，弹出图 5.12 所示的保存表对话框，单击“是”按钮。

(10) 弹出“选择名称”对话框，如图 5.13 所示。

(11) 输入表名，单击“确定”按钮。

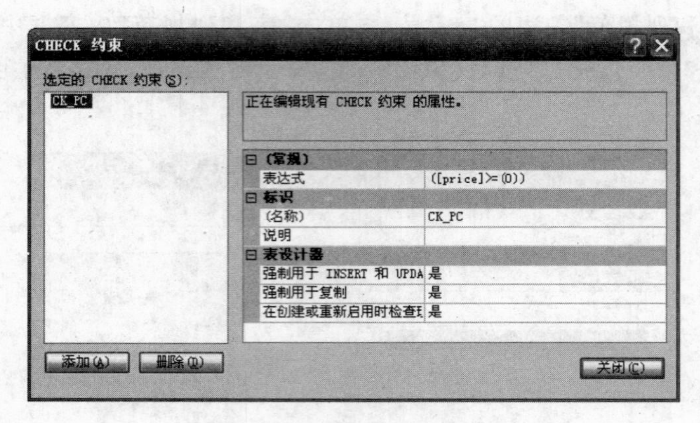

图 5.11 “CHECK 约束”对话框

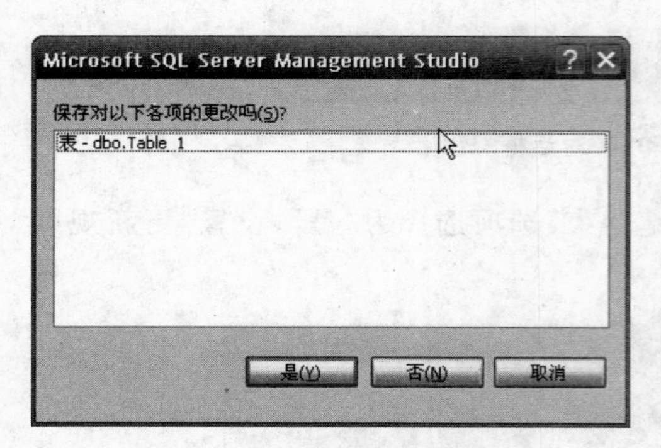

图 5.12 保存表对话框

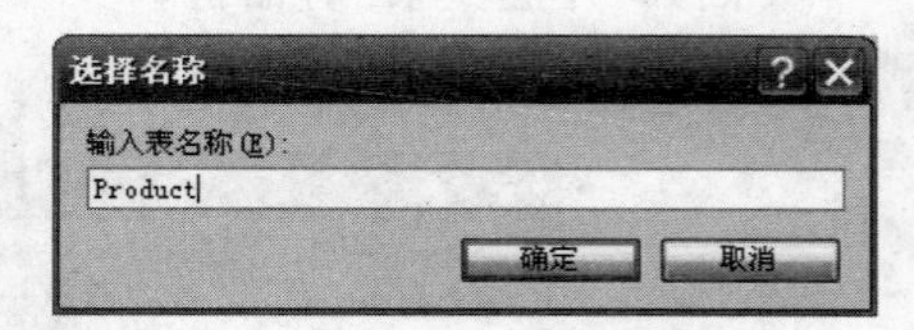

图 5.13 “选择名称”对话框

5.7 修改表

【案例 5.5】 使用 SSMS 修改表。

案例分析 具体操作步骤如下。

(1) 双击桌面上的图标,打开 SSMS,并连接到目标服务器。

(2) 在“对象资源管理器”窗口中,展开“数据库”节点,再展开所选择的具体数据库节点,展开“表”节点,右击要修改的表,单击“修改”命令,如图 5.14 所示,进入表设计器即可修改表的定义。

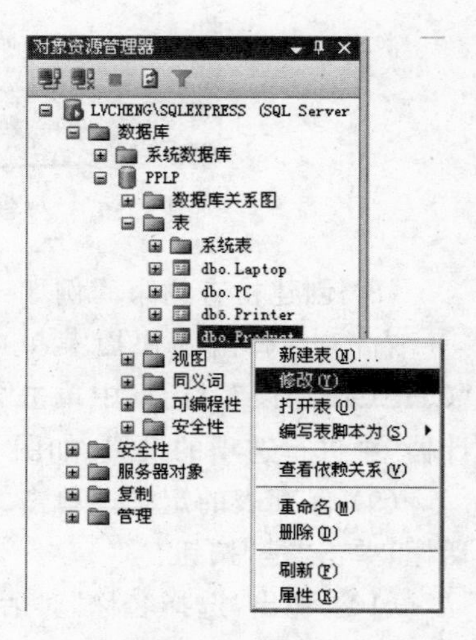

图 5.14 修改表

5.8 删除表

【案例 5.6】 使用 Management Studio 删除表。

案例分析 具体操作步骤如下。

(1) 双击桌面上的图标，打开 Management Studio，并连接到目标服务器。

(2) 在“对象资源管理器”窗口中，展开“数据库”节点，再展开所选择的具体数据库节点，展开“表”节点，右击要删除的表，单击“删除”命令或按 Delete 键。

5.9　插入记录

【案例 5.7】　为 PPLP 数据库的各表输入数据。

案例分析　具体操作步骤如下。

(1) 双击桌面上的图标，打开 SSMS，并连接到目标服务器。

(2) 在“对象资源管理器”窗口中，展开“数据库”节点，再展开所选择的具体数据库节点，展开“表”节点，右击要打开的表，单击“打开表”命令，即可添加记录值，如图 5.15 所示。

表 Product

表 - dbo.Product　摘要

model	maker	type
1001	A	PC
1002	A	PC
1003	A	PC
1004	B	PC
1005	C	PC
1006	B	PC
1007	C	PC
1008	D	PC
1009	D	PC
1010	D	PC
2001	D	Laptop
2002	D	Laptop
2003	D	Laptop
2004	E	Laptop
2005	F	Laptop
2006	G	Laptop
2007	G	Laptop
2008	E	Laptop
3001	D	Printer
3002	D	printer
3003	D	Printer
3004	E	Printer
3005	H	printer
3006	I	printer

表 PC

表 - dbo.PC　摘要

model	speed	ram	hd	cd	price
1001	133	16	1.6	6x	1595.00
1002	120	16	1.6	6x	1399.00
1003	166	24	2.5	6x	1899.00
1004	166	32	2.5	8x	1999.00
1005	166	16	2.0	8x	1999.00
1006	200	32	3.1	8x	2099.00
1007	200	32	3.2	8x	2349.00
1008	180	32	2.0	8x	2349.00
1009	200	32	2.5	8x	2599.00
1010	160	16	1.2	8x	1495.00

图 5.15　添加记录

表 Laptop

表 - dbo.Laptop | 摘要

model	speed	ram	hd	screen	price
2001	100	20	1.10	9.5	1999.00
2002	117	12	0.75	11.3	2499.00
2003	117	32	1.00	11.2	3599.00
2004	133	16	1.00	11.3	3499.00
2005	133	16	1.00	11.3	3499.00
2006	120	8	0.81	12.1	1999.00
2007	150	16	1.35	12.1	4799.00
2008	120	16	1.10	12.1	2099.00

表 Printer

表 - dbo.Printer | 摘要

model	color	type	price
3001	True	喷墨	275.00
3002	True	喷墨	269.00
3003	False	激光	829.00
3004	False	激光	879.00
3005	False	喷墨	180.00
3006	True	干式	470.00

图 5.15(续)

5.10 修改记录

【案例 5.8】 使用 SSMS 修改记录。

案例分析 具体操作步骤如下。

(1) 双击桌面上的图标,打开 SSMS,并连接到目标服务器。

(2) 在"对象资源管理器"窗口中,展开"数据库"节点,再展开所选择的具体数据库节点,展开"表"节点,右击要修改记录的表,单击"打开表"命令,即可修改记录值。

5.11 删除记录

【案例 5.9】 使用 SSMS 删除记录。

案例分析 具体操作步骤如下。

(1) 双击桌面上的图标,打开 SSMS,并连接到目标服务器。

(2) 在"对象资源管理器"窗口中,展开"数据库"节点,再展开所选择的具体数据库节点,展开"表"节点,右击要修改记录的表,单击"打开表"命令,右击要删除的行,选择"删除"命令即可删除记录,如图 5.16 所示。

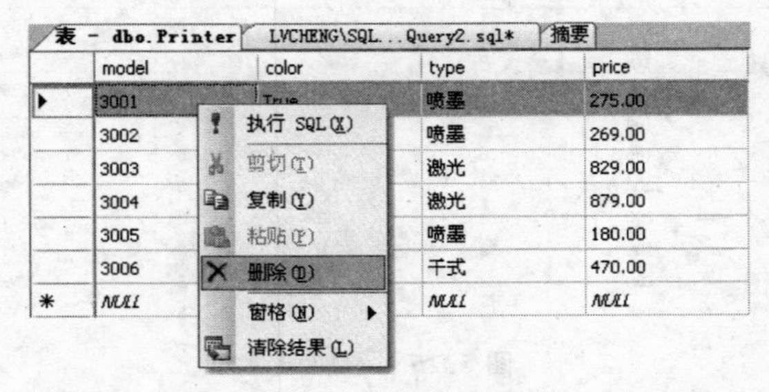

图 5.16 删除记录

5.12 索引的基本操作

5.12.1 索引的基本知识

与书的索引类似，数据库中的索引可以使用户快速地找到表中或者视图中的信息。一方面，用户可以通过合理地创建索引大大提高数据库的查找速度；另一方面，索引也可以保证列的唯一性，从而确保表中数据的完整性。

1. 索引基础知识

索引可以创建在任意表和视图的列字段上，索引中包含键值，这些键值存储在一种数据结构(B-树)中，通过键值可以快速地找到与键值相关的数据记录。

SQL Server 提供了两种形式的索引：聚集索引(Clustered)和非聚集索引(Nonclustered)。聚集索引根据键的值对行进行排序，所以每个表只能有一个聚集索引。非聚集索引不根据键值排序，索引数据结构与数据行是分开的。由于非聚集索引的表没有按顺序进行排序，所以查找速度明显低于带聚集索引的表。

2. 索引的类型

(1) 聚集索引：根据索引的键值排序表中的数据并保存。

(2) 非聚集索引：索引的键值包含指向表中记录存储位置的指针，不对表中数据排序，只对键值排序。

(3) 唯一索引：保证索引中不含有相同的键值，聚集索引和非聚集索引都可以是唯一索引。

(4) 包含列的索引：一种非聚集索引，其中包含一些非键值的列，这些列对键值有辅助作用。

(5) 全文(full-text)索引：Microsoft 全文引擎(full-text engine)创建并管理的一种基于符号的函数(token-based functional)索引，支持快速查找字符串中的单词。

(6) XML 索引：索引 XML 数据列中的 XML 二进制对象(BLOBs)。

3. 创建原则及注意事项

索引的建立有利也有弊，建立索引可以提高查询速度，但过多地建立索引会占据很多的磁盘空间，所以在建立索引时，数据库管理员必须权衡利弊，使主索引带来的有利效果大于其带来的弊病。

下列情况适合建立索引。

(1) 经常被查询搜索的列，如经常在 where 子句中出现的列。

(2) 在 ORDER BY 子句使用的列。

(3) 外键或主键列。

(4) 值唯一的列。

下列情况不适合建立索引。

(1) 在查询中很少被引用的列。

(2) 包含太多重复值的列。

(3) 数据类型为 bit、text、image 等的列。

5.12.2 使用SQL Server Management Studio创建索引

【案例5.10】 使用Management Studio创建索引。

案例分析 具体操作步骤如下。

(1) 双击桌面上的图标，打开SSMS，并连接到目标服务器。

(2) 在“对象资源管理器”窗口中，展开“数据库”节点，再展开所选择的具体数据库节点，展开“表”节点，单击相应表左边的“+”号，右击“索引”节点，单击“新建索引”命令，如图5.17所示。

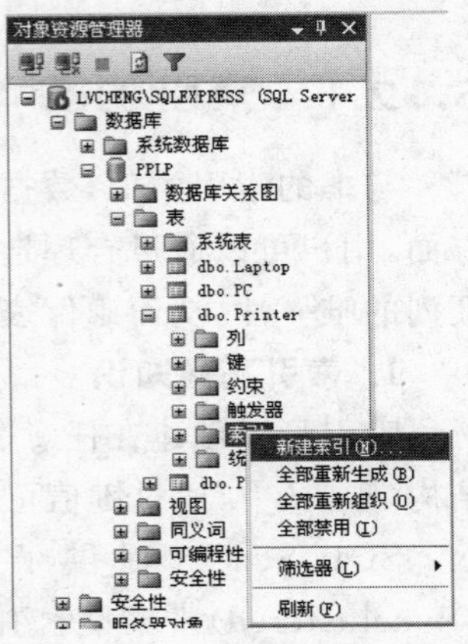

图5.17 新建索引

(3) 在弹出的“新建索引”对话框中设置要创建索引的名称、类型，添加索引键列，如图5.18所示。

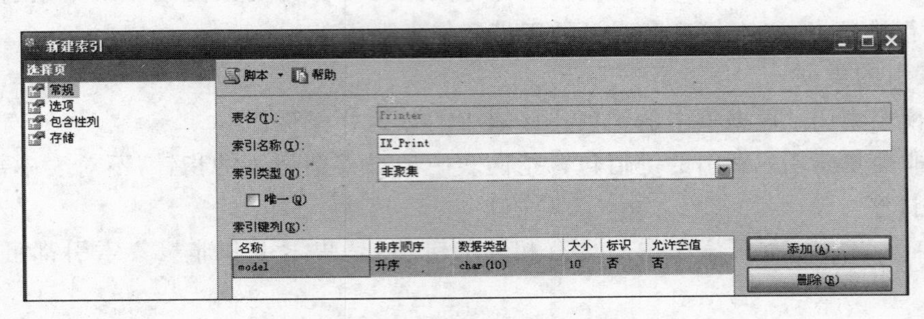

图5.18 “新建索引”对话框

5.12.3 使用SQL Server Management Studio删除索引

方法一：右击要删除的索引，在弹出的快捷菜单中单击“删除”命令。

方法二：单击要删除的索引，单击“编辑”|“删除”命令。

小 结

本章阐述了SQL Server 2005数据库的基本定义、分类、数据库文件、数据库文件组和SQL Server 2005表的基本知识；介绍了使用SSMS创建、查看、修改和删除数据库的方法和步骤；介绍了数据库中表的创建、修改和删除的方法，以及表中记录的添加、修改和删除的方法；介绍了索引的基本操作。

第 6 章

数据库的备份与还原

通过本章的学习，你能够：

- 本章主要介绍如何使用 SQL Server 2005 进行备份还原和压缩操作。
- 了解 SQL Server 2005 的数据库备份和还原功能。
- 熟练掌握 SQL Server 2005 数据库的备份还原和压缩操作。

6.1 数据库备份概述

1. 数据库备份

“备份”是数据的副本，用于在系统发生故障后还原和恢复数据。备份使用户能够在发生故障后还原数据。通过适当的备份，可以从多种故障中恢复数据，包括以下故障。

(1) 系统故障。

(2) 用户错误(例如，误删除了某个表、某个数据)。

(3) 硬件故障(磁盘驱动器损坏)。

(4) 自然灾难。

SQL Server 2005 备份创建在备份设备上，如磁盘或磁带媒体。使用 SQL Server 2005 可以决定如何在备份设备上创建备份。例如，可以覆盖过时的备份，也可以将新备份追加到备份媒体。执行备份操作对运行中的事务影响很小，因此可以在正常操作过程中执行备份工作。SQL Server 2005 提供了多种备份方法，用户可以根据具体应用状况选择合适的备份方法备份数据库。

注意 数据库备份并不是简单地将表中的数据复制，而是将数据库中的所有信息，包括表数据、视图、索引、约束条件，甚至是数据库文件的路径、大小、增长方式等信息也备份。

数据库还原是指从一个或多个备份中还原数据，并在还原最后一个备份后恢复数据库。数据库支持的还原方案取决于其恢复模式。

创建备份的目的是为了可以恢复已损坏的数据库，但是，备份和还原数据需要在特定的环境中进行，并且必须使用一定的资源，因此，可靠地使用备份和还原以实现恢复需要有一个备份和还原策略。

设计有效的备份和还原策略需要仔细计划、实现和测试。需要考虑以下因素。

(1) 组织对数据库的生产目标，尤其是对可用性的防止数据丢失的要求。

(2) 每个数据库的特性，如大小、使用模式、内容特性及其数据要求等。

(3) 对资源的约束，例如，硬件、人员、存储备份媒体空间以及存储媒体的物理安全性等。

2. 数据库备份类型

SQL Server 2005 提供了数据库备份与还原功能，因此，可以创建数据库的副本，将此副本存储在某个位置，以便当 SQL Server 2005 服务器运行出现故障时使用。如果 SQL Server 2005 服务器运行出现故障，可以利用副本来还原。

(1) 完整备份，指数据库的完整备份，包括所有的数据以及数据库对象。实际上，备份数据库的过程就是首先将事务日志写到磁盘上，然后创建相同的数据库和数据库对象以及复制数据的过程。

每个完整备份使用的存储空间比其他的差异备份使用的存储空间都大，因此，完成完整备份需要更多的时间，因而创建完整备份的频率通常要比创建差异备份的频率低，通常完整备份常常安排在夜间进行。

(2) 完整差异备份，仅记录自上次完整备份后更改过的数据。完整差异备份比完整备

份更小、更快，可以简化频繁的备份操作，减少数据丢失的风险。完整差异备份基于完整备份，因此，这样的完整备份称为“基准备份”。差异备份仅记录自基准备份后更改过的数据。

在还原差异备份之前，必须先还原其基准备份。如果按给定基准进行一系列完整差异备份，则在还原时只需还原基准和最近的差异备份。

6.2 备份数据库

数据库的备份方法有两种，一种是使用 SSMS 直接备份，另一种是使用 T-SQL 语句进行备份。

【案例 6.1】 使用 SSMS 完整备份数据库 PPLP。

案例分析 具体操作步骤如下。

(1) 双击桌面上的图标，打开 SSMS，并连接到目标服务器，在“对象资源管理器”窗口中，单击“数据库”前面的“+”号，选定具体待备份的目标数据库，右击，从弹出的快捷菜单中选择“任务”命令，再从级联菜单中单击“备份”命令，如图 6.1 所示。

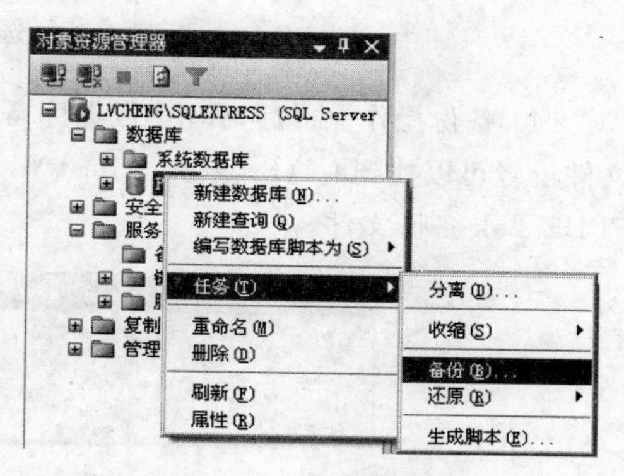

图 6.1　备份数据库

(2) 弹出“备份数据库”窗口，选择备份类型为“完整”，如图 6.2 所示。在备份的目标中，指定备份文件存放的磁盘位置(本例中备份文件的存放路径为 C:\Program Files\Microsoft SQL Server\MSSQL.1\MSSQL\Backup\PPLP.bak)，用户也可以自行选择备份数据库或数据文件，以及备份集的有效期等。

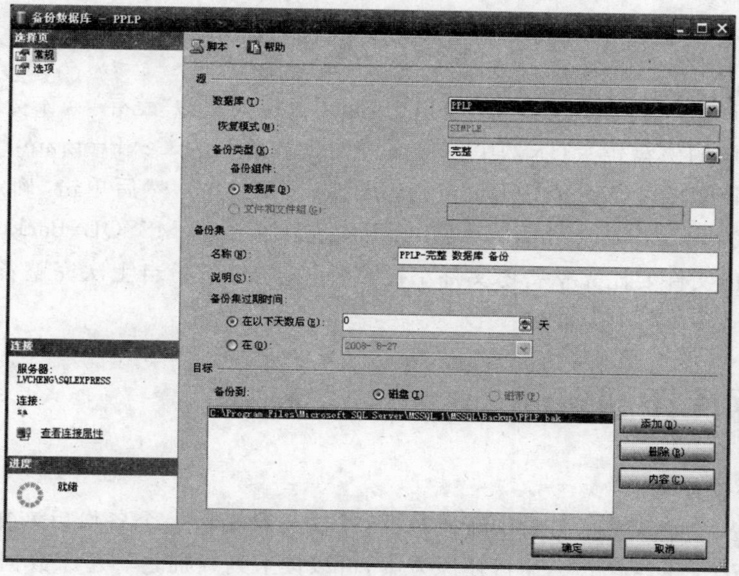

图 6.2　“备份数据库”窗口

（3）如果用户自定义备份文件存放的路径，则可单击“添加”按钮，弹出“选择备份目标”对话框，如图 6.3 所示，并单击 按钮，弹出“定位数据库文件”对话框，可以具体设置备份目标文件。

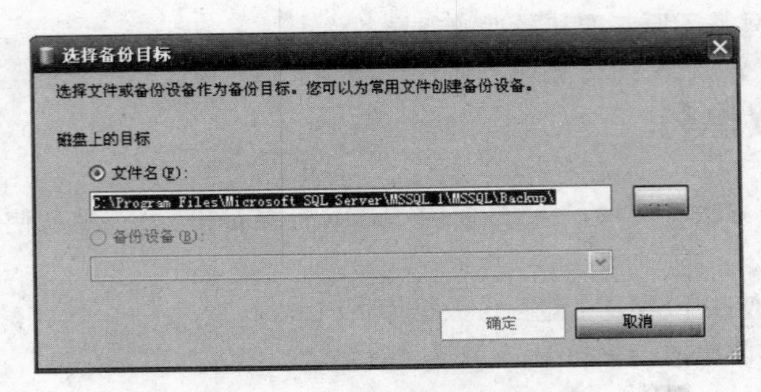

图 6.3 “选择备份目标”对话框

（4）备份操作完成后，弹出“数据库备份完成”消息框，如图 6.4 所示。这时，在备份的文件位置可以找到 C:\Program Files\Microsoft SQL Server\MSSQL.1\MSSQL\Backup\PPLP.bak 备份文件。

图 6.4 “数据库备份完成”消息框

【案例 6.2】 使用 SQL Server Management Studio 差异备份数据库 PPLP。

案例分析 由于完整差异备份仅记录自上次完整备份后更改过的数据，因此，首先对数据库中的数据进行修改，在数据库的表中增加一个新的记录。

备份的具体操作步骤如下。

打开备份向导。在“备份数据库”窗口中，选择备份类型为“差异”。在备份的目标中，指定备份文件存放的磁盘位置（本例中备份文件的存放路径为 C:\Program Files\Microsoft SQL Server\MSSQL.1\MSSQL\Backup\PPLP1.bak 文件），然后单击“确定”按钮。备份完成后，可以找到 C:\Program Files\Microsoft SQLServer\MSSQL\Backup\PPLP1.bak 文件。差异备份文件要比完整备份文件小得多，因为它仅备份自上次完整备份后更改过的数据。

6.3 数据库还原概述

1. 数据库还原

还原方案从一个或多个备份中还原数据，并在还原最后一个备份后恢复数据库。支持的还原方案取决于恢复模式。通过还原方案，可以按下列级别之一还原数据：数据库、数据文件和数据页。每个级别的影响如下。

(1) 数据库级别。还原和恢复整个数据库,并且数据库在还原和恢复操作期间处于离线状态。

(2) 数据文件级别。还原和恢复一个数据文件或一组文件。在文件还原过程中,包含相应文件的文件组在还原过程中自动变为离线状态。访问离线文件组的任何尝试都会导致错误。

(3) 数据页级别。可以对任何数据库进行页面还原,而不管文件组数为多少。

通过还原数据库,只用一步即可以从完整的备份重新创建整个数据库。如果还原目标中已经存在数据库,还原操作将会覆盖现有的数据库;如果该位置不存在数据库,还原操作将会创建数据库。还原的数据库将与备份完成时的数据库状态相符,但不包含任何未提交的事务。恢复数据库后,将回滚到未提交的事务。

2. 数据库还原模式

在 SQL Server 2005 中有 3 个数据库还原模式,分别是简单还原、完全还原、批日志还原。

(1) 简单还原。简单还原是指进行数据库还原时仅使用了文件与文件组备份或差异备份,而不涉及事务日志备份。

(2) 完全还原。完全还原是指使用数据库备份和事务日志备份将数据库还原到发生失败的时候,几乎不造成任何数据丢失。

(3) 批日志还原。批日志还原在性能上要优于前两种还原模式,它尽最大努力减少批操作所需要的存储空间。

6.4 还原数据库

数据库的还原方法有两种,一种是使用 SSMS 直接还原,另一种是使用 T-SQL 语句进行还原。

【案例 6.3】 使用 SSMS 还原数据库 PPLP。

案例分析 具体操作步骤如下。

(1) 双击桌面上的图标,打开 SSMS,并连接到目标服务器,在"对象资源管理器"窗口中,右击"数据库"节点,从弹出的快捷菜单中单击"还原数据库"命令,如图 6.5 所示。

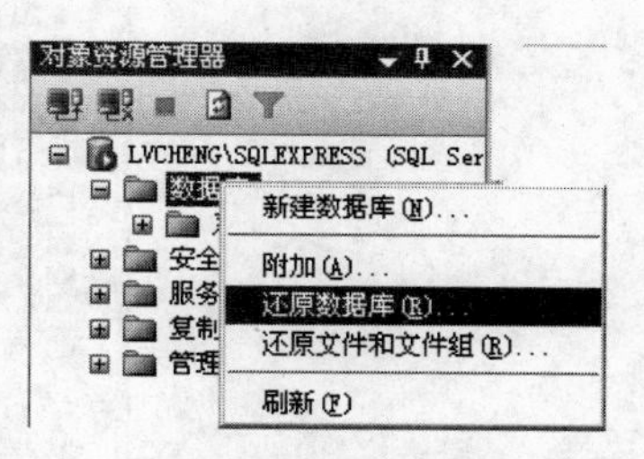

图 6.5 "还原数据库"快捷菜单

(2) 弹出"还原数据库"窗口,如图 6.6 所示。填写完整的信息,如:目标数据库名称、指定待还原的数据库在磁盘中的位置,选中"源设备"单选按钮,并单击按钮。

(3) 弹出"指定备份"对话框,可以具体指定备份的目标文件,如图 6.7 所示,单击"添加"按钮。

(4) 弹出"定位备份文件"窗口,如图 6.8 所示,指定备份数据库的磁盘位置,并单击"确定"按钮。

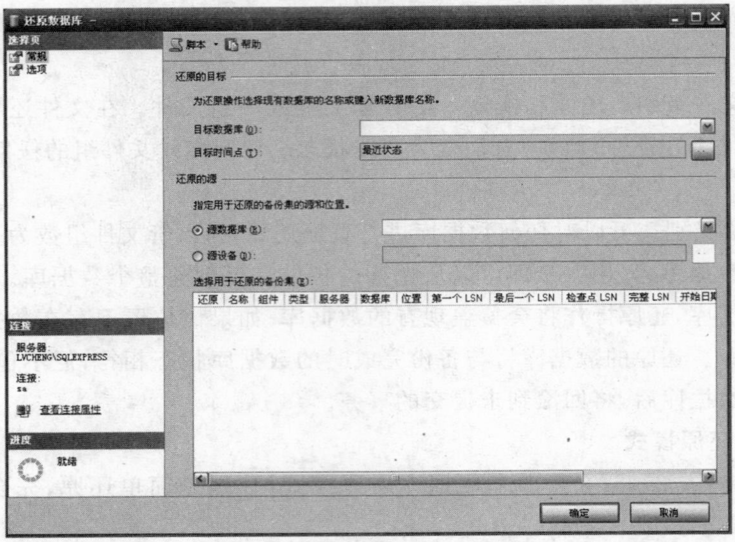

图 6.6 “还原数据库”窗口

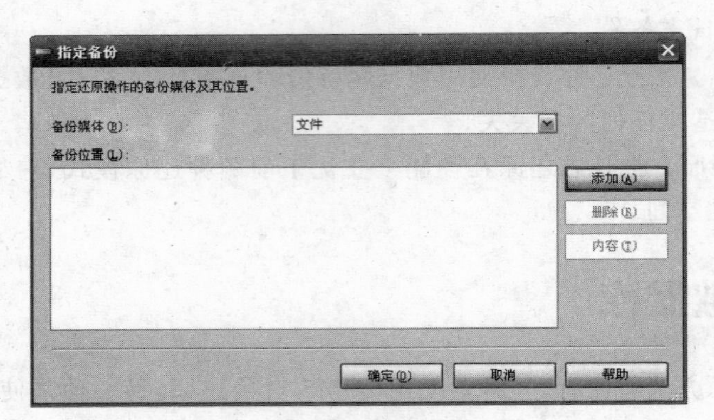

图 6.7 “指定备份”对话框

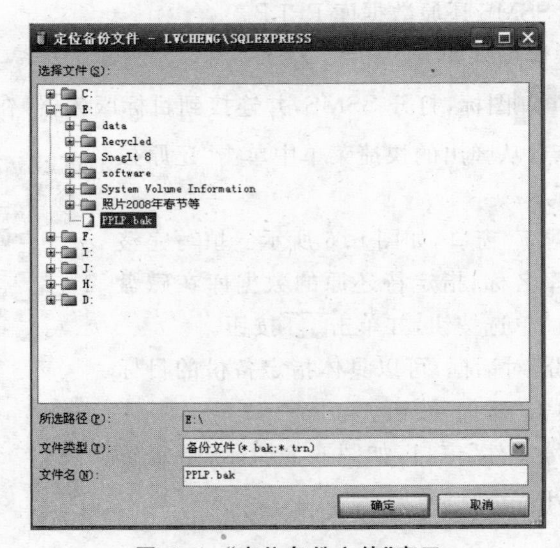

图 6.8 “定位备份文件”窗口

(5) 返回“指定备份”对话框，如图 6.9 所示，单击“确定”按钮。

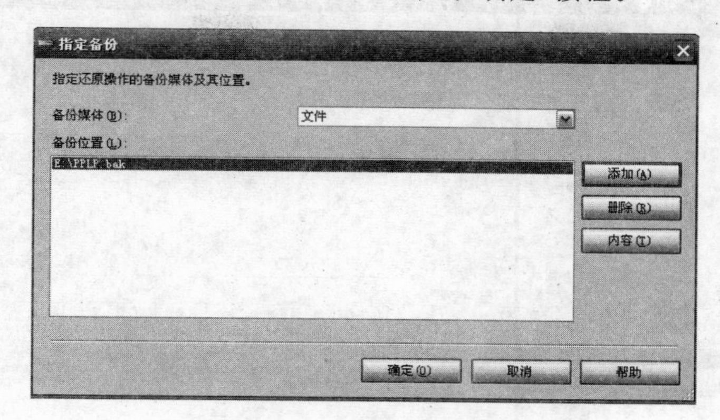

图 6.9　“指定备份”对话框

(6) 返回“还原数据库”窗口，如图 6.10 所示，选择完整备份，单击“确定”按钮。

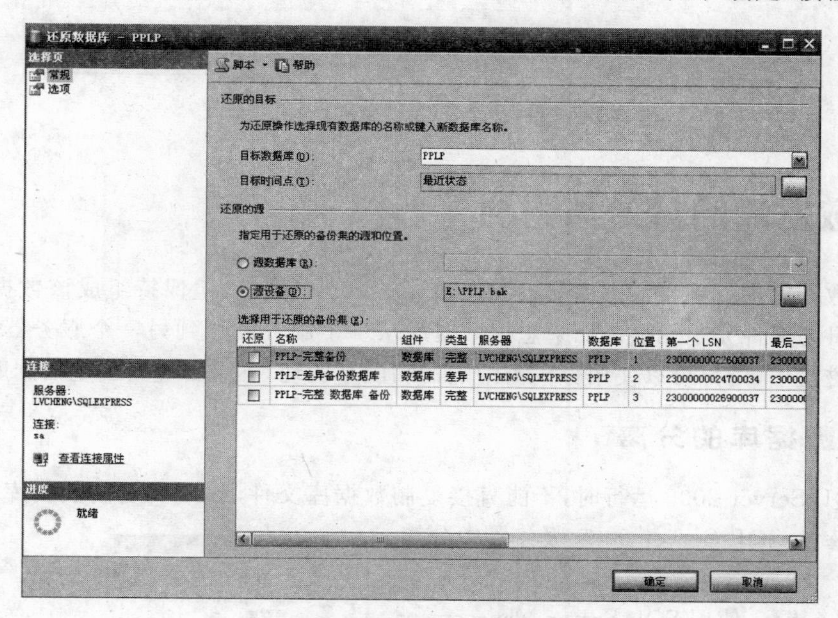

图 6.10　“还原数据库”窗口

(7) 弹出“还原完成”消息框，如图 6.11 所示，单击“确定”按钮，完成数据库的还原。

图 6.11　“还原完成”消息框

【案例 6.4】　使用 SQL Server Management Studio 还原差异备份数据库 PPLP。

案例分析　还原完整差异备份的操作步骤和还原完整备份相似。只是在选择用于还原的备份集时选备份操作中备份的差异数据集，即可自行打开差异还原后的数据库，如图 6.12 所示，与完整备份的数据库进行比较，查找新增加的记录。

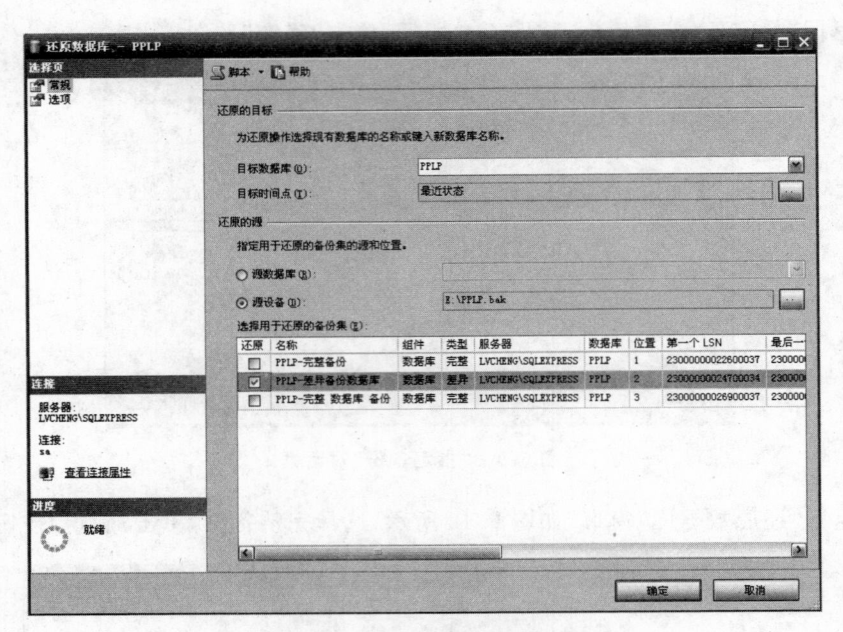

图 6.12　差异“还原数据库”窗口

6.5　数据库的分离与附加

分离数据库也就是将数据库从 SQL Server 2005 中删除，但保持组成该数据文件的数据和事务日志文件完整无损。如果想把数据库从一个服务器移到另一个服务器上，或移到另一物理磁盘中，用户可以使用分离与附加的功能来实现，不需要重新创建数据库。

6.5.1　数据库的分离

在 SQL Server 2005 运行时，不能直接复制数据库文件，如果要复制数据库文件，就要先将数据库从 SQL Server 2005 服务器中分离出来。

【案例 6.5】　使用 SQL Server Management Studio 分离数据库 PPLP。

案例分析　具体操作步骤如下。

(1) 双击桌面上的图标，打开 SSMS，并连接到目标服务器。

(2) 选择要分离的数据库，右击，在弹出的快捷菜单中选择“任务”→“分离”命令，如图 6.13 所示。

图 6.13　“分离”级联菜单

(3) 弹出“分离数据库”窗口，单击“确定”按钮即可实现数据库的分离，如图 6.14 所示。

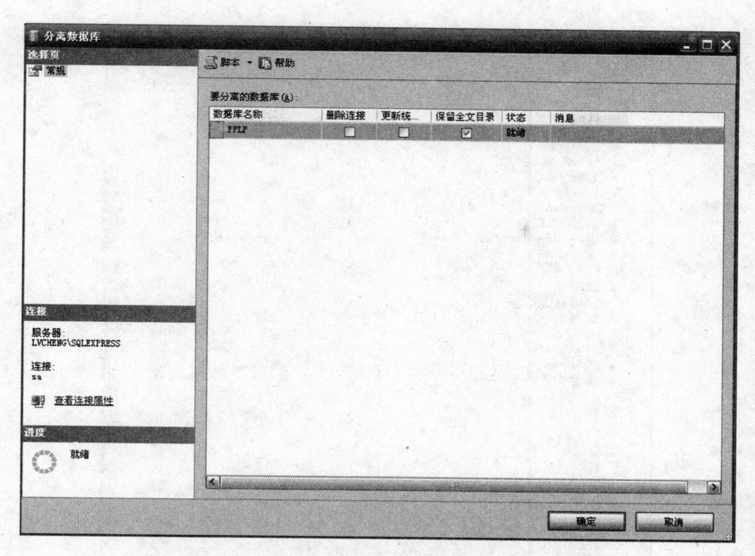

图 6.14　“分离数据库”窗口

6.5.2　数据库的附加

附加数据库是分离数据库的逆过程，即把已存在的数据库加载到 SQL Server 2005 服务器中。

【案例 6.6】　使用 SQL Server Management Studio 还原数据库 PPLP。

案例分析　具体操作步骤如下。

(1) 双击桌面上的图标，打开 SSMS，并连接到目标服务器。

(2) 选择数据库，右击，在弹出的快捷菜单中单击“附加”命令，如图 6.15 所示。

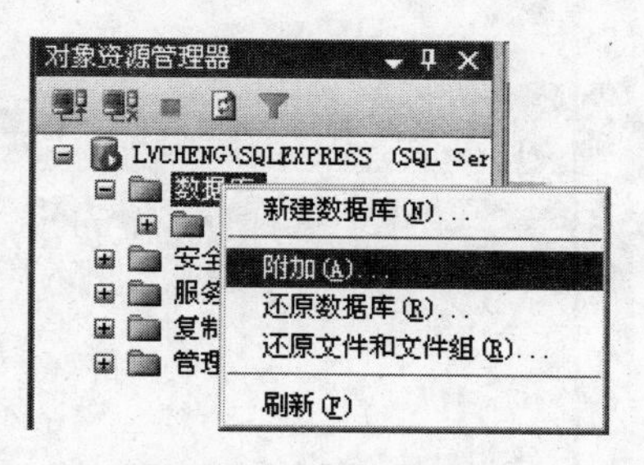

图 6.15　“附加”菜单

(3) 弹出“附加数据库”窗口，然后再单击“添加”按钮，将弹出“定位数据库文件”窗口，选择数据库的数据文件，如图 6.16 所示。

(4) 单击“确定”按钮，把数据库 PPLP 组成文件添加到“附加数据库”窗口中，如图 6.17 所示。

(5) 单击“附加数据库”窗口中的“确定”按钮，把数据库 PPLP 添加到 SQL Server 2005 服务器中。

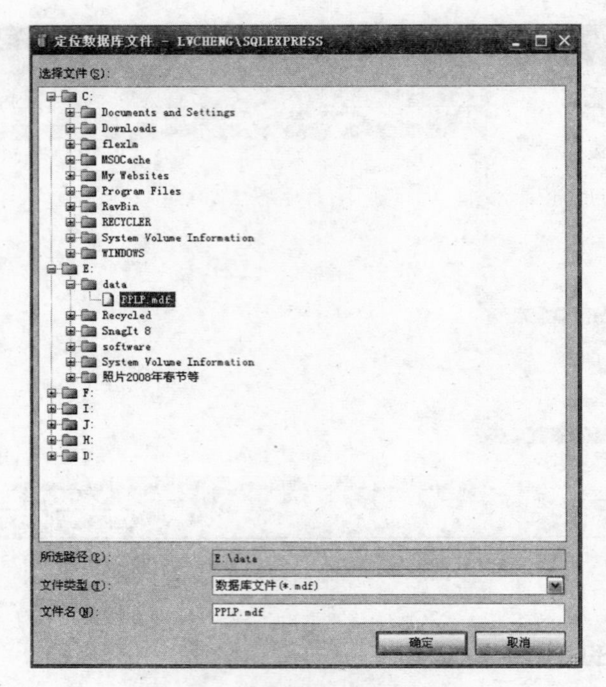

图 6.16 “定位数据库文件”窗口

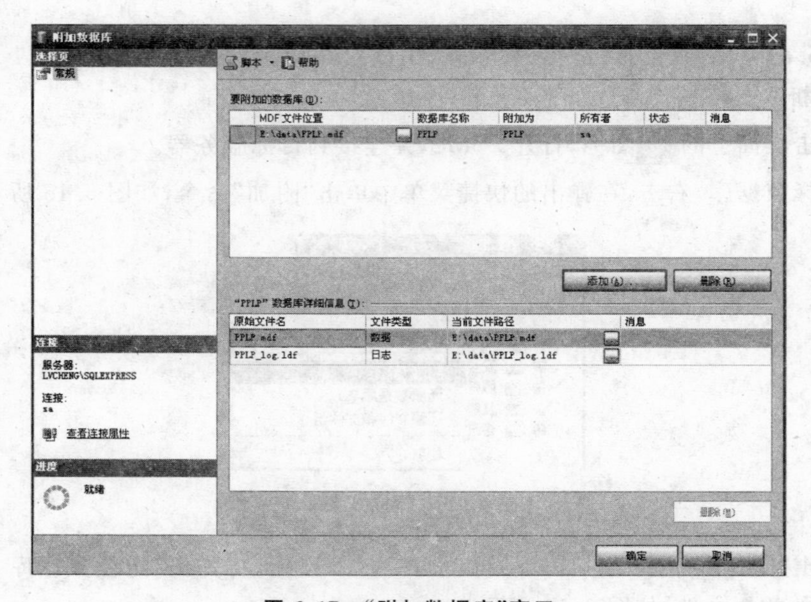

图 6.17 “附加数据库”窗口

6.6 数据库的压缩

数据库在使用一段时间后，经常会出现因数据的删除而造成的数据库中的空闲空间太多的情况，这时就需要减少分配给数据库文件和事务日志文件的磁盘空间，以免造成磁盘空间的浪费。压缩数据库有两种方法，一种是使用SSMS直接压缩数据库，另一种方法是使用T-SQL语句来压缩数据库。

【案例6.7】 使用SQL Server Management Studio压缩数据库PPLP。

案例分析 具体操作步骤如下。

(1) 双击桌面上的图标，打开SSMS，并连接到目标服务器。

(2) 选择要压缩的数据库，右击，在弹出的快捷菜单中选择“任务”→“收缩”→“数据库”命令，如图6.18所示。

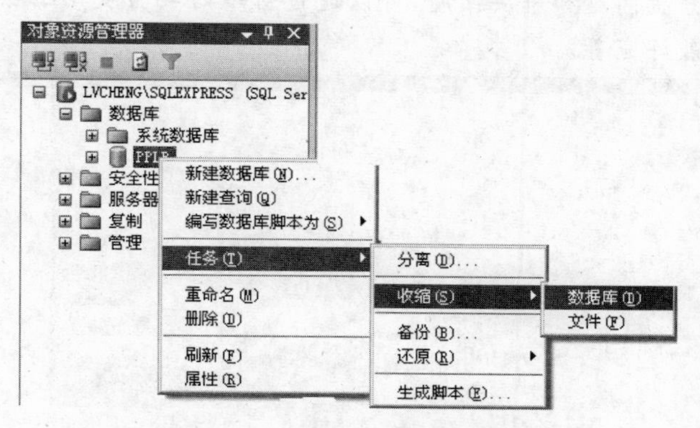

图6.18 压缩数据库级联菜单

(3) 弹出“收缩数据库”窗口，如图6.19所示，单击“确定”按钮，即可实现数据库的压缩。

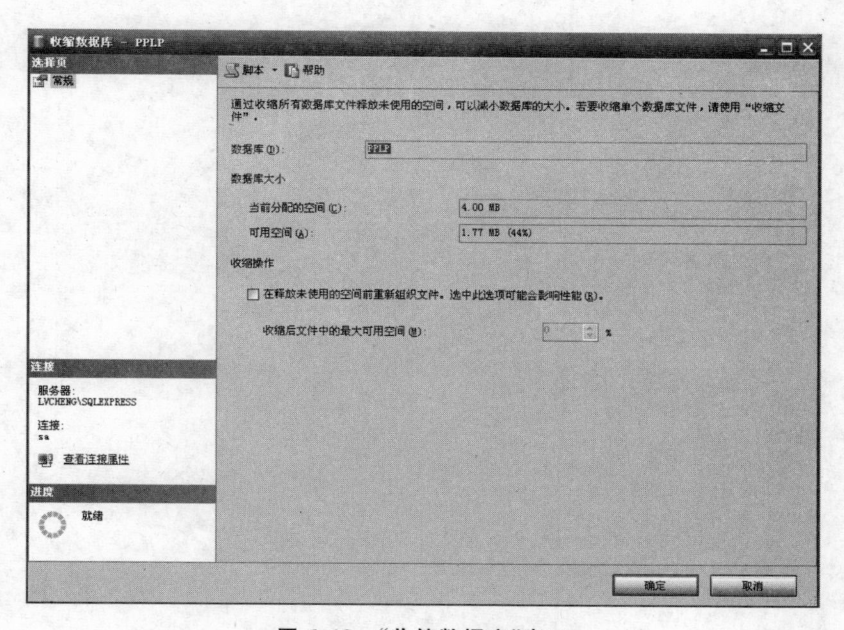

图6.19 “收缩数据库”窗口

小　结

本章讲解了数据库恢复技术的基本概念，包括 SQL Server 2005 数据库的备份与还原，以及数据库的压缩。

SQL Server 2005 数据库恢复技术直接关系到数据库的安全可靠，也是数据库管理员必须熟练掌握的技术，重要的是培养良好的实践技能和良好的职业素质。

看似简单的操作，实现起来却常会遇到困难或者失败，需要在实际应用中保持清醒的头脑，能够独立分析问题和解决问题，可以通过对平时实验使用的数据库进行备份和还原等操作，逐步锻炼完善。

第7章

SQL Server 2005 T-SQL 数据查询

通过本章的学习，你能够：

- 熟练掌握查询语句的基本语法格式。
- 掌握单表查询、多表连接查询、嵌套查询等多种查询方法。
- 掌握视图的使用方法。

7.1 T-SQL 查询语句

1. T-SQL 查询语句的语法格式

```
SELECT [ALL|DISTINCT]列表达式
[INTO 新表名]
FROM 表名列表
[WHERE 逻辑表达式]
[GROUP BY 列名]
[HAVING 逻辑表达式]
[ORDER BY 列名[ASC|DESC]]
```

说明：SELECT 对应关系代数中的投影操作，FROM 对应关系代数中的连接操作，WHERE 对应关系代数中的选择操作。

2. T-SQL 语句的执行方式

单击工具栏上的"新建查询"按钮，在右边窗口输入查询语句，单击工具栏或"查询"菜单中的"执行"命令，可在右下方的窗口看到查询的结果。以 5.2 章节所创建的数据库 PPLP 为例详细讲解 SELECT 语句各选项的应用方法。

某产品销售系统数据库(PPLP)代码如下：

```
Product(model, maker, type) PK: model
PC(model, speed, ram, hd, cd, price)PK: model; FK: model
Laptop(model, speed, ram, hd, screen, price) PK: model; FK: model
Printer(model, color, type, price) PK: model; FK: model
```

7.2 T-SQL 单表查询语句

7.2.1 无数据源的查询

所谓无数据源的查询就是使用 SELECT 语句来检索不在表中的数据。例如，可以使用 SELECT 语句检索常量、全局变量或已经赋值的变量。无数据源的查询实质上就是在客户机屏幕上显示出变量或常量的值。

1. 查看常量

【案例 7.1】 查看常量。

案例分析

```
use PPLP
GO
select 'sql server 2000'
select 'Hello!Good morning!'
```

查询结果如图 7.1 所示。

2. 查看全局变量

【案例 7.2】 查看本地 SQL Server 2005 服务器的版本信息。

案例分析

```
use PPLP
GO
select @@version
```

查询结果如图 7.2 所示。

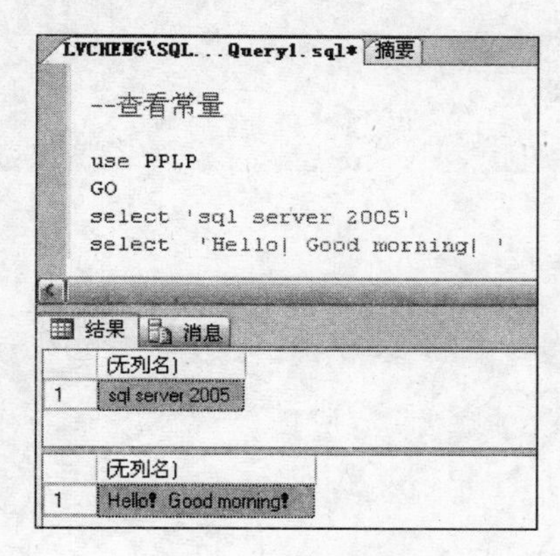

图 7.1 查询结果

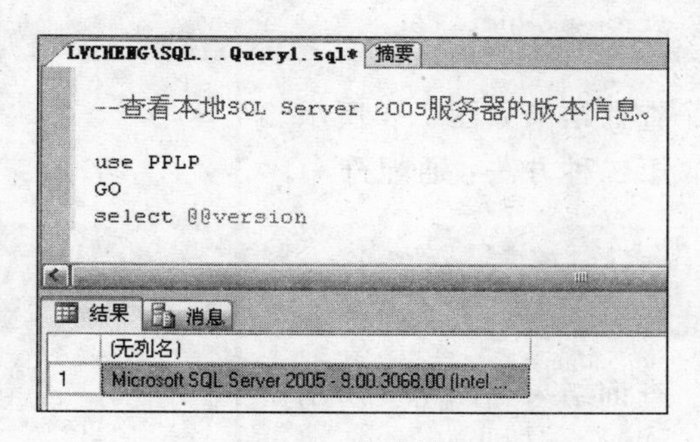

图 7.2 查询结果

【案例 7.3】 查看本地 SQL Server 服务器使用的语言。

案例分析

```
use PPLP
GO
select @@language
```

查询结果如图 7.3 所示。

7.2.2 显示所有列的选择查询

从关系中找出满足给定条件的元组的操作称为选择,选择的条件以逻辑表达式给出,使得逻辑表达式为真的元组将被选取。选择是从行的角度进行的运算,即从水平方向抽取记录。经过选择运算得到的结果可以形成新的关系,其关系模式不变,但其中的元组是原来关系的一个子集,相当于关系代数中的选择操作。

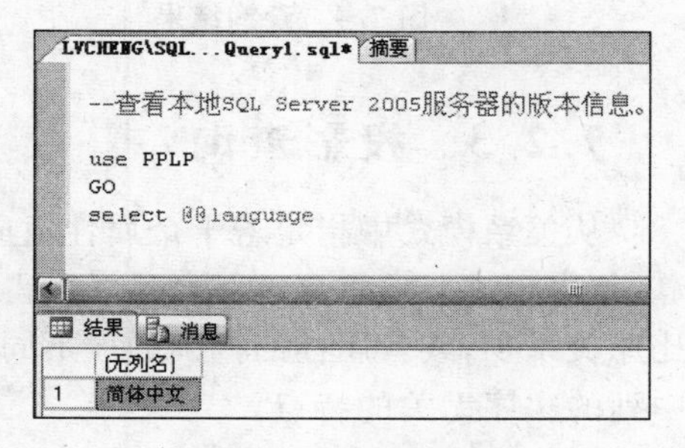

图 7.3 查询结果

通配符 * : 所有字段

【案例 7.4】 从 Product 表中查询所有产品的信息。

案例分析

关系代数如下。

(1) $\sigma_{Product.model,Product.maker,Product.type}(Product)$。

(2) 或者 $\sigma_{model,maker,type}(Product)$。

(3) 或者 $\sigma_{1,2,3}(Product)$。

T-SQL 语句：

第一种方法：列出全部列。

```
use PPLP
GO
select model,maker,type
from Product
```

查询结果如图 7.4 所示。

第二种方法：通配符＊。

```
select *
from Product
```

查询结果如图 7.5 所示。

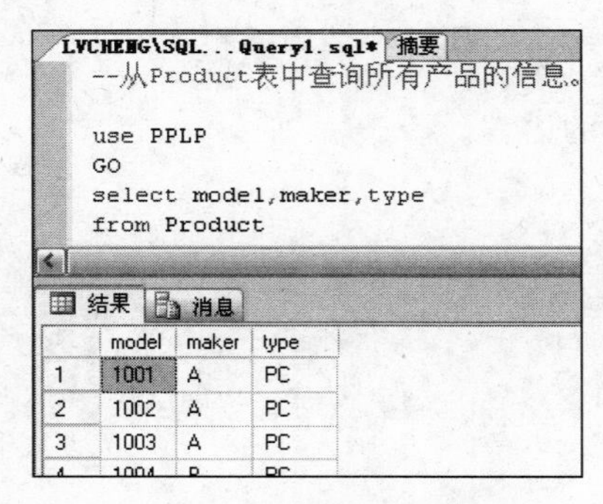

图 7.4　查询结果

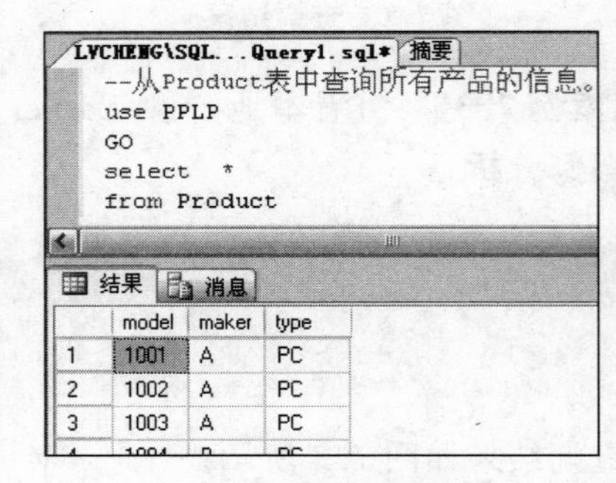

图 7.5　查询结果

7.2.3　投影查询

从关系模式中指定若干个属性组成的新的关系称为投影。投影是从列的角度进行的运算，相当于进行垂直分解。经过投影得到一个新的关系，其关系模式所包含的属性个数往往比原关系少，或者属性的排列顺序不同。投影运算提供了垂直调整关系的手段，体现出关系中列的次序无关的特点。

语法：

```
SELECT[ALL|DISTINCT][TOP integer|TOP integer PERCENT][WITH TIES]列名表达式 1,列名
表达式 2,…,列名表达式 n
```

其中：表达式中含列名、常量、运算符、列函数。

1. 投影部分列

【案例 7.5】 查询 PC 的型号和价格。

案例分析 本案例是求 PC 关系在型号和价格两个属性上的投影。

关系代数：$\pi_{PC.model,PC.price}(PC)$、或者 $\pi_{model,price}(PC)$、或者 $\pi_{1,6}(PC)$。

T-SQL 语句：

```
select model,price
from PC
```

查询结果如图 7.6 所示。

2. TOP 关键字限制返回行数

SQL Server 2005 提供了 TOP 关键字，让用户指定返回前面一定数量的数据。当查询到的数据量非常庞大，但没有必要对所有数据进行浏览时，使用 TOP 关键字查询可以大大减少查询花费的时间。

格式：

```
TOP n 或 n PERCENT
```

其中：TOP n 表示返回最前面的 n 行，n 表示返回的行数。TOP n PERCENT 表示返回前面的 n%行。

【案例 7.6】 从 Product 表中返回前 5 条数据。

案例分析

T-SQL 语句：

```
use PPLP
GO
select top 5*
from Product
```

查询结果如图 7.7 所示。

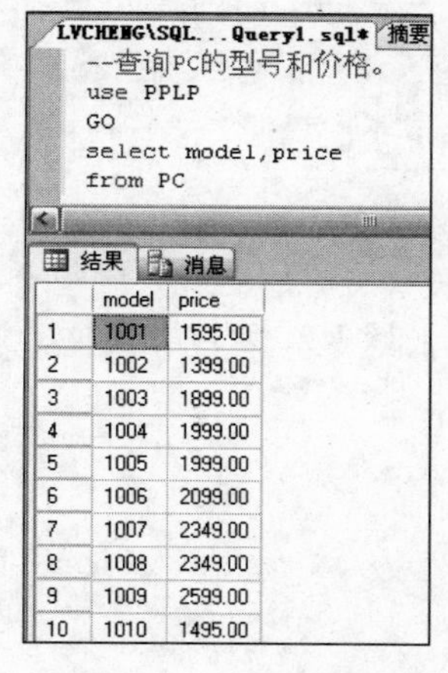

图 7.6 查询结果

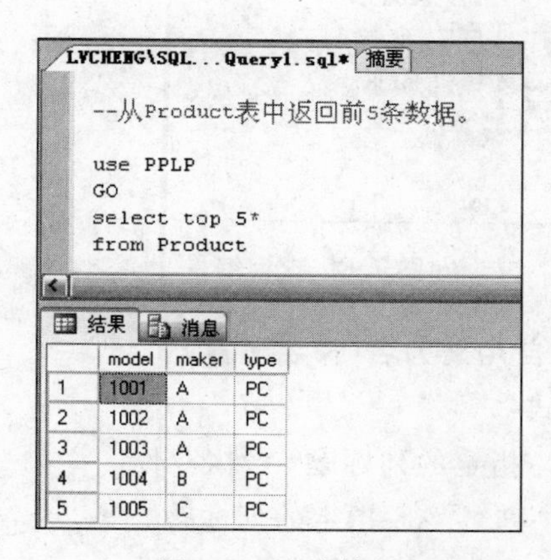

图 7.7 查询结果

【案例 7.7】 从 Product 表中返回前 10%的数据。

案例分析

T-SQL 语句：

```
use PPLP
GO
select top 10 percent *
from  Product
```

查询结果如图 7.8 所示。

3. 是否去除重复元组

All：检出全部信息(默认)。

Distinct：去掉重复信息。

【案例 7.8】 查询都有哪些类型的打印机。

案例分析 本案例只投影到 Type 属性。

关系代数：$\pi_{Printer.price}$(Printer)、或者 π_{Type}(Printer)或者 π_4(Printer)

T-SQL 语句：

```
use PPLP
GO
select distinct type
from Printer
```

只投影到 type 属性，注意需要去除多余的行。

查询结果如图 7.9 所示。

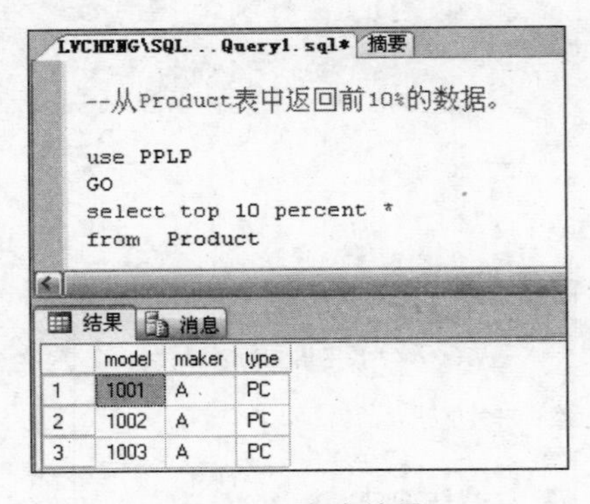

图 7.8 查询结果

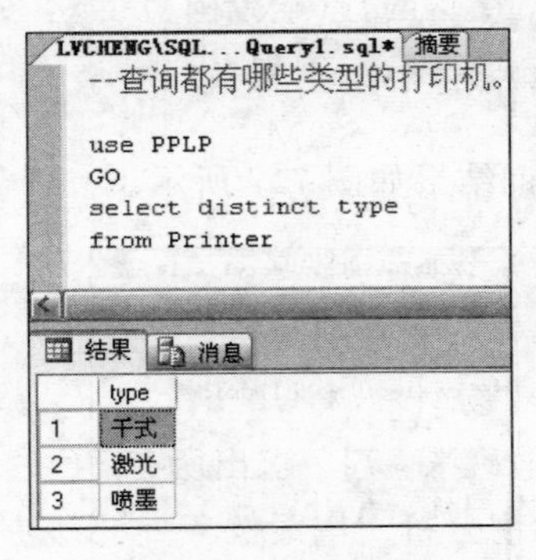

图 7.9 查询结果

4. 自定义列名(命名运算)

格式：

(1) '指定的列标题'=列名。

(2) 列名 AS 指定的列标题。

(3) 列名 空格 指定的列标题。

【案例 7.9】 找出价格不超过 2000 元的所有个人计算机的型号、速度以及硬盘容量，并在此基础上将型号字段改成中文“型号”，速度字段改成“兆赫”，并将硬盘容量改成“兆字节”。

案例分析 本案例考查的是命名运算。

关系代数：$\rho_{PC'}$型号，速度，兆字节$(\pi_{model,speed,hd}(\sigma_{price\leqslant 2000}(PC)))$

T-SQL 语句：

```
select '型号'=model,speed '兆赫',hd as '兆字节'
from PC
where PC.price<=2000
```

查询结果如图 7.10 所示。

```
LVCHENG\SQL...Query1.sql*  摘要
--找出价格不超过2000元的所有个人计算机的型号、速
use PPLP
GO
select '型号'=model,speed '兆赫',hd as '兆字节'
from PC
where PC.price<=2000
```

结果 消息

	型号	兆赫	兆字节
1	1001	133	1.6
2	1002	120	1.6
3	1003	166	2.5
4	1004	166	2.5
5	1005	166	2.0
6	1010	160	1.2

图 7.10 查询结果

5. 聚集函数(字段函数、列函数)

格式：函数名(列名)。

(1) 求和：SUM。

(2) 平均：AVG。

(3) 最大：MAX。

(4) 最小：MIN。

(5) 统计：COUNT。

【案例 7.10】 求出所有 PC 的总价格、平均价格以及最大、最小价格。

案例分析 本案例考查的是使用聚集函数。

扩展的关系代数(允许使用聚集函数)：$\pi_{max(price),min(price),avg(price),sum(price)}(PC)$

T-SQL 语句：

```
select max(price)as Maxprice,min(price)as Minprice,avg(price) as Avgprice ,sum
(Price) as Totalprice
from PC
```

查询结果如图 7.11 所示。

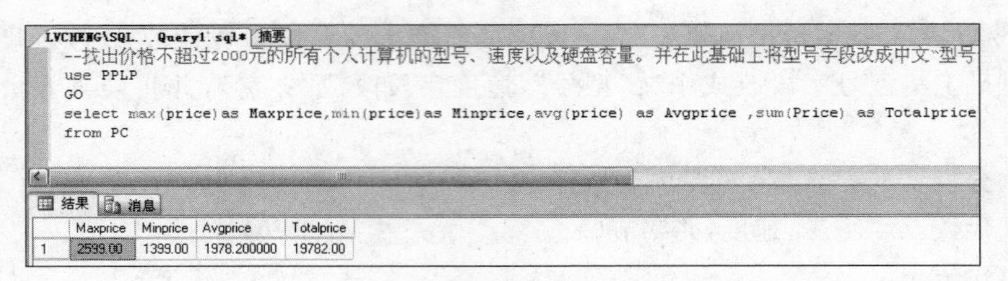

图 7.11 查询结果

7.2.4 带有条件的选择查询

WHERE 子句是在使用 SELECT 语句进行查询时最重要的子句，在 WHERE 子句中指出了检索的条件，系统进行检索时将按照这些指定的条件对记录进行检索，找出符合条件的记录，相当于关系代数中的选择操作。

格式：

```
WHERE 逻辑表达式
```

功能：实现有条件的查询运算。

1. 比较运算符

比较运算符在 WHERE 子句中用得非常普遍，主要有：=，<>，>，<，>=，<=等。

【案例 7.11】 从 Product 表中查询 A 厂商生产的所有产品的信息。

案例分析 从 Product 关系中只选出厂商 A 生产的产品。

关系代数如下。

(1) $\sigma_{Product.maker='A'}$(Product)。

(2) 或者 $\sigma_{maker='A'}$(Product)。

(3) 或者 $\sigma_{2='A'}$(Product)。

T-SQL 语句：

```
use PPLP
GO
select *
from Product
where maker='A'
```

查询结果如图 7.12 所示。

说明：纯英文字符串是按照字典顺序进行比较的，先比较第一个字母在字典中的位置，位置在前的表示该字符串小于后面的字符，若第一个字符相同，则继续比较第二个字符，直至得出比较结果。需要注意的是在语句中使用字符串时，要包含在单引号中。

【案例 7.12】 从 Printer 中选出价格小于 300 的打印机。

案例分析

关系代数：$\sigma_{Printer.price<300}$(Printer)、或者 $\sigma_{price<300}$(Printer)或者 $\sigma_{4<300}$(Printer)

T-SQL 语句：

```
use PPLP
GO
select *
from Printer
where price<300
```

查询结果如图 7.13 所示。

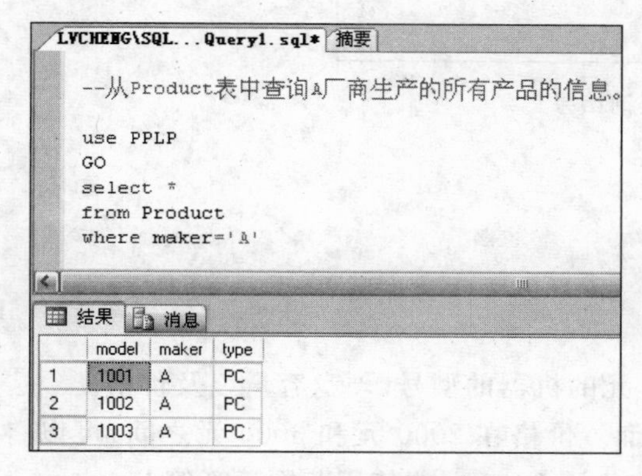

图 7.12 查询结果

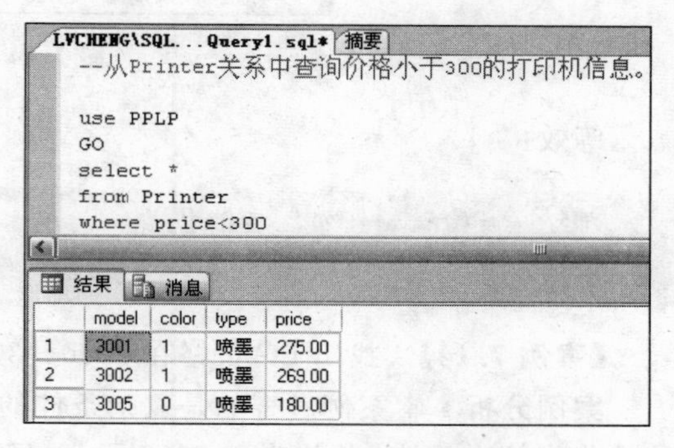

图 7.13 查询结果

2. 逻辑运算符

在很多情况下，在 WHERE 子句中仅仅使用一个条件并不能准确地从表中检索到需要的数据，这时需要运用逻辑运算符，共有 3 种：and(与)、or(或)、not(非)。

【案例 7.13】 从 Printer 中选出价格小于 300 且颜色为真的彩色打印机。

案例分析 从 Printer 中选出价格小于 300，且颜色为真的彩色打印机。

关系代数：$\sigma_{Printer.price<300 \wedge Printer.color=1}$(Printer)或者 $\sigma_{price<300 \wedge color=1}$(Printer)

或者 $\sigma_{4<300 \wedge 2=1}$(Printer)。

T-SQL 语句：

```
use PPLP
GO
select *
from Printer
where price<300 and color=1
```

查询结果如图 7.14 所示。

3. 范围运算符

在数据库引擎查询中，限制范围也是经常使用的一个条件，当然可以使用比较运算符和逻辑运算符来完成，但使用 between...and 结构会使 SQL 更清楚。

格式：

```
列名 [not] between 开始值 and 结束值
```

说明：列名是否在开始值和结束值之间。

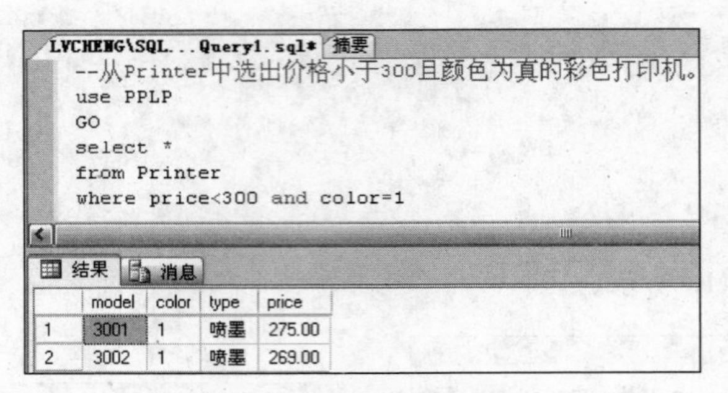

	model	color	type	price
1	3001	1	喷墨	275.00
2	3002	1	喷墨	269.00

图 7.14　查询结果

等效：

```
列名>=开始值 and 列名<=结束值
列名<开始值 or 列名>结束值(选 not)
```

【案例 7.14】　找出 PC 价格在 2000～3000 元的机器的型号、硬盘容量以及价格。

案例分析　本案例考查的是复杂条件的查询。价格在 2000 元和 3000 元之间，可以将其转化成等价条件：价格大于 2000 元，并且价格小于 3000 元或使用范围运算符 between…and 完成。须注意的是，在传统的关系代数表达式中不能使用 between…and 运算符，而在扩展的关系代数表达式中则可使用。

(1) 第一种方法：使用比较运算符和逻辑运算符。

关系代数：$\pi_{model,hd,price}(\sigma_{price>2000 \wedge price<3000}(PC))$

T-SQL 语句：

```
select model,hd,price
from PC
where price>2000 and price<3000
```

查询结果如图 7.15 所示。

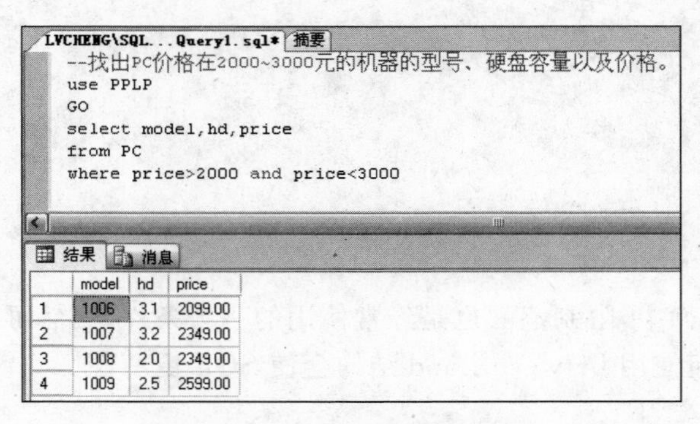

	model	hd	price
1	1006	3.1	2099.00
2	1007	3.2	2349.00
3	1008	2.0	2349.00
4	1009	2.5	2599.00

图 7.15　查询结果

(2) 第二种方法：使用范围运算符。

T-SQL 语句：

```
select model,hd,price
from PC
where price between 2000 and 3000
```

查询结果如图 7.16 所示。

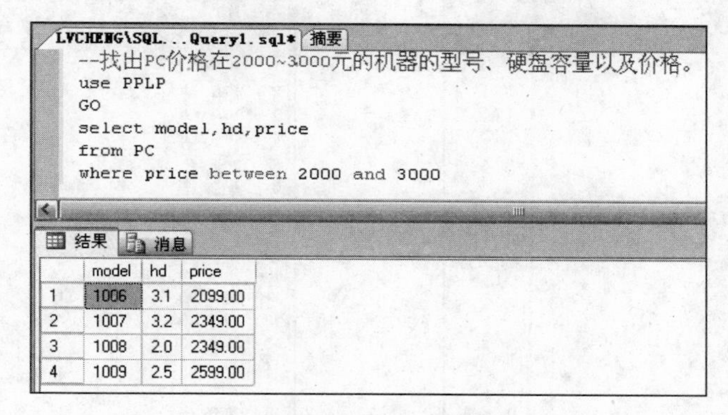

	model	hd	price
1	1006	3.1	2099.00
2	1007	3.2	2349.00
3	1008	2.0	2349.00
4	1009	2.5	2599.00

图 7.16　查询结果

4. 列表运算符(谓词 IN)

语法：

```
表达式(NOT)IN (列表|子查询)
```

说明：表达式的值(不在)在列表所列出的值中，子查询的应用将在 7.3 节介绍。

【案例 7.15】　从 Product 表中查询 PC 和手提的型号和厂商。

案例分析　本案例考查的是确定集合，可以使用逻辑运算符和比较运算符，也可以使用列表运算符将其转化成等价条件。

(1) 第一种方法：使用逻辑运算符。

关系代数：$\pi_{model,maker}(\sigma_{type='PC' \vee type='Laptop'}(Product))$

T-SQL 语句：

```
Select model,maker
From Product
Where type='PC' or type='Laptop'
```

查询结果如图 7.17 所示。

(2) 第二种方法：使用谓词 IN。

```
Select model,maker
From Product
Where type in('PC','Laptop')
```

查询结果如图 7.18 所示。

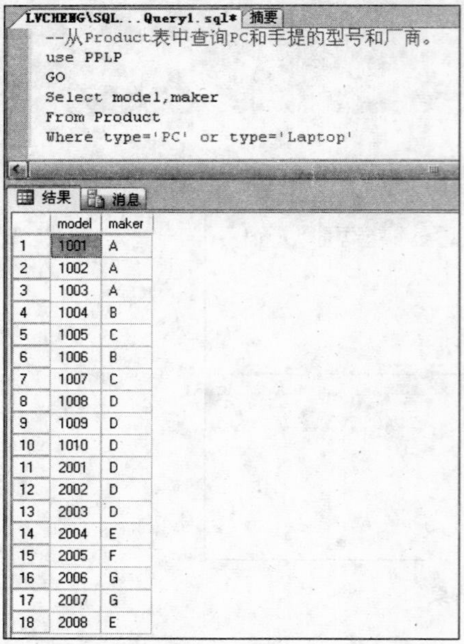

LVCHENG\SQL...Query1.sql* 摘要

```
--从Product表中查询PC和手提的型号和厂商。
use PPLP
GO
Select model,maker
From Product
Where type='PC' or type='Laptop'
```

结果 消息

	model	maker
1	1001	A
2	1002	A
3	1003	A
4	1004	B
5	1005	C
6	1006	B
7	1007	C
8	1008	D
9	1009	D
10	1010	D
11	2001	D
12	2002	D
13	2003	D
14	2004	E
15	2005	F
16	2006	G
17	2007	G
18	2008	E

图 7.17 查询结果

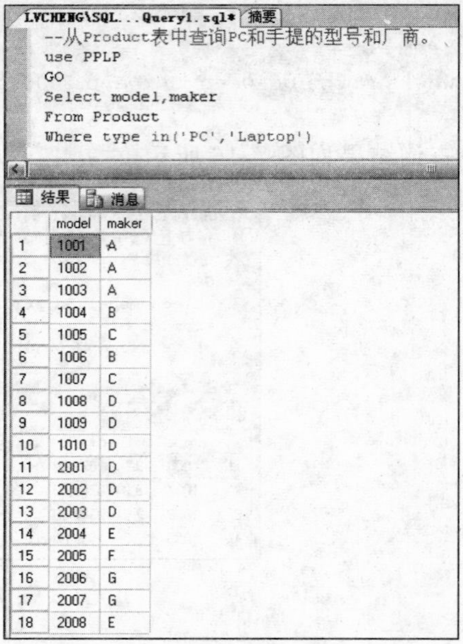

LVCHENG\SQL...Query1.sql* 摘要

```
--从Product表中查询PC和手提的型号和厂商。
use PPLP
GO
Select model,maker
From Product
Where type in('PC','Laptop')
```

结果 消息

	model	maker
1	1001	A
2	1002	A
3	1003	A
4	1004	B
5	1005	C
6	1006	B
7	1007	C
8	1008	D
9	1009	D
10	1010	D
11	2001	D
12	2002	D
13	2003	D
14	2004	E
15	2005	F
16	2006	G
17	2007	G
18	2008	E

图 7.18 查询结果

5. 模式匹配运算符

语法：

```
[NOT] LIKE 通配符
```

说明：通配符_指通配一个任意字符；通配符%指通配任意多个任意字符。

【案例 7.16】 从 Product 表中查询所有以 P 开头的机器类型的全部信息。

案例分析

T-SQL 语句：

```
select *
from Product
where Product.type Like 'P%'
```

查询结果如图 7.19 所示。

【案例 7.17】 查询含有 P 字母的机器类型的全部信息。

案例分析

T-SQL 语句：

```
select *
from Product
where Product.type Like '%P%'
```

查询结果如图 7.20 所示。

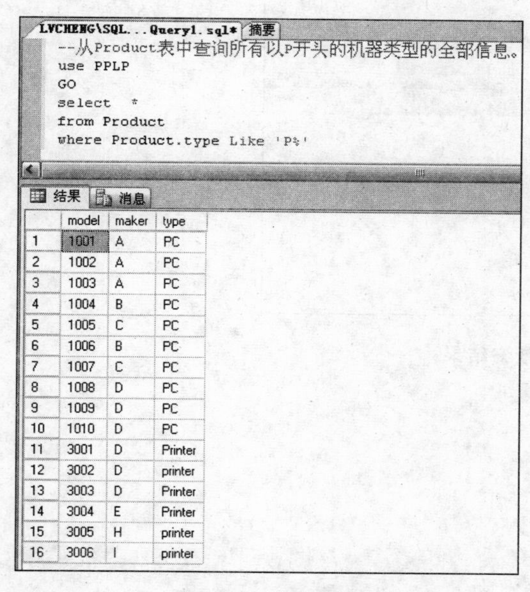

LVCHENG\SQL...Query1.sql*　摘要

```
--从Product表中查询所有以P开头的机器类型的全部信息。
use PPLP
GO
select *
from Product
where Product.type Like 'P%'
```

结果　消息

	model	maker	type
1	1001	A	PC
2	1002	A	PC
3	1003	A	PC
4	1004	B	PC
5	1005	C	PC
6	1006	B	PC
7	1007	C	PC
8	1008	D	PC
9	1009	D	PC
10	1010	D	PC
11	3001	D	Printer
12	3002	D	printer
13	3003	D	Printer
14	3004	E	Printer
15	3005	H	printer
16	3006	I	printer

图 7.19　查询结果

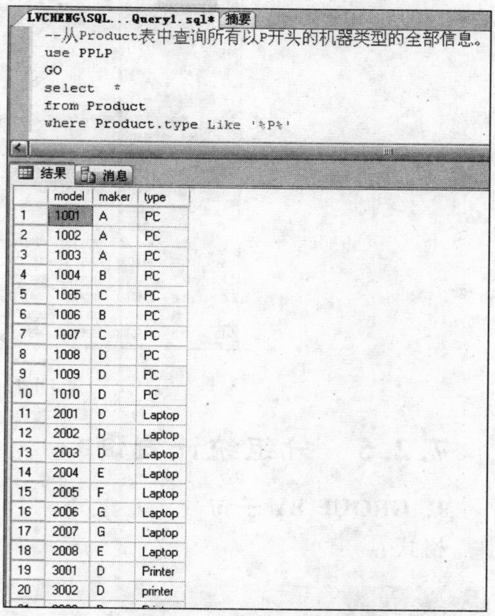

LVCHENG\SQL...Query1.sql*　摘要

```
--从Product表中查询所有以P开头的机器类型的全部信息。
use PPLP
GO
select *
from Product
where Product.type Like '%P%'
```

结果　消息

	model	maker	type
1	1001	A	PC
2	1002	A	PC
3	1003	A	PC
4	1004	B	PC
5	1005	C	PC
6	1006	B	PC
7	1007	C	PC
8	1008	D	PC
9	1009	D	PC
10	1010	D	PC
11	2001	D	Laptop
12	2002	D	Laptop
13	2003	D	Laptop
14	2004	E	Laptop
15	2005	F	Laptop
16	2006	G	Laptop
17	2007	G	Laptop
18	2008	E	Laptop
19	3001	D	Printer
20	3002	D	printer

图 7.20　查询结果

6. 空值判断符

语法：

```
IS [NOT] NULL
```

在 COUNT(字段)返回指定字段值非空的记录个数后增加，"例如，如果当前二维表中有 10 条记录，maker 字段中有两个空值，也就是说 10 条记录中有 8 个 maker 字段有具体的厂商值，有 2 个信息不完整，如果用 count(*)统计，返回的是二维表中记录的值为 10，而用 count(maker)返回字段非空的记录的个数。也就是说，小于等于 8。"

7. 广义投影

【案例 7.18】　由于季节原因，PC 价格普遍下调 10%，试查询降价后的 PC 价格和价格差价。

案例分析　本案例考查的是广义投影和命名运算。

扩展关系代数：(允许算术运算作为投影的一部分)

$$\rho_{PC'model,price,newprice,dprice}(\pi_{model,price,price*0.9,price*0.1}(PC))$$

T-SQL 语句：

```
select model,price, price * 0.9 as newprice, price * 0.1 as dprice
from PC
```

查询结果如图 7.21 所示。

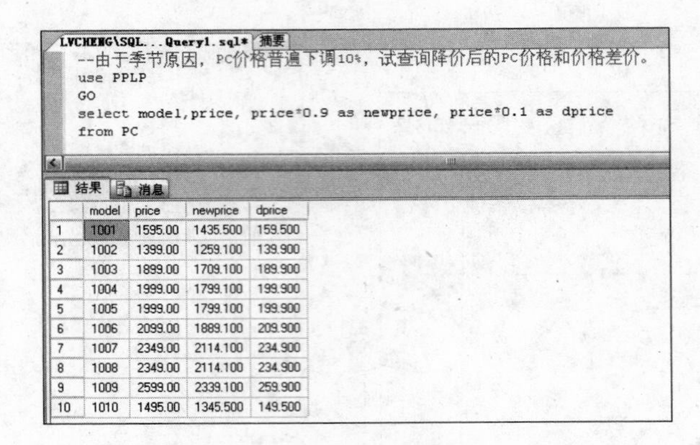
LVCHENG\SQL...Query1.sql* 摘要

```
--由于季节原因，PC价格普遍下调10%，试查询降价后的PC价格和价格差价。
use PPLP
GO
select model,price, price*0.9 as newprice, price*0.1 as dprice
from PC
```

结果 消息

	model	price	newprice	dprice
1	1001	1595.00	1435.500	159.500
2	1002	1399.00	1259.100	139.900
3	1003	1899.00	1709.100	189.900
4	1004	1999.00	1799.100	199.900
5	1005	1999.00	1799.100	199.900
6	1006	2099.00	1889.100	209.900
7	1007	2349.00	2114.100	234.900
8	1008	2349.00	2114.100	234.900
9	1009	2599.00	2339.100	259.900
10	1010	1495.00	1345.500	149.500

图 7.21　查询结果

7.2.5　分组统计查询

1. GROUP BY 子句

格式：

```
GROUP BY 列名
```

功能：与列名或列函数配合实现分组统计。

说明：投影列名必须出现相应的 GROUP BY 列名。

【案例 7.19】　统计出每个厂商生产的型号数量。

案例分析　本案例考查的是分组统计。

T-SQL 语句：

```
select maker,count(model) as many
from Product
group by maker
```

查询结果如图 7.22 所示。

2. Having 子句

格式：

```
Having 逻辑表达式
```

功能：与 GROUP BY 选项配合筛选(选择)统计结果。

说明：通常用列函数作为条件，列函数不能放在 WHERE 中。

注意　如果是分组之前的条件要用 Where，如果是分组之后的条件，则要用 Having。

【案例 7.20】　找出至少生产 3 种不同型号机器的厂商。

案例分析　本案例考查的是分组统计。

T-SQL 语句：

```
select maker,count(model) as many
from Product
group by Product.maker
having count(Product.model)>=3
```

查询结果如图 7.23 所示。

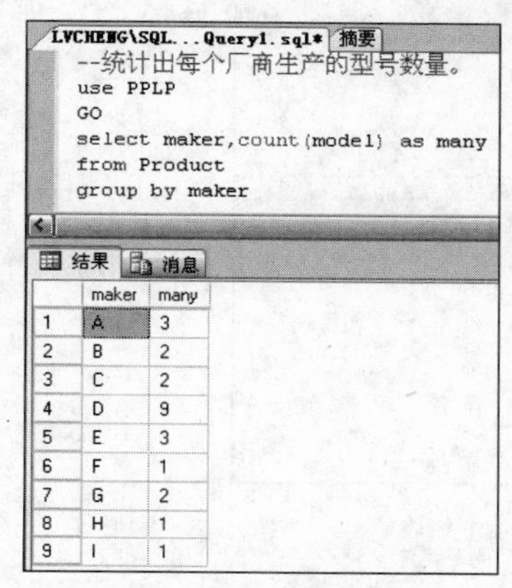

图 7.22　查询结果

LVCHENG\SQL...Query1.sql* 摘要
--找出至少生产 3 种不同型号机器的厂商
use PPLP
GO
select maker,count(model) as many
from Product
group by maker
having count(Product.model)>=3
结果 消息

	maker	many
1	A	3
2	D	9
3	E	3

图 7.23　查询结果

7.2.6　排序查询

1. 单级排序

排序的关键字是 Order by，默认状态是升序，关键字是 ASC，降序的关键字是 DESC。排序的字段可以是数值型、字符型、日期时间型。

【案例 7.21】　查询手提的型号和价格，价格按升序排列。

案例分析　本案例考查的是排序。

T-SQL 语句：

```
select model,price
from Laptop
order by price
```

查询结果如图 7.24 所示。

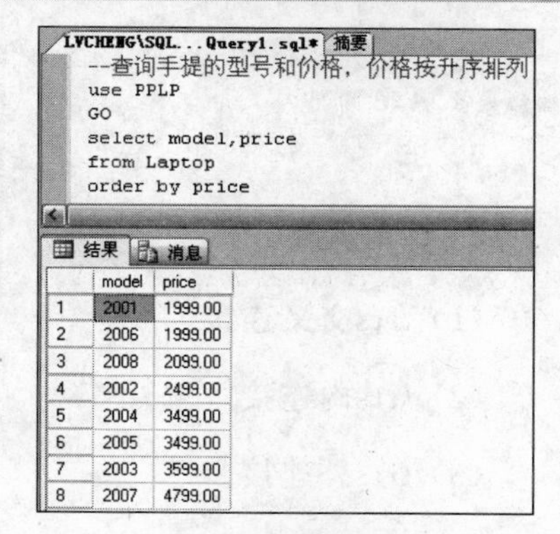

图 7.24　查询结果

2. 多级排序

按照一列进行排序后，如果该列有重复的记录值，则重复部分就没有进行有效的排序，这就需要再附加一个字段，作为第二次排序的标准对于没有排序的记录进行再排序。

【案例 7.22】　查询手提的型号和价格，价格先按升序排列，然后再按照型号进行降序排列。

案例分析　本案例考查的是排序。

T-SQL 语句：

```
select model,price
from Laptop
order by price ASC,model DESC
```

查询结果如图 7.25 所示。

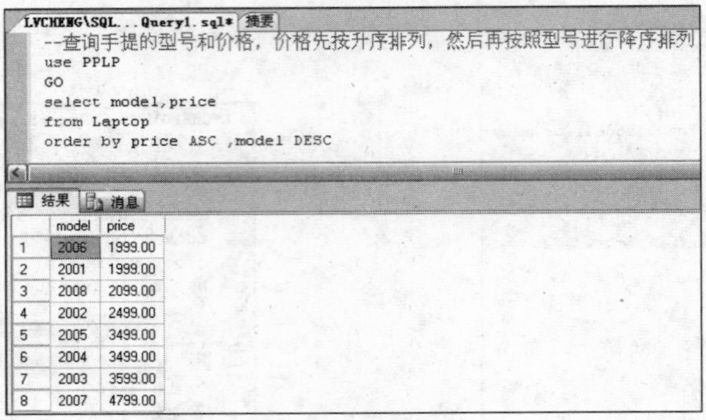

```
LVCHENG\SQL...Query1.sql* 摘要
--查询手提的型号和价格，价格先按升序排列，然后再按照型号进行降序排列
use PPLP
GO
select model,price
from Laptop
order by price ASC ,model DESC
```

结果 消息

	model	price
1	2006	1999.00
2	2001	1999.00
3	2008	2099.00
4	2002	2499.00
5	2005	3499.00
6	2004	3499.00
7	2003	3599.00
8	2007	4799.00

图 7.25 查询结果

7.3 T-SQL 多表复杂连接查询语句

7.3.1 连接方法和种类

1. 连接方法

SQL Server 2005 提供了不同的语法格式支持不同的连接方法。

(1) 用于 FROM 子句的 ANSI 连接语法形式

```
SELECT 列名列表
FROM{表名 1[连接类型]JOIN 表名 2 ON 连接表达式}
WHERE 逻辑表达式
```

(2) 用于 WHERE 子句的 SQL Server 连接语法形式

```
SELECT 列名列表
FROM 表名列表
WHERE 连接表达式 AND 逻辑表达式
```

2. 连接种类

(1) trts交叉连接。

(2) trts内连接。

(3) trts外连接。

(4) trts自身连接。

7.3.2　交叉连接（笛卡儿积）

格式：

```
FROM 表名 1 CROSS JOIN 表名 2 ON 连接表达式
```

或

```
FROM 表名列表
```

说明：两个表做笛卡儿积。

【案例 7.23】　将 Product 表和 PC 表进行交叉连接。

案例分析：

关系代数：$\pi_{Product.model, maker, type, PC.model, speed, ram, hd, cd, price}(Product \times PC)$

T-SQL 语句：

```
select *
from Product,PC
```

或

```
select *
from Product cross join PC
```

查询结果如图 7.26 和图 7.27 所示。

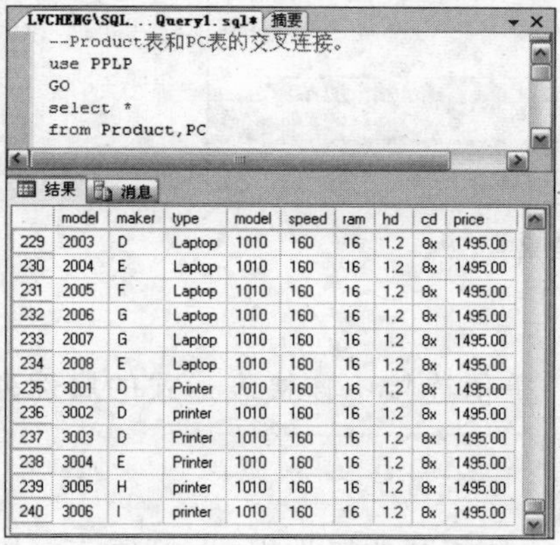
LVCHENG\SQL...Query1.sql* 摘要
--Product表和PC表的交叉连接。
use PPLP
GO
select *
from Product,PC
结果
消息
model maker type model speed ram hd cd price
229 2003 D Laptop 1010 160 16 1.2 8x 1495.00
230 2004 E Laptop 1010 160 16 1.2 8x 1495.00
231 2005 F Laptop 1010 160 16 1.2 8x 1495.00
232 2006 G Laptop 1010 160 16 1.2 8x 1495.00
233 2007 G Laptop 1010 160 16 1.2 8x 1495.00
234 2008 E Laptop 1010 160 16 1.2 8x 1495.00
235 3001 D Printer 1010 160 16 1.2 8x 1495.00
236 3002 D printer 1010 160 16 1.2 8x 1495.00
237 3003 D Printer 1010 160 16 1.2 8x 1495.00
238 3004 E Printer 1010 160 16 1.2 8x 1495.00
239 3005 H printer 1010 160 16 1.2 8x 1495.00
240 3006 I printer 1010 160 16 1.2 8x 1495.00

图 7.26　查询结果

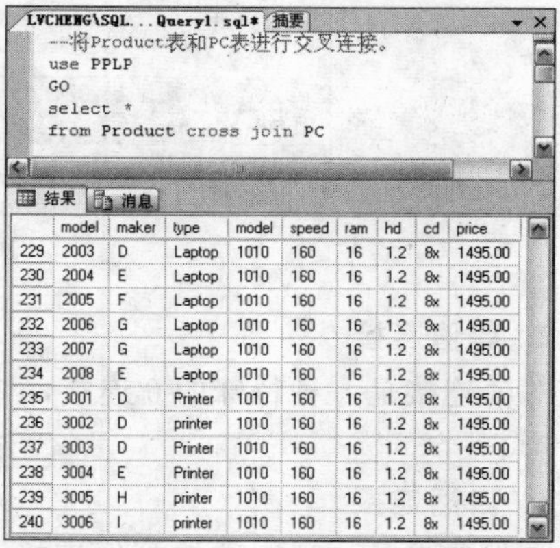
LVCHENG\SQL...Query1.sql* 摘要
--将Product表和PC表进行交叉连接。
use PPLP
GO
select *
from Product cross join PC
结果
消息
model maker type model speed ram hd cd price
229 2003 D Laptop 1010 160 16 1.2 8x 1495.00
230 2004 E Laptop 1010 160 16 1.2 8x 1495.00
231 2005 F Laptop 1010 160 16 1.2 8x 1495.00
232 2006 G Laptop 1010 160 16 1.2 8x 1495.00
233 2007 G Laptop 1010 160 16 1.2 8x 1495.00
234 2008 E Laptop 1010 160 16 1.2 8x 1495.00
235 3001 D Printer 1010 160 16 1.2 8x 1495.00
236 3002 D printer 1010 160 16 1.2 8x 1495.00
237 3003 D Printer 1010 160 16 1.2 8x 1495.00
238 3004 E Printer 1010 160 16 1.2 8x 1495.00
239 3005 H printer 1010 160 16 1.2 8x 1495.00
240 3006 I printer 1010 160 16 1.2 8x 1495.00

图 7.27　查询结果

7.3.3　内连接

格式：

```
FROM 表名 1 INNER JOIN 表名 2 ON 连接表达式 WHERE 逻辑表达式
```

或

```
FROM 表名列表 WHERE 连接表达式 AND 逻辑表达式
```

1. θ 连接

【案例 7.24】 查询 PC 中的硬盘容量比便携式计算机中某一硬盘容量小的 PC 的型号和容量。

案例分析 本案例考查的是 θ 连接，其中，θ 为 PC. hd<Laptop. hd。

关系代数：$\pi_{PCmodel,PChd}(PC \underset{PC.hd<Laptop.hd}{\bowtie} Laptop)$

在 PC 中查询那些比任意一种 Laptop 硬盘容量小的 PC 的型号和容量。

T-SQL 语句：

```
select PC.model,PC.hd
from PC inner join Laptop
on PC.hd<Laptop.hd
```

或

```
select PC.model,PC.hd
from PC,Laptop
where PC.hd<Laptop.hd
```

查询结果如图 7.28 所示。

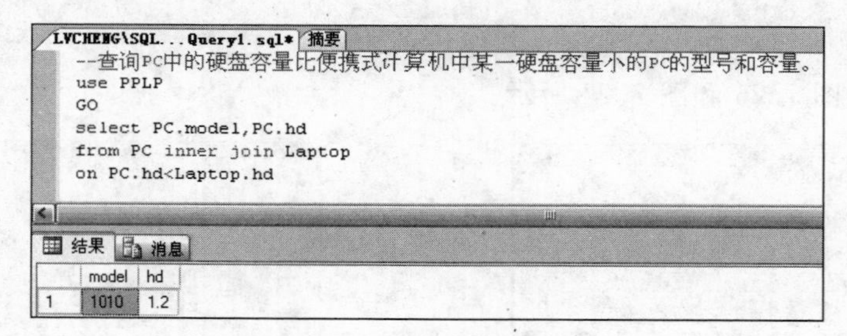

图 7.28 查询结果

2. 等值连接

等值连接是一种特殊的 θ 连接，θ 符号为等号。等值连接中连接表达式的属性列均需要投影。

3. 自然连接

自然连接是一种特殊的等值连接，自然连接必须是相同的属性组，而等值连接则不一定；自然连接中相同属性组只投影一次，而等值连接投影两次。

【案例 7.25】 找出速度至少为 180Hz 的 PC 的厂商。

案例分析 本案例可以采用 4 种方法。第一种自然连接；第二种嵌套(谓词 In)；第三种嵌套(谓词 Any)；第四种嵌套(谓词 Exists)。详细分解请见第 2 章。

(1) 第一种方法：自然连接。

关系代数：$\pi_{Product.maker}(\sigma_{PC.speed\geqslant 180}(product \bowtie PC))$

T-SQL 语句：

```
select distinct maker
from Product,PC
where Product.model=PC.model and speed>=180
```

或

```
select distinct maker
from Product inner join PC
on Product.model=PC.model
where speed>=180
```

查询结果如图 7.29 所示。

(2) 第二种方法：嵌套(谓词 In)。

注意 自然连接均可以用谓词 In 替代。

T-SQL 语句：

```
select distinct Product.maker
from Product
where Product.model in
    (select PC.model
    from PC
    where PC.speed>=180)
```

查询结果如图 7.30 所示。

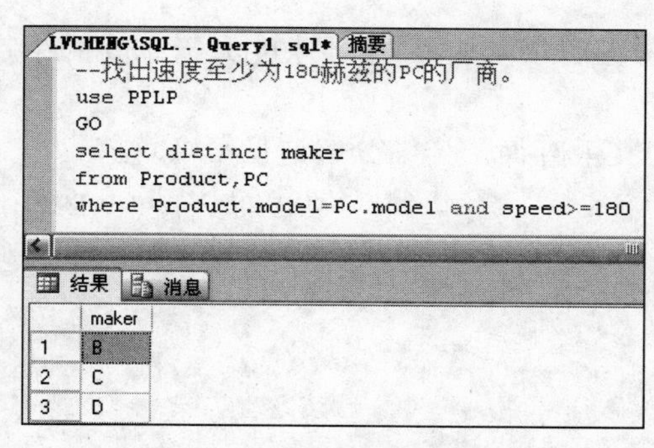

图 7.29 查询结果

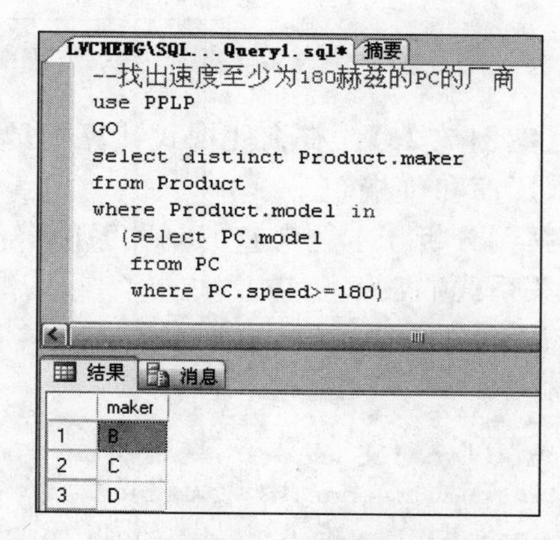

图 7.30 查询结果

(3) 第三种方法：嵌套(谓词 Any)。

由于谓词 In 恒等于=Any，所以 T-SQL 语句可将 In 改为=Any。

T-SQL 语句：

```
select distinct Product.maker
from Product
where Product.model=any
    (select PC.model
     from PC
     where PC.speed>=180)
```

(4) 第四种方法：嵌套(谓词 Exists)。

T-SQL 语句：

```
select distinct Product.maker
from Product
where Exists
    (select *
     from PC
     where Product.model=PC.model and PC.speed>=180)
```

查询结果如图 7.31 所示。

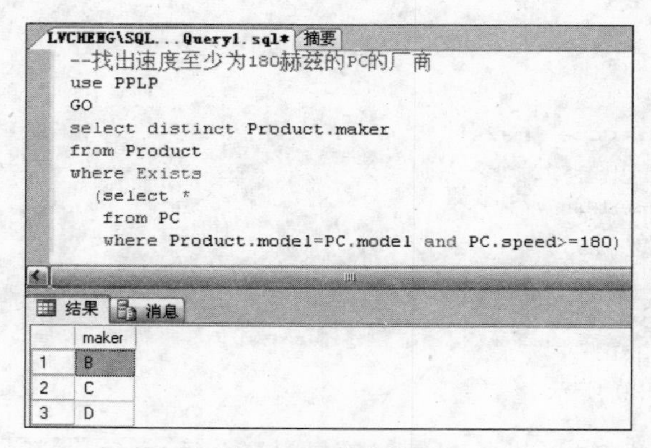

图 7.31 查询结果

【案例 7.26】 查询便携式计算机具有最小硬盘容量 1.10G 并且速度大于 130 的生产型号、厂商和价格。

案例分析 本题考查的是关系的自然连接和复杂查询。详细分解请见第 2 章。

关系代数：$\pi_{\text{Product. model, Product. maker, Laptop. price}}(\sigma_{\text{Laptop. hd}\geqslant 1.10 \wedge \text{Laptop. speed}>130}(\text{Product} \bowtie \text{laptop}))$

T-SQL 语句：

```
select Product.model,maker,price
from Product inner join Laptop
on Product.model=Laptop.model
where hd>=1.10 and speed>130
```

或

```
select Product.model,maker,price
from Product,Laptop
where Product.model=Laptop.model and hd>=1.10 and speed>130
```

查询结果如图 7.32 所示。

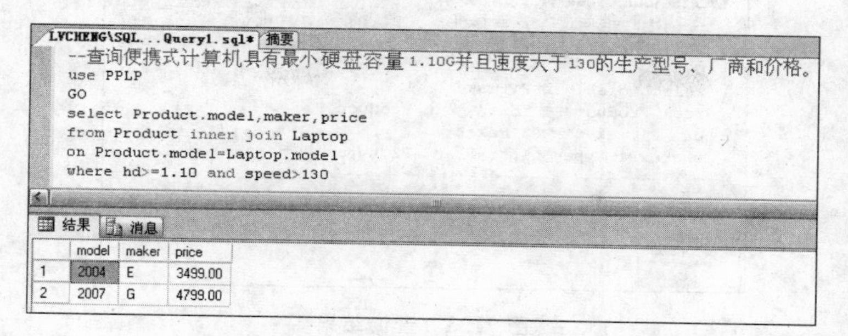

图 7.32 查询结果

4. 自身连接

格式：

```
FROM 表名 1 a JOIN 表名 1 b ON 连接表达式 WHERE 逻辑表达式
```

或

```
FROM 表名 1 a,表名 1 b WHERE 连接表达式 AND 逻辑表达式
```

【案例 7.27】 找出既销售便携式计算机，又销售个人计算机(PC)的厂商。

案例分析 本题可以采用多种方法进行求解，第一种方法采用自身连接操作；第二种方法采用集合运算；第三种除运算；第四种嵌套(谓词 In)；第五种嵌套(谓词 Any)；第六种嵌套(谓词 Exists)。详细分解请见第 2 章。

(1) 第一种方法：自身连接。

关系代数：

$$R1 \leftarrow \rho_{P1}(\text{product}), \quad P2 \leftarrow \rho_{P2}(\text{product})$$

$$\pi_{P1.maker}(\sigma_{P1type=\text{'个人计算机'} \wedge p2type=\text{'便携式计算机'}}(P1 \underset{P1.maker=P2.maker}{\bowtie} P2))$$

T-SQL 语句：

```
select distinct P1.maker
from Product P1, Product P2
where P1.type='Laptop' and P2.type='PC' and P1.maker=P2.maker
```

或

```
select distinct P1.maker
from Product P1 inner join Product P2
on P1.maker=P2.maker
where P1.type='Laptop' and P2.type='PC'
```

查询结果如图 7.33 所示。

(2) 第二种方法：集合运算(交操作)。

关系代数：$\pi_{maker}(\sigma_{type=\text{'PC'}}(\text{Product})) \cap \pi_{maker}(\sigma_{type=\text{'Laptop'}}(\text{Product}))$

```
LVCHENG\SQL...Query1.sql* 摘要
--找出既销售便携式计算机，又销售个人计算机(PC)的厂商。
use PPLP
GO
select distinct P1.maker
from Product P1 inner join Product P2
on  P1.maker = P2.maker
where P1.type='Laptop' and P2.type='PC'
```

	maker
1	D

图 7.33　查询结果

T-SQL 语句：

```
select distinct maker
from Product
where type='Laptop'

intersect

select distinct maker
from Product
where type='PC'
```

查询结果如图 7.34 所示。

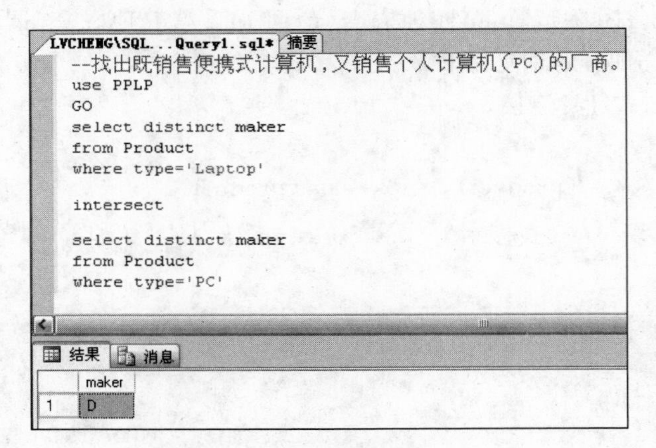

图 7.34　查询结果

(3) 第三种方法：除运算。

关系代数：　$k \leftarrow \pi_{maker,type}(\sigma_{type=个人计算机 \vee type=便携式计算机}(Product))$

$$\pi_{maker}(Product) \div k$$

T-SQL 语句：

```
select maker
from(select distinct maker,type from Product) R
where exists
```

```
        (select *
        from(select distinct type
            from Product
            where type='Laptop' or type='PC')K
        where R.type=K.type)
    group by maker
    having count(*)>1
```

查询结果如图 7.35 所示。

```
LVCHENG\SQL...Query2.sql*   LVCHENG\...\SQLQuery1.sql*   摘要
--找出既销售便携式计算机，又销售个人计算机(PC)的厂商。
use PPLP
GO
select maker
from (select distinct maker,type from Product) R
where exists
    (select *
     from(select distinct type from Product where type='Laptop' or type='PC')K
     where R.type =K.type)
group by maker
having count(*)>1

结果  消息
   maker
1  D
```

图 7.35 查询结果

分析：SQL Server 2005 没有提供专门的除运算的运算符，所以只能根据除运算的定义完成以下步骤。

① 先建立一个临时的关系 K。

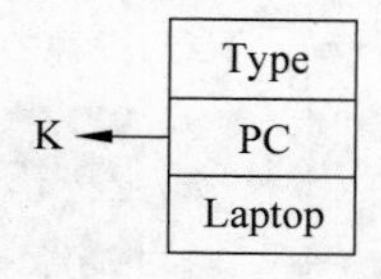

对应的 SQL 语句：

```
select * from(select distinct type from Product where type='Laptop' or type='PC')K
```

查询结果如图 7.36 所示。

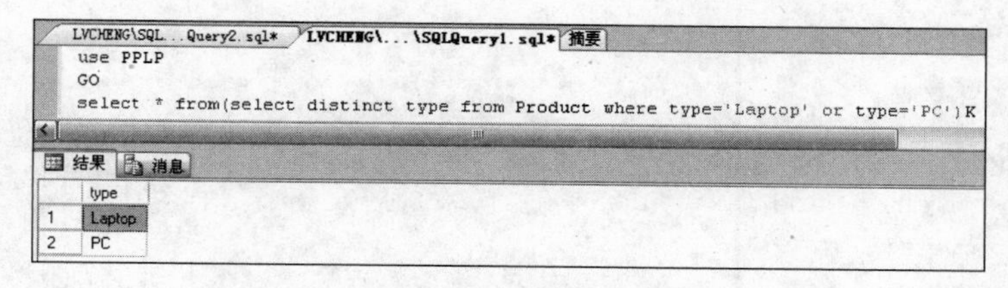

图 7.36 查询结果

② 投影 Product 表的 maker 属性和 type 属性，查询出每个厂商都销售哪些产品，并将其定义为临时关系 R。

对应的 SQL 语句：

```
select * from (select distinct maker,type from Product) R
```

查询结果如图 7.37 所示。

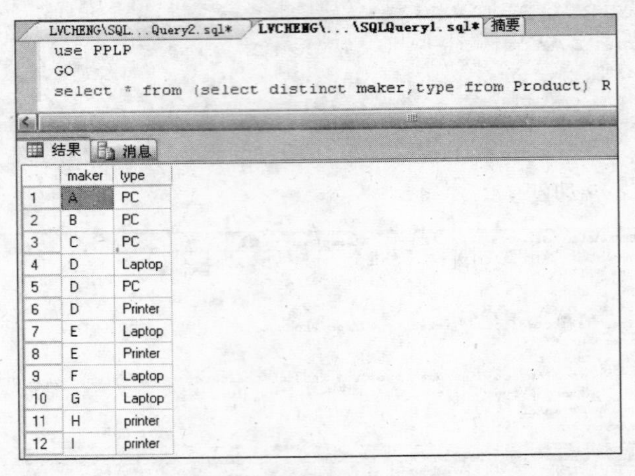
LVCHENG\SQL...Query2.sql* LVCHENG\...\SQLQuery1.sql* 摘要

```
use PPLP
GO
select * from (select distinct maker,type from Product) R
```

结果 消息

	maker	type
1	A	PC
2	B	PC
3	C	PC
4	D	Laptop
5	D	PC
6	D	Printer
7	E	Laptop
8	E	Printer
9	F	Laptop
10	G	Laptop
11	H	printer
12	I	printer

图 7.37 查询结果

③ 很显然，用临时关系 R 除以临时关系 K 即可得到题解。由于 SQL Server 2005 没有提供专门的除运算的运算符，所以通常采用分组统计的方法进行求解，即先用谓词 Exists 去除不满足临时关系的元组，如厂商 H、I 、D 和 E 的 Printer 元组，然后按照制造商分组筛选出计数大于 1 的元组，最终得到满足临时关系 K 的元组。

(4) 第四种方法：嵌套(谓词 In)。

T-SQL 语句：

```
select distinct maker
from Product
where type='Laptop' and maker in
    (select maker
     from Product
     where type='PC')
```

(5) 第五种方法：嵌套(谓词 Any)。

T-SQL 语句：

```
select distinct maker
from Product
where type='Laptop' and maker=any
    (select maker
     from Product
     where type='PC')
```

(6) 第六种方法：嵌套(谓词 Exists)。

T-SQL 语句：

```
select distinct maker
from Product P1
where exists
    (select *
     from Product P2
     where P1.maker=P2.maker and P1.type='PC' and P2.type='Laptop')
```

【案例 7.28】 找出两种或两种以上 PC 上出现的硬盘容量。

案例分析　本案例考查的是自身的 θ 连接，就是说，需找出如 PC 的硬盘容量为 1.6、2.5 这样出现两次以上的硬盘容量。本案例可以使用多种方法实现。详细分解请见第 2 章。

(1) 第一种方法：自身连接。

关系代数：

$$PC1 \leftarrow \rho_{PC1}(PC),\quad PC2 \leftarrow \rho_{PC2}(PC),$$
$$\pi_{PC1.hd}(\sigma_{PC1.hd=PC2.hd \wedge PC1.model \neq PC2.model}(PC1 \times PC2))$$

T-SQL 语句：

```
select distinct PC1.hd
from PC PC1 inner join PC PC2
on PC1.hd=PC2.hd
where PC1.model !=PC2.model
```

或

```
select distinct PC1.hd
from PC PC1,PC PC2
where PC1.hd=PC2.hd and PC1.model !=PC2.model
```

查询结果如图 7.38 所示。

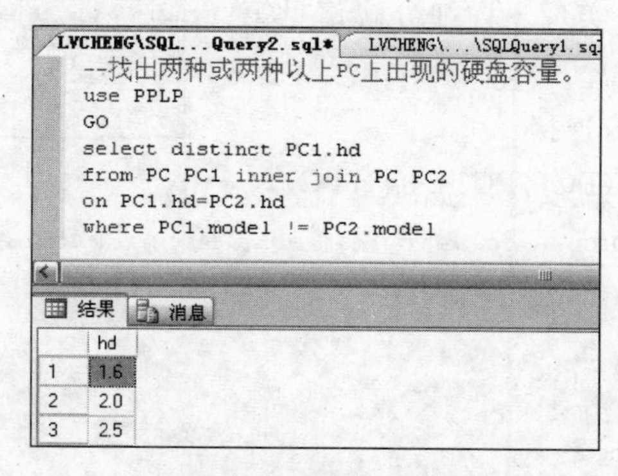

图 7.38　查询结果

(2) 第二种方法：嵌套(谓词 Any)。

T-SQL 语句：

```
select distinct hd
from PC PC1
```

```
where model<>any
    (select model
     from PC PC2
     where PC1.hd=PC2.hd)
```

(3) 第三种方法：嵌套(谓词 Exists)。

T-SQL 语句：

```
select distinct hd
from PC PC1
where Exists
    (select *
     from PC PC2
     where PC1.model!=PC2.model and PC1.hd=PC2.hd)
```

(4) 第四种方法：分组统计。

扩展的关系代数：(允许聚集函数)$\pi_{hd,count(hd)}(\sigma_{count(hd)>=2}(PC))$

T-SQL 语句：

```
select hd,count(hd) as '出现次数'
from PC
group by hd
having count(*)>=2
```

查询结果如图 7.39 所示。

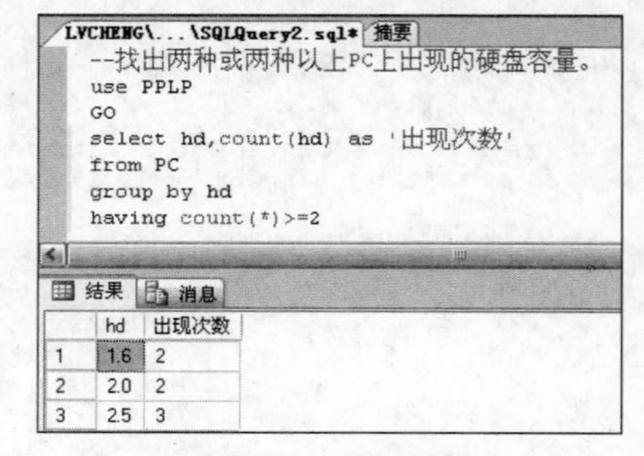

	hd	出现次数
1	1.6	2
2	2.0	2
3	2.5	3

图 7.39 查询结果

【案例 7.29】 找出速度相同且 ram 相同的成对的 PC 型号。一对型号只列出一次。

案例分析 本案例考查的是自身的 θ 连接。本案例可以使用多种方法实现。详细分解请见第 2 章。

(1) 第一种方法：自身连接。

关系代数：$PC1 \leftarrow \rho_{PC1}(PC), PC2 \leftarrow \rho_{PC2}(PC)$，

$$\pi_{PC1.model,PC2.model}(\sigma_{PC1.ram=PC2.ram \wedge PC1.speed=PC2.speed \wedge PC1.model<PC2.model}(PC1 \times PC2))$$

T-SQL 语句：

```
select PC1.model,PC2.model
from PC PC1 inner join PC PC2
on PC1.model<PC2.model
where PC1.ram=PC2.ram and PC1.speed=PC2.speed
```

或

```
select PC1.model,PC2.model
from PC PC1,PC PC2
where PC1.model<PC2.model and PC1.ram=PC2.ram and PC1.speed=PC2.speed
```

查询结果如图 7.40 所示。

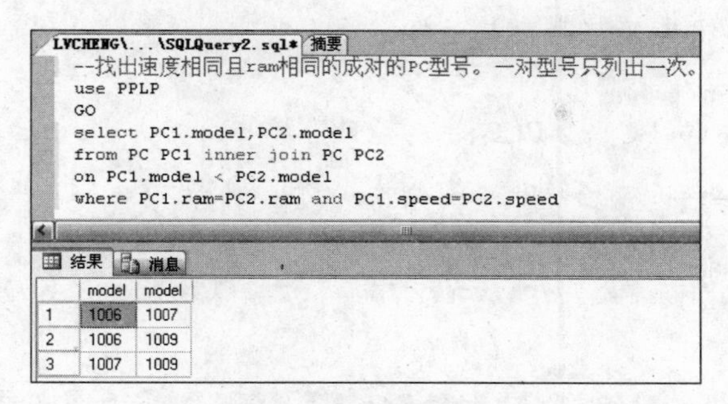

图 7.40 查询结果

(2) 第二种方法：嵌套(Any)。

T-SQL 语句：

```
select PC1.model
from PC PC1
where PC1.model<any
    (select PC2.model
     from PC PC2
     where PC1.speed=PC2.speed and PC1.ram=PC2.ram)
```

查询结果如图 7.41 所示。

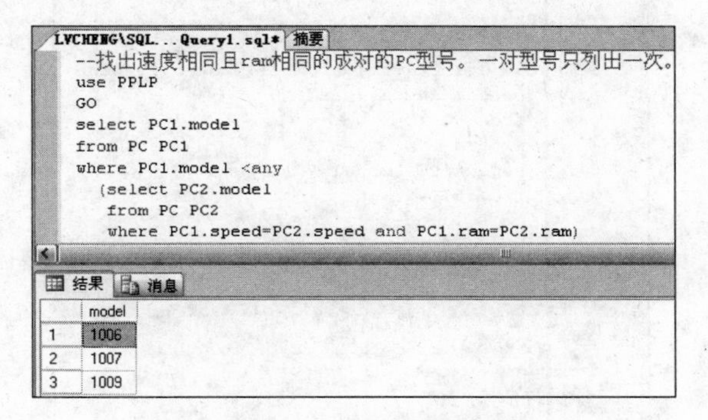

图 7.41 查询结果

(3) 第三种方法：嵌套(谓词 Exists)。

T-SQL 语句：

```
select PC1.model
from PC PC1
where Exists
    (select PC2.model
     from PC PC2
   where PC1.model<PC2.model and PC1.speed=PC2.speed and PC1.ram=PC2.ram)
```

【案例 7.30】 找出生产最高速度 PC 的厂商。

案例分析 本题考查 θ 连接和求最大值。本案例可以使用多种方法实现。详细分解请见第 2 章。

(1) 第一种方法：θ 连接与集合差运算。

关系代数：

$$PC1 \leftarrow \rho_{PC1}(PC), \quad PC2 \leftarrow \rho_{PC2}(PC)$$

$$R \leftarrow \pi_{PC1.model, PC1.speed}(\sigma_{PC1.speed < PC2.speed \land PC1.model \neq PC2.model}(PC1 \times PC2))$$

$$K \leftarrow \rho_K(PC1 - R)$$

$$\pi_{Product.model, Product.maker, K.speed}(\sigma_{Product.model = K.model}(Product \times K))$$

T-SQL 语句：

```
select distinct Product.model,maker,K.speed
from(select model,speed
     from PC
     except
     select PC1.model,PC1.speed
     from PC PC1 inner join PC PC2
     on PC1.model !=PC2.model
     where PC1.speed<PC2.speed) K,Product
where Product.model=K.model
```

查询结果如图 7.42 所示。

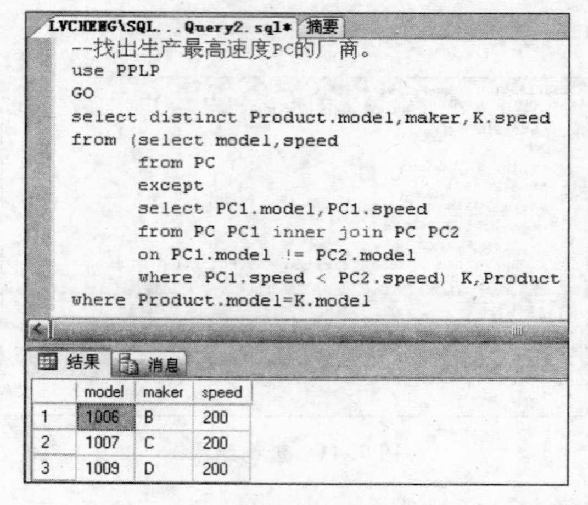

图 7.42 查询结果

分析：

① 首先进行命名运算，将原关系改名为两个关系 PC1 和 PC2，并且进行自身连接，将结果集进行赋值运算，组成一个新的关系 R，代码即为

```
select distinct Product.model,maker,K.speed
from (select model,speed
      from PC
      except
      select PC1.model,PC1.speed
      from PC PC1 inner join PC PC2
      on PC1.model != PC2.model
      where PC1.speed < PC2.speed) K,Product
where Product.model=K.model
```

② 用原关系和新关系 R 进行差运算，目的是求出最高速 PC 的型号和速度，因为关系 R 中 speed 属性列包含最小速度，一定不包含最高速度。将结果集进行赋值运算，组成一个新的关系 K，代码即为

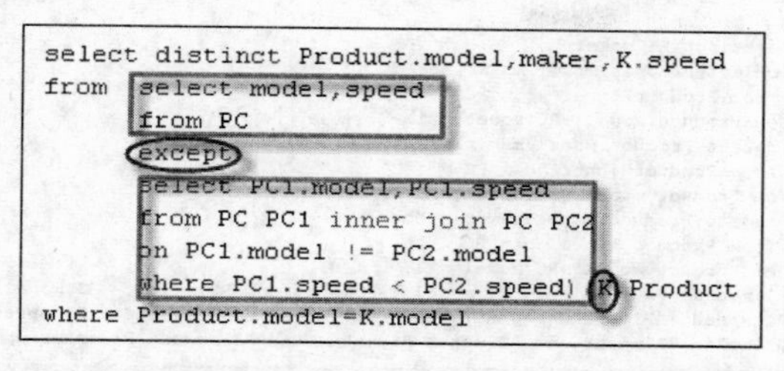

```
select distinct Product.model,maker,K.speed
from (select model,speed
      from PC
      except
      select PC1.model,PC1.speed
      from PC PC1 inner join PC PC2
      on PC1.model != PC2.model
      where PC1.speed < PC2.speed) K Product
where Product.model=K.model
```

③ 最后将临时关系 K 与 Product 关系进行连接，求解最高速 PC 的厂商信息。

(2) 第二种方法：嵌套(谓词 In 和聚集函数 max)。

扩展的关系代数：

$$R \leftarrow \pi_{model,\, max(speed)}(PC),\ \pi_{Product.maker,\, Product.model}(\sigma_{Product.model=R.model}(Product \times R))$$

T-SQL 语句：

```
select model,maker
from Product
where model in
     (select model
      from PC
      where speed in
         ( select max(speed)
          from PC))
```

查询结果如图 7.43 所示。

【案例 7.31】 找出至少生产 3 种不同速度的 PC 的厂商。

案例分析 本题考查 θ 连接。本案例可以使用多种方法实现。详细分解请见第 2 章。

(1) 第一种方法：θ 连接。

关系代数：

$$R \leftarrow \pi_{Product.model,\, Product.maker,\, PC.speed}(\sigma_{Product.model=PC.model})(Product \times PC)$$

$$R1 \leftarrow \rho_{R1}(R),\quad R2 \leftarrow \rho_{R2}(R),\quad R3 \leftarrow \rho_{R3}(R)$$

$$\pi_{R1.maker}(\sigma_{R1.maker=R2.maker=R3.maker \wedge R1.model \neq R2.model \neq R3.model \wedge R1.speed \neq R2.speed \neq R3.speed})(R1 \times R2 \times R3)$$

T-SQL 语句：

```
select distinct R1.maker
from (select Product.model,maker,speed
       from Product inner join PC
       on Product.model=PC.model) R1,
      (select Product.model,maker,speed
       from Product inner join PC
       on Product.model=PC.model) R2,
      (select Product.model,maker,speed
       from Product inner join PC
       on Product.model=PC.model) R3
where R1.model!=R2.model and R1.model!=R3.model and R2.model!=R3.model and R1.
speed !=R2.speed and R1.speed!=R3.speed and R2.speed!=R3.speed and R1.maker=R2.
maker and R1.maker=R3.maker and R2.maker=R3.maker
```

查询结果如图 7.44 所示。

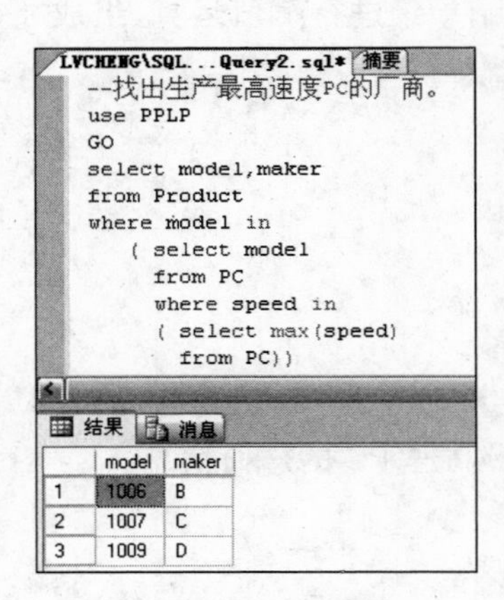
```
--找出生产最高速度PC的厂商。
use PPLP
GO
select model,maker
from Product
where model in
   ( select model
     from PC
     where speed in
     ( select max(speed)
       from PC))
```

	model	maker
1	1006	B
2	1007	C
3	1009	D

图 7.43 查询结果

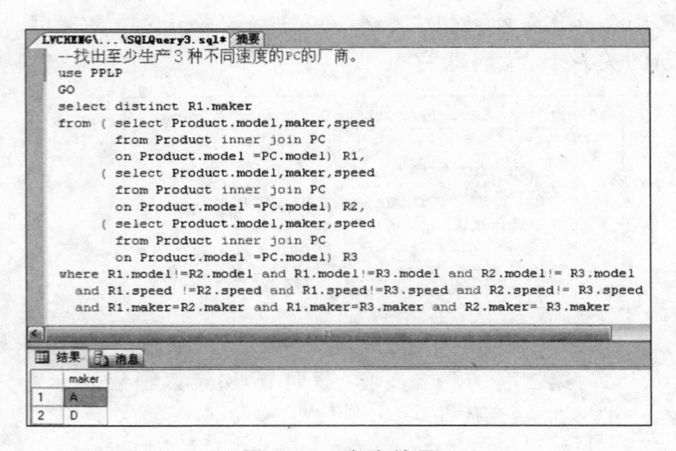
```
--找出至少生产3种不同速度的PC的厂商。
use PPLP
GO
select distinct R1.maker
from ( select Product.model,maker,speed
       from Product inner join PC
       on Product.model =PC.model) R1,
     ( select Product.model,maker,speed
       from Product inner join PC
       on Product.model =PC.model) R2,
     ( select Product.model,maker,speed
       from Product inner join PC
       on Product.model =PC.model) R3
where R1.model!=R2.model and R1.model!=R3.model and R2.model!= R3.model
  and R1.speed !=R2.speed and R1.speed!=R3.speed and R2.speed!= R3.speed
  and R1.maker=R2.maker and R1.maker=R3.maker and R2.maker= R3.maker
```

	maker
1	A
2	D

图 7.44 查询结果

(2) 第二种方法：分组统计。

扩展的关系代数(允许聚集函数)：$\pi_{\text{Product.model,makre}}(\sigma_{\text{count(speed)}>=3}(\text{Product}\times\text{PC}))$

T-SQL 语句：

```
select maker,count(distinct speed)as 'difcount'
from Product inner join PC
on Product.model=PC.model
group by maker
having count(distinct speed)>=3
```

查询结果如图 7.45 所示。

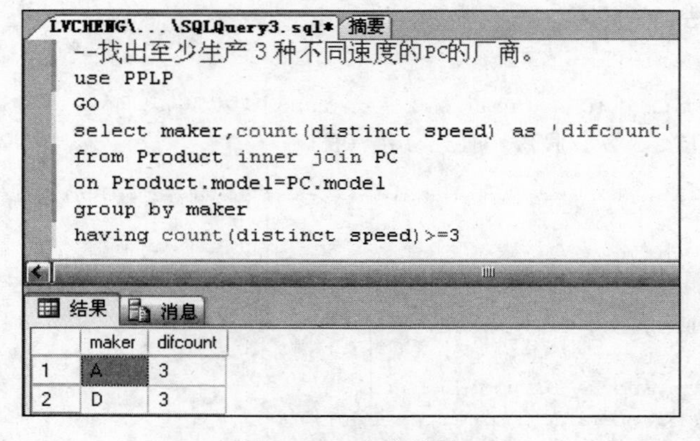
```
--找出至少生产3种不同速度的PC的厂商。
use PPLP
GO
select maker,count(distinct speed) as 'difcount'
from Product inner join PC
on Product.model=PC.model
group by maker
having count(distinct speed)>=3
```

	maker	difcount
1	A	3
2	D	3

图 7.45 查询结果

注意 在投影厂商和速度时，需要先去除厂商和速度均相同的元组，然后再进行统计。

7.3.4　外连接

外连接与内连接不同,内连接只是输出满足连接条件的元组,而外连接则以指定表为连接主体,同时将主体表中那些不满足连接条件的元组也一并输出,即左外连接的结果集返回的是左表的所有行,右外连接的结果集返回的是右表的所有行,全外连接的结果集返回的是左表和右表的所有行。

1. 左外连接

格式:

```
FROM 表名 1 LEFT [OUTER] JOIN 表名 2 ON 连接表达式
```

加入表 1 没形成连接的元组,表 2 列为 NULL。

说明:OUTER 可以省略。

【案例 7.32】 向关系 Product 中插入一条记录,该条记录为:(1011,A,PC),在 PC 中没有相应的详细信息用以表示该产品已经停产滞销。试将 Product 关系和 PC 关系进行左外连接,显示所有市面上流通的产品的详细信息。

案例分析　本题考查左外连接。

T-SQL 语句:

```
insert into Product values('1011','A','PC')
select *
from Product left outer join PC
on Product.model=PC.model
```

查询结果如图 7.46 所示。

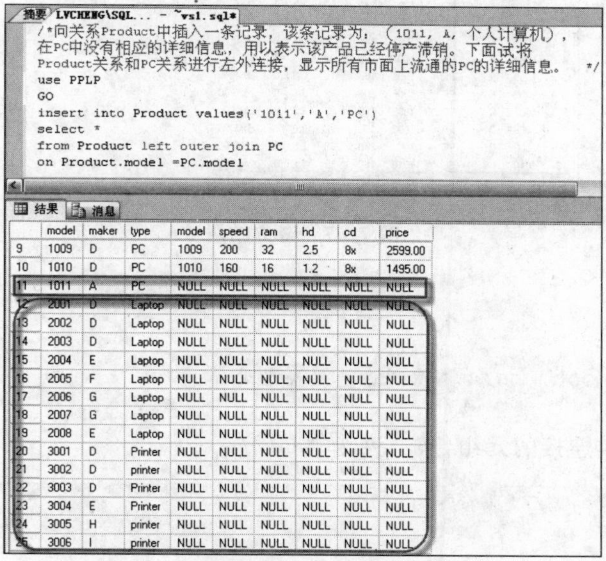

摘要 LVCHENG\SQL... - ~vs1.sql*

```
/*向关系Product中插入一条记录，该条记录为：（1011, A, 个人计算机），
在PC中没有相应的详细信息，用以表示该产品已经停产滞销。下面试将
Product关系和PC关系进行左外连接，显示所有市面上流通的PC的详细信息。 */
use PPLP
GO
insert into Product values('1011','A','PC')
select *
from Product left outer join PC
on Product.model =PC.model
```

结果　消息

	model	maker	type	model	speed	ram	hd	cd	price
9	1009	D	PC	1009	200	32	2.5	8x	2599.00
10	1010	D	PC	1010	160	16	1.2	8x	1495.00
11	1011	A	PC	NULL	NULL	NULL	NULL	NULL	NULL
12	2001	D	Laptop	NULL	NULL	NULL	NULL	NULL	NULL
13	2002	D	Laptop	NULL	NULL	NULL	NULL	NULL	NULL
14	2003	D	Laptop	NULL	NULL	NULL	NULL	NULL	NULL
15	2004	E	Laptop	NULL	NULL	NULL	NULL	NULL	NULL
16	2005	F	Laptop	NULL	NULL	NULL	NULL	NULL	NULL
17	2006	G	Laptop	NULL	NULL	NULL	NULL	NULL	NULL
18	2007	G	Laptop	NULL	NULL	NULL	NULL	NULL	NULL
19	2008	E	Laptop	NULL	NULL	NULL	NULL	NULL	NULL
20	3001	D	Printer	NULL	NULL	NULL	NULL	NULL	NULL
21	3002	D	printer	NULL	NULL	NULL	NULL	NULL	NULL
22	3003	D	Printer	NULL	NULL	NULL	NULL	NULL	NULL
23	3004	E	Printer	NULL	NULL	NULL	NULL	NULL	NULL
24	3005	H	printer	NULL	NULL	NULL	NULL	NULL	NULL
25	3006	I	printer	NULL	NULL	NULL	NULL	NULL	NULL

图 7.46　查询结果

2. 右外连接

格式：

```
FROM 表名 1 RIGHT [OUTER] JOIN 表名 2 ON 连接表达式
```

加入表 2 没形成连接的元组，表 1 列为 NULL。

说明：OUTER 可以省略。

【案例 7.33】 向关系 PC 中插入一条记录，该条记录为：(2009，200，32，1.6，8x，2600)，在 Product 表中没有相应的信息，用以表示该产品刚刚研制，尚未出厂营销。试将 Product 关系和 PC 关系进行右外连接，显示所有市面上流通的 PC 的详细信息。

案例分析 本题考查右外连接。

T-SQL 语句：

```
insert into PC values('2009',200,32,1.6,'8x',2600)
select *
from Product right outer join PC
on Product.model=PC.model
```

查询结果如图 7.47 所示。

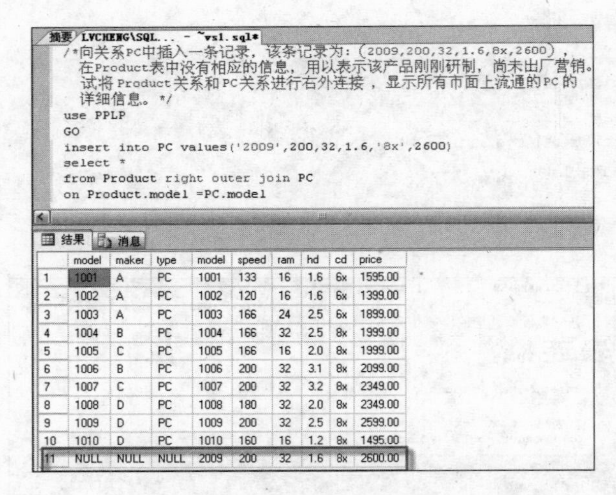

	model	maker	type	model	speed	ram	hd	cd	price
1	1001	A	PC	1001	133	16	1.6	6x	1595.00
2	1002	A	PC	1002	120	16	1.6	6x	1399.00
3	1003	A	PC	1003	166	24	2.5	6x	1899.00
4	1004	B	PC	1004	166	32	2.5	8x	1999.00
5	1005	C	PC	1005	166	16	2.0	8x	1999.00
6	1006	B	PC	1006	200	32	3.1	8x	2099.00
7	1007	C	PC	1007	200	32	3.2	8x	2349.00
8	1008	D	PC	1008	180	32	2.0	8x	2349.00
9	1009	D	PC	1009	200	32	2.5	8x	2599.00
10	1010	D	PC	1010	160	16	1.2	8x	1495.00
11	NULL	NULL	NULL	2009	200	32	1.6	8x	2600.00

图 7.47 查询结果

3. 全外连接

格式：

```
FROM 表名 1 FULL OUTER JOIN 表名 2 ON 连接表达式
```

加入表 1 没形成连接的元组，表 2 列为 NULL。

说明：OUTER 可以省略。

【案例 7.34】 在前面案例的基础上，将 Product 关系和 PC 关系进行全外连接，显示所有市面上流通的产品的详细信息。

案例分析　本题考查全外连接。

T-SQL 语句：

```
select *
from Product full outer join PC
on Product.model=PC.model
```

查询结果如图 7.48 所示。

摘要　LVCHENG\SQL... - ~vs1.sql*

```
/*在前面案例的基础上，将Product关系和PC关系进行全外连接，
  显示所有市面上流通的PC的详细信息。*/
use PPLP
GO
select *
from Product full outer join PC
on Product.model =PC.model
```

结果　消息

	model	maker	type	model	speed	ram	hd	cd	price
8	1008	D	PC	1008	180	32	2.0	8x	2349.00
9	1009	D	PC	1009	200	32	2.5	8x	2599.00
10	1010	D	PC	1010	160	16	1.2	8x	1495.00
11	1011	A	PC	NULL	NULL	NULL	NULL	NULL	NULL
12	2001	D	Laptop	NULL	NULL	NULL	NULL	NULL	NULL
13	2002	D	Laptop	NULL	NULL	NULL	NULL	NULL	NULL
14	2003	D	Laptop	NULL	NULL	NULL	NULL	NULL	NULL
15	2004	E	Laptop	NULL	NULL	NULL	NULL	NULL	NULL
16	2005	F	Laptop	NULL	NULL	NULL	NULL	NULL	NULL
17	2006	G	Laptop	NULL	NULL	NULL	NULL	NULL	NULL
18	2007	G	Laptop	NULL	NULL	NULL	NULL	NULL	NULL
19	2008	E	Laptop	NULL	NULL	NULL	NULL	NULL	NULL
20	NULL	NULL	NULL	2009	200	32	1.6	8x	2600.00
21	3001	D	Printer	NULL	NULL	NULL	NULL	NULL	NULL
22	3002	D	printer	NULL	NULL	NULL	NULL	NULL	NULL
23	3003	D	Printer	NULL	NULL	NULL	NULL	NULL	NULL
24	3004	E	Printer	NULL	NULL	NULL	NULL	NULL	NULL
25	3005	H	printer	NULL	NULL	NULL	NULL	NULL	NULL
26	3006	I	printer	NULL	NULL	NULL	NULL	NULL	NULL

图 7.48　查询结果

7.3.5　多表连接

格式：

```
FROM 表名 1 JOIN 表名 2 ON 连接表达式 JOIN 表名 3 ON 连接表达式 AND 逻辑表达式
```

或

```
FROM 表名列表 WHERE 连接表达式 AND 逻辑表达式
```

说明：最多连接 64 个表，通常 8～10 个。

【案例 7.35】　回顾案例 20，找出至少生产 3 种不同型号 PC 的厂商。

案例分析　本案例考查的是 θ 自身连接和自然连接。本案例可以采用多种方法实现。详细分解参见第 2 章。

(1) 第一种方法：θ 自身连接和自然连接。

关系代数：

$$R \leftarrow \pi_{Product.model, Product.maker, PC.speed}(\sigma_{Product.model=PC.model})(Product \times PC)$$

$$R \leftarrow \rho_R(R),\quad S \leftarrow \rho_S(R),\quad T \leftarrow \rho_T(R)$$

$$\pi_{R.maker}(\sigma_{R.maker=S.maker=T.maker \wedge R.model \neq S.model \neq T.model \wedge R.speed \neq S.speed \neq T.speed})(R \times S \times T)$$

T-SQL 语句：

```
select distinct R.model,R.maker,R.speed
from(select Product.model,maker,PC.speed
     from Product inner join PC
     on Product.model=PC.model)R inner join
    (select Product.model,maker,PC.speed
     from Product inner join PC
     on Product.model=PC.model)S
     on R.model !=S.model inner join
    (select Product.model,maker,PC.speed
     from Product inner join PC
     on Product.model=PC.model)T
     on R.model !=T.model and S.model !=T.model
where R.maker=S.maker and R.maker=T.maker and S.maker=T.maker
     and R.speed !=S.speed and R.speed !=T.speed and S.speed !=T.speed
```

分析：

① 将关系 Product 和 PC 关系进行自然连接，代码如下：

```
select Product.model,maker,PC.speed
from Product inner join PC
on Product.model= PC.model
```

② 将临时关系改名为 R、S、T 并进行自身 θ 连接，其中 θ 为不同型号。代码如下：

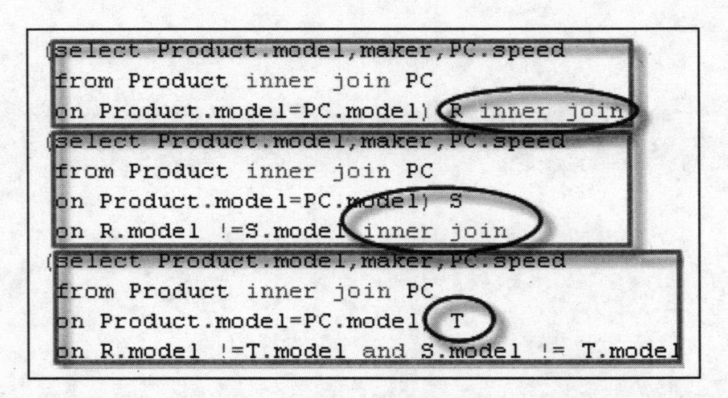

```
(select Product.model,maker,PC.speed
from Product inner join PC
on Product.model=PC.model) R inner join
(select Product.model,maker,PC.speed
from Product inner join PC
on Product.model=PC.model) S
on R.model !=S.model inner join
(select Product.model,maker,PC.speed
from Product inner join PC
on Product.model=PC.model) T
on R.model !=T.model and S.model != T.model
```

③ 在结果集中选择速度不同、厂商相同的元组，并投影厂商、型号和速度。查询结果如图 7.49 所示。

(2) 第二种方法：分组统计，参见案例 7.20。

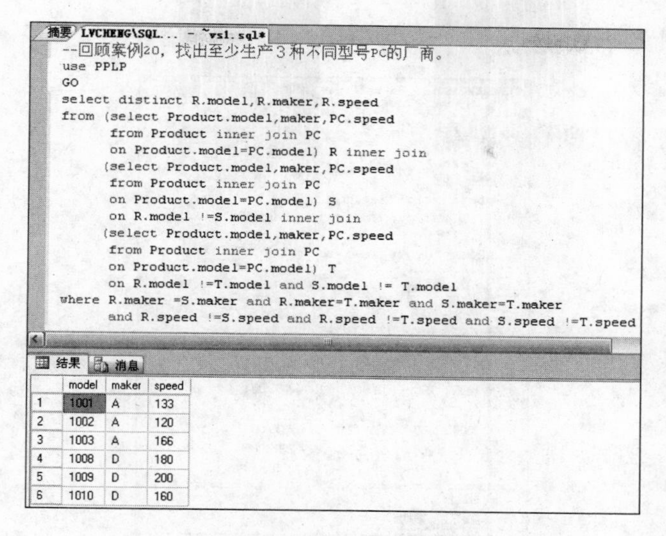

图 7.49　查询结果

7.4 嵌套子查询

7.4.1 [NOT] IN 子查询

格式：

```
列名[NOT] IN(常量表)|(子查询)
```

说明：列值被包含或不(NOT)被包含在集合中。

等价：列名＝Any(子查询)

7.4.2 比较子查询

1. ALL 子查询

```
列名 比较符 ALL(子查询)
```

说明：子查询中的每个值都满足比较条件。

【案例 7.36】 统计出高于 PC 平均价格的 PC 的信息。

案例分析　本题考查的是统计分析。

扩展的关系代数(允许聚集函数)：$\pi_{model,speed,ram,hd,cd,price}(\sigma_{price>=avg(price)}(PC))$

T-SQL 语句：

```
select *
from PC
where price>=all
    (select avg(price) from PC)
```

查询结果如图 7.50 所示。

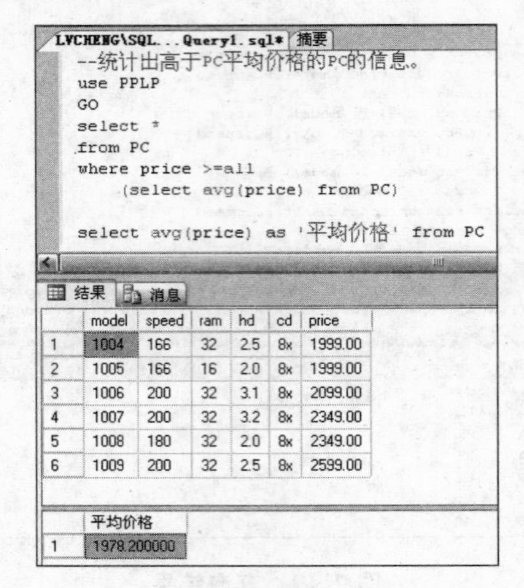

图 7.50 查询结果

2. ANY|Some 子查询

```
列名 比较符 ANY|Some(子查询)
```

说明：子查询中的任一个值满足比较条件。

案例详见连接部分。

7.4.3 [NOT] EXISTS 子查询

功能：用集合运算实现元组与(子查询)之间的比较。

说明：子查询中空或非空。

案例详见连接部分。

7.5 关系的集合查询

7.5.1 关系的集合并运算（UNION 操作符）

格式：

```
SELECT_1 UNION [ALL]
SELECT_2 UNION [ALL]
...
SELECT_n
```

【案例 7.37】 找出厂商 D 生产的所有产品的型号和价格。

案例分析　本题考查的是集合并操作。首先通过自然连接、选择和投影将厂商 D 生产的 PC 查询出来，同理，查询出 D 厂商生产的便携式计算机和打印机。然后，进行集合并操作，查出最终的结果集。详细分解请见第 2 章。

关系代数：$\pi_{\text{Productmodel. PC. price}}(\sigma_{\text{Productmaker}-\text{D}}(\text{Product} \bowtie \text{PC})) \cup \pi_{\text{Productmodel. Laptopprice}}(\sigma_{\text{Productmaker}-\text{D}}(\text{Product} \bowtie \text{Laptop})) \cup \pi_{\text{Productmodel. Printer. price}}(\sigma_{\text{Productmaker}-\text{D}}(\text{Product} \bowtie \text{Printer}))$

T-SQL 语句：

```
select Product.model,price
from Product inner join PC
on Product.model=PC.model
where maker='D'
union
select Product.model,price
from Product inner join Laptop
on Product.model=Laptop.model
where maker='D'
union
select Product.model,price
from Product inner join Printer
on Product.model=Printer.model
where maker='D'
```

查询结果如图 7.51 所示。

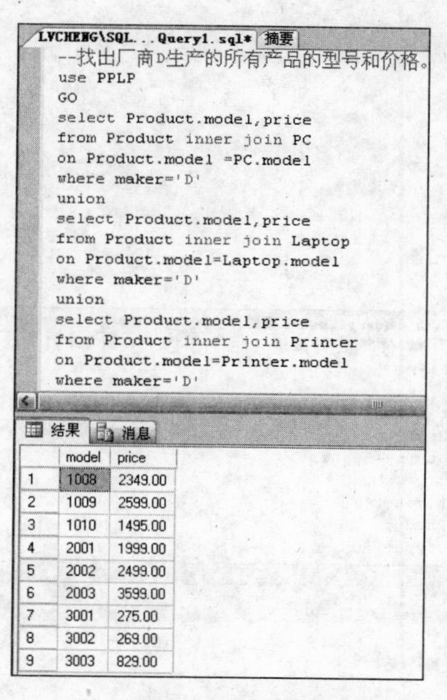

	model	price
1	1008	2349.00
2	1009	2599.00
3	1010	1495.00
4	2001	1999.00
5	2002	2499.00
6	2003	3599.00
7	3001	275.00
8	3002	269.00
9	3003	829.00

图 7.51　查询结果

7.5.2　集合交操作（Intersect 运算符）

格式：

```
SELECT_1 Intersect
SELECT_2 Intersect
...
SELECT_n
```

集合运算(交操作)的案例见案例 7.27。

7.5.3 集合差操作（Except 运算符）

格式：

```
SELECT_1 Except
SELECT_2 Except
...
SELECT_n
```

【案例 7.38】 找出销售便携式计算机,但不销售个人计算机(PC)的厂商。

案例分析 本案例考查的是集合差操作,可以采用多种方法求解,详细分解详见第 2 章。

(1) 第一种方法：集合运算(差操作)。

```
select maker
from Product
where type='Laptop'
except
select maker
from Product
where type='PC'
```

查询结果如图 7.52 所示。

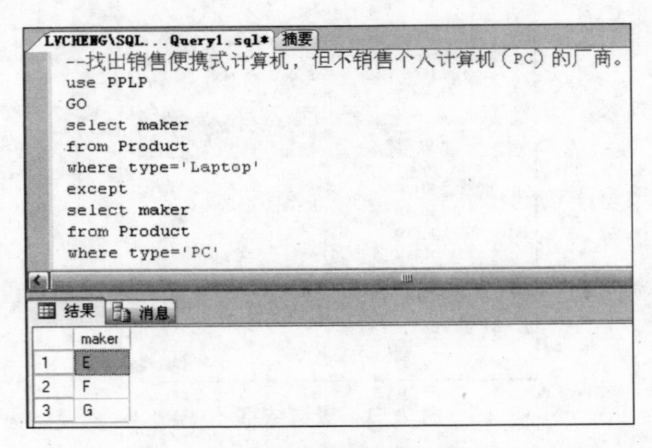

图 7.52 查询结果

(2) 第二种方法：除运算。

关系代数：$K \leftarrow \pi_{maker,type}(\sigma_{type='PC' \vee type='Laptop'}(Product))$

$$\pi_{maker}(\sigma_{type='Laptop'}(Product)) - \pi_{maker,type}(Product) \div K$$

T-SQL 语句：

```
select maker from Product where type='Laptop'
except
select maker
from(select distinct maker,type from Product)R
where exists
    (select *
     from(select distinct type
          from Product
          where type='Laptop' or type='PC')K
    where R.type=K.type)
group by maker
having count(*)>1
```

查询结果如图 7.53 所示。

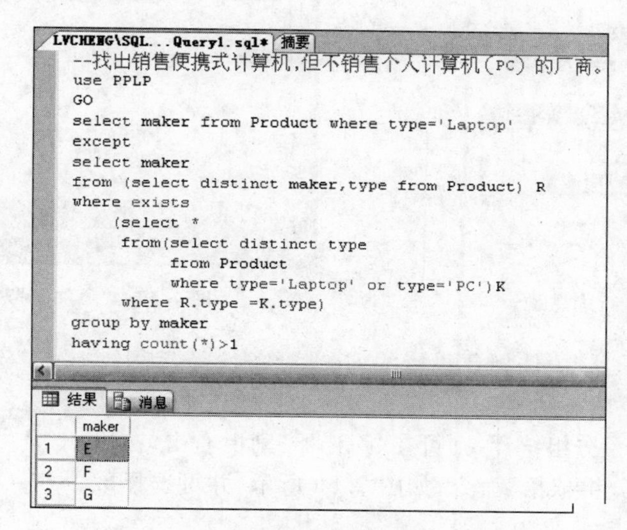

图 7.53　查询结果

分析：

① 先在 Product 表中查询出销售便携式计算机的厂商。

② 然后查询出既销售便携式计算机，又销售个人计算机的厂商，分析见案例 7.27。

③ 最后用集合差求解只销售便携式计算机，但不销售个人计算机的厂商。

7.6 视图

视图是从一张或多张表或视图中导出的表，其结构和数据是建立在对表的查询基础之上的。和表一样，视图也包括几个被定义的数据列和数据行。要注意的是，这些数据列与数据行来源于表，显然视图是一张虚表，即视图所对应的数据并没有存放在视图结构存储的数据库中，而是存储在视图所引用的表中。

7.6.1 创建视图

创建视图的方法有两种，一种是使用 Management Studio 创建视图，另一种是使用 T-SQL 语句创建视图。

1. 使用 Management Studio 创建视图

【案例 7.39】 创建视图，检索出厂商 D 生产的所有产品的型号、类型。

案例分析

(1) 在“对象资源管理器”中，右击 PPLP 数据库的“视图”节点或该节点中的任何视图，从快捷菜单中单击“新建视图”命令，如图 7.54 所示。

(2) 在弹出的“添加表”对话框中选择所需的表 Product 或视图，再单击“添加”按钮，如图 7.55 所示。

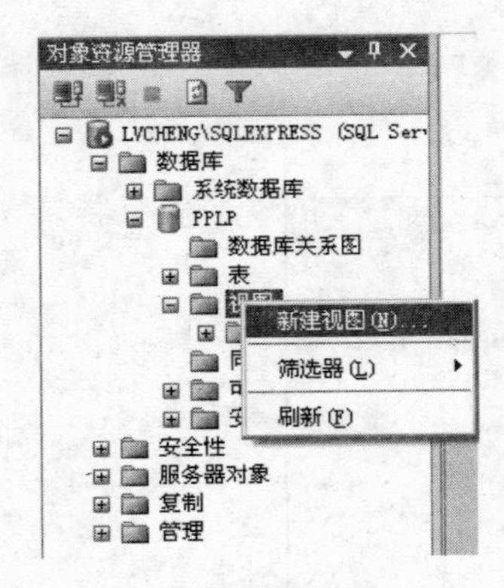

图 7.54 新建视图

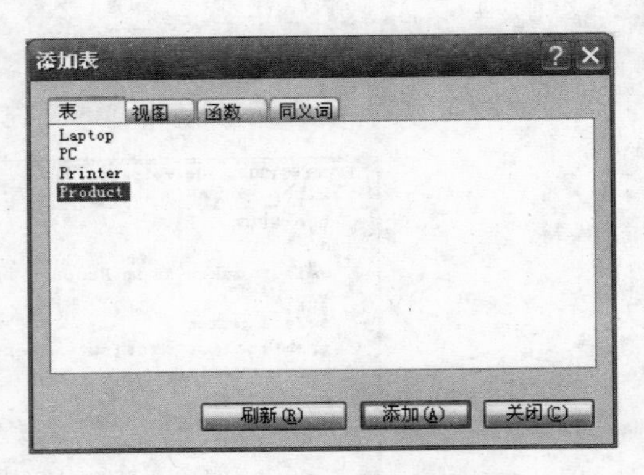

图 7.55 “添加表”对话框

(3) 在“视图设计器”中选择要投影的列、选择条件等，其中，“或...”选项列可以用于创建 WHERE 子句的逻辑表达式。

(4) 如果需要设置分组统计，则可在“筛选器”列上右击，在快捷菜单中单击“添加分组依据”命令，如图 7.56 所示，并可选择聚集函数。

(5) 在设置的过程中，系统自动提供参考的 SQL 语句，可以在 SQL 语句栏中手工进行修改。

(6) 设置完成后，执行该 SQL 语句，运行正确后保存该视图 View_EP，如图 7.57 所示。

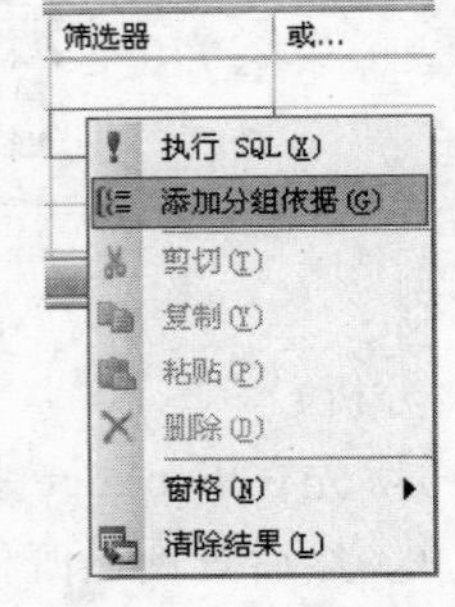

图 7.56 “添加分组依据”级联菜单

2. 使用 T-SQL 语句创建视图

格式：

```
CREATE VIEW 视图名
AS SELECT 子句
```

【案例 7.40】 创建视图，检索生产最小内存的 PC 信息。

案例分析 新建一个查询，输入以下代码：

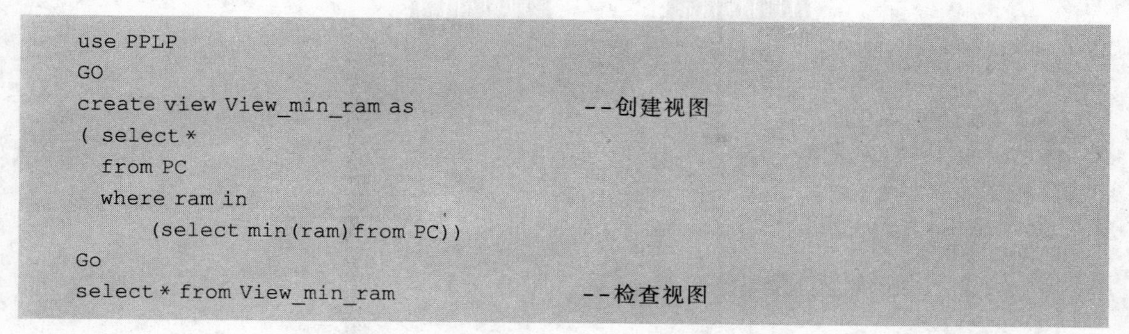

```
use PPLP
GO
create view View_min_ram as                    --创建视图
( select *
  from PC
  where ram in
      (select min(ram) from PC))
Go
select * from View_min_ram                     --检查视图
```

执行结果如图 7.58 所示。

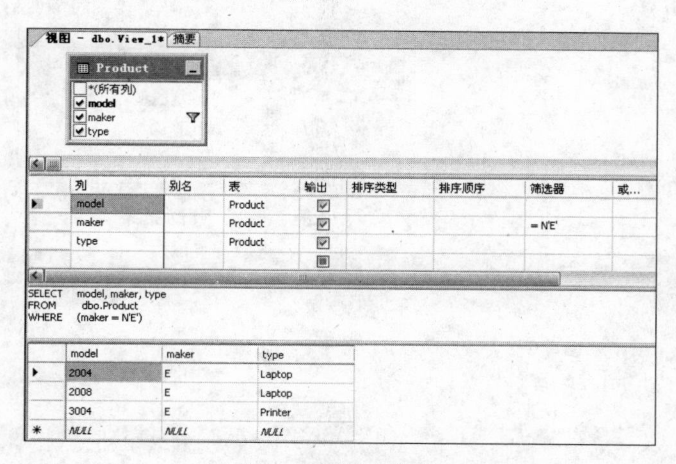

图 7.57　保存视图

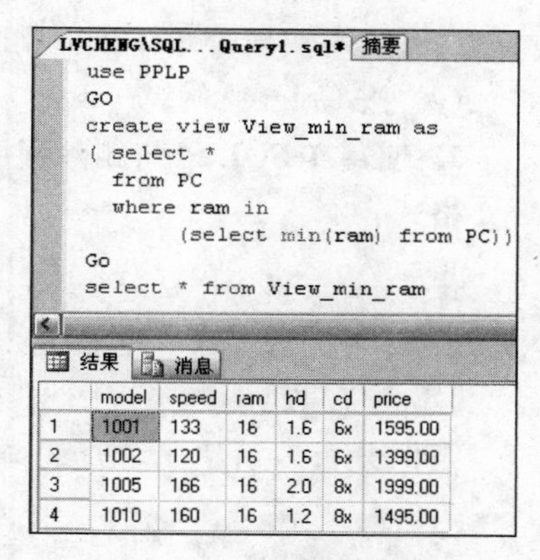

图 7.58　执行结果

7.6.2　修改视图

1. 使用 Management Studio 修改视图

(1) 在“对象资源管理器”中选择具体要修改的视图右击，在快捷菜单中单击“修改”命令。

(2) 弹出“视图”对话框，即可进行修改。

2. 使用 T-SQL 语句修改视图

格式：

```
ALTER VIEW 视图名
AS SELECT 子句
```

【案例 7.41】　修改视图，检索生产最小内存的 PC 的型号、速度和内存。

案例分析　新建一个查询，输入以下代码：

```
use PPLP
GO
Alter view View_min_ram as                    --修改视图
( select model,speed,ram
  from PC
```

```
  where ram in
      (select min(ram) from PC))
Go
select * from View_min_ram                          --检查视图
```

查询结果如图 7.59 所示。

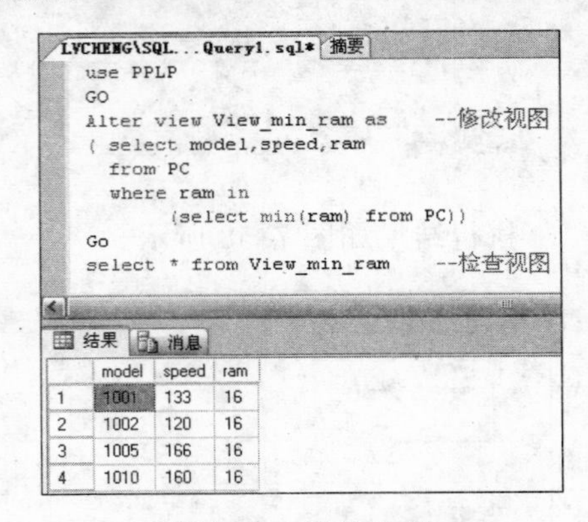

	model	speed	ram
1	1001	133	16
2	1002	120	16
3	1005	166	16
4	1010	160	16

图 7.59　查询结果

7.6.3　删除视图

1. 使用 SSMS 删除视图

使用 SSMS 删除视图有 3 种方法：

(1) 单击“编辑”|“删除”命令。

(2) 使用快捷菜单中的“删除”命令。

(3) 按 Delete 键。

2. 使用 T-SQL 语句删除视图

格式：

```
DROP VIEW 视图名
```

【案例 7.42】 删除视图 view_min_ram。

案例分析　新建一个查询，输入以下代码。

```
use PPLP
GO
drop View view_min_ram
```

图 7.60　查询结果

查询结果如图 7.60 所示。

7.6.4　使用视图

【案例 7.43】 利用视图，在所有 PC 中找出具有最小内存容量和最快处理器的 PC 机的型号、厂商、内存和速度。

案例分析　新建一个查询，输入以下代码。

```
use PPLP
GO
create view View_minram as
(select model,speed,ram
 from PC
 where ram in
    (select min(ram) from PC))
GO
create view View_maxspeed as
(select model,speed,ram
 from View_minram
```

```
 where speed in
    (select max(speed) from View_minram))
GO
select distinct Product.model,maker,speed
from Product inner join View_maxspeed
on Product.model=View_maxspeed.model
```

查询结果如图 7.61 所示。

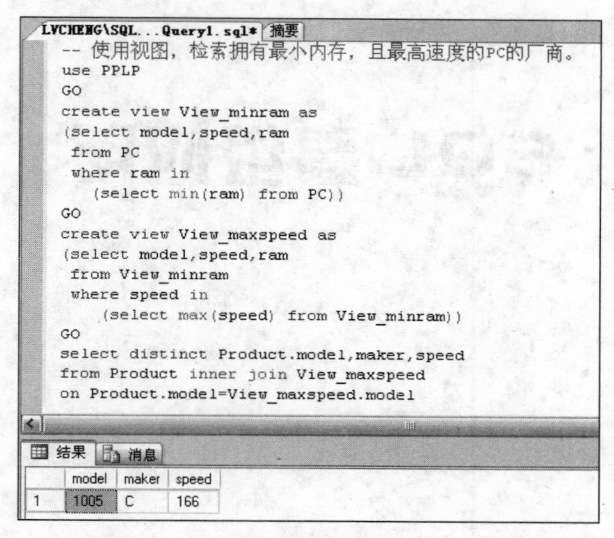

图 7.61　查询结果

小　结

本章通过实例讲解了基于关系代数理论的强大的 SQL 查询语句，即单表的查询、连接查询、嵌套查询、多表连接查询，并进一步讲解了基于扩展关系代数的广义投影查询、外连接查询、分组统计查询，然后讲解了视图的概念。通过本章的学习，应掌握 SQL 的多表查询功能，以及视图的操作技巧，从而在实际的应用程序开发中更加灵活地运用数据库的查询功能。

第8章

SQL高级应用

通过本章的学习，你能够：

- 了解 T-SQL 的基本知识，掌握表达式中典型的函数应用，掌握 T-SQL 常用的语句及其简单应用。
- 掌握存储过程和触发器的基本概念。
- 学会编写简单的存储过程和触发器，并对其应用有较好的理解。

8.1 T-SQL 语言基础

8.1.1 标识符

1. 标识符分类

(1) 常规标识符(严格遵守标识符格式规则)。

(2) 界定标识符(引号'或方括号[])。

标识符格式规则如下。

(1) 字母或_、@、# 开头的字母数字或_、@、$ 序列。

(2) 不与保留字相同。

(3) 长度小于 128。

(4) 不符合规则的标识符必须加以界定(双引号""或方括号[])。

2. 对象命名规则

服务器名.数据库名.拥有者名.对象名

3. 注释

注释语句不是执行语句,只起到注释作用,方便数据库开发人员阅读程序。

(1) ANSI 标准注释符:用于单行注释。

(2) 与 C 语言相通的程序注释符号,即"/*"、"*/",其中"/*"用于注释的开头,而"*/"用于注释的结尾,可在程序中表示多行文字为注释。

注释多行:

```
/*Hello! /*and*/There are signs of remark.
欢迎!/*和*/  它们是注释符号。*/
```

注释单行:

```
--这是一个单行注释
```

8.1.2 数据类型

所谓数据类型就是以数据的表现方式和存储方式来划分的数据种类。在 SQL Server 2005 中数据类型分为:整型、浮点型、二进制型、逻辑型、字符型、文本型、图形型、日期时间型、货币型、特定数据型、自定义类型、表型。

8.1.3 变量

变量就是内存中的一个存储区域,变量值就是存放在这个存储区域中的数据。在 T-SQL 语句中,变量分为局部变量和全局变量。

1. 局部变量

局部变量是用户可以自定义的变量,它的作用范围仅在批处理、存储过程或触发器等程序内部。在程序执行过程中暂存变量的值,或暂存从表或视图中查询到的数据。局部变量必须以“@”开头，并且局部变量在使用之前要声明。

(1) 变量的声明

格式：

```
DECLARE
{
   @变量名 数据类型,@变量名 数据类型
}
```

(2) 赋值

可以用 SET 命令和 SELECT 命令给变量赋值，二者的区别是 SET 命令一次只能给一个变量赋值，而 SELECT 命令一次可以给多个变量赋值。赋值语句的格式：

```
SELECT  @变量名=表达式[,@变量名=表达式]
```

或

```
SET  @变量名=表达式
```

(3) 输出

局部变量的输出可以用 PRINT，也可以使用 SELECT。PRINT 命令一次仅显示一个变量的值，而 SELECT 命令一次可以显示多个变量的值。输出语句的格式：

```
PRINT @变量名
```

或

```
SELECT @变量名[,@变量名]
```

2. 全局变量

全局变量是 SQL Server 系统内部使用的变量，是用来记录 SQL Server 服务器活动状态的一组数据，系统提供 30 个全局变量，其作用范围并不局限于某个应用程序，而是任何程序均可随时调用，全局变量通常用于存储一些 SQL Server 的配置设定值和效能统计数据，可以利用全局变量来测试系统的设定值或 T-SQL 命令执行后的状态值。全局变量不是自定义的，而是由 SQL Server 服务器定义的，只能使用预先说明及定义的全局变量，引用时，必须以“@@”开头，局部变量的名称不能与全局变量的名称相同，否则就会在程序中出错。输出的格式：

```
PRINT @@变量名
```

或

```
SELECT @@变量名
```

8.1.4 函数

SQL Server 2005 提供了一些内置函数，用户可以使用这些函数方便地实现一些功能。以下举例说明一些常用的函数，其他函数请参考联机手册。

(1) 聚合函数

COUNT、SUM、AVG、MAX、MIN 在第 7 章介绍过。

(2) 日期时间函数

DATEADD()：返回加上一个时间的新时间。

【案例 8.1】 设定某一时间和日期，计算该时间百日后的时间和日期

案例分析 在数据引擎查询文档中输入以下语句。

T-SQL 语句：

```
DECLARE @OLDTime datetime
SET @OLDTime='2008-05-17 01:00 AM'
SELECT DATEADD(dd,100,@OldTime)as '新时间'
```

计算结果如图 8.1 所示。

图 8.1 案例 8.1 的执行时间函数结果

DATEDIFF()：两时间之差。

【案例 8.2】 取系统当前时间和日期，计算现距离 2011 年深圳世界大学生运动会开幕还有多少天？

案例分析 在数据引擎查询文档中输入以下语句。

T-SQL 语句：

```
DECLARE @FirstTime datetime, @SecondTime datetime
SELECT @FirstTime='2011/04/30 1:00 AM',@SecondTime='2011/08/12 8:08 AM'
SELECT DATEDIFF(dd,@FirstTime,@SecondTime)as '倒计天',
       DATEDIFF(hh,@FirstTime,@SecondTime)as '倒计时'
```

计算结果如图 8.2 所示。

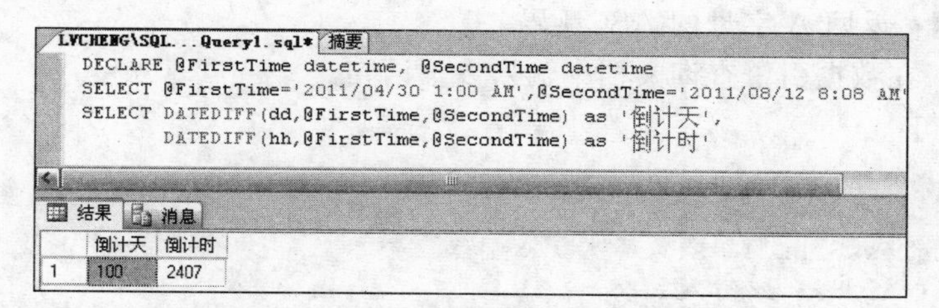

图 8.2 案例 8.2 的执行时间函数结果

DATENAME()：返回年、月、日、星期等字符串。

【案例 8.3】 取系统当前时间和日期，判断其为星期几？

案例分析 在数据引擎查询文档中输入以下语句。

T-SQL语句：

```
DECLARE @StatementDate datetime
SET @StatementDate='2008 05 24 3:00 PM'
SELECT DATENAME(dw,@StatementDate)as '星期'
```

计算结果如图8.3所示。

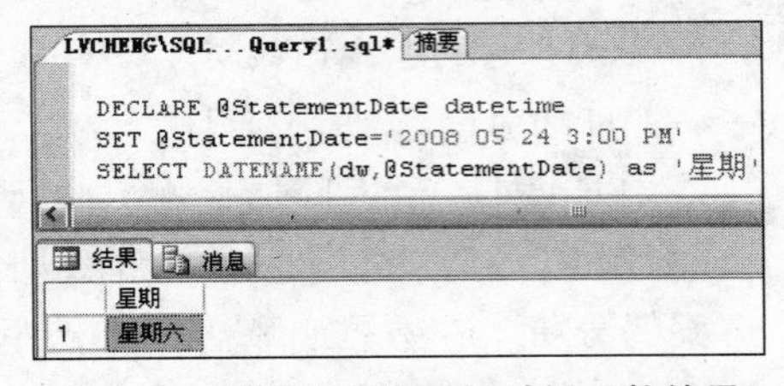

图8.3 案例8.3的执行时间函数结果

DATEPART()：返回部分日期。

【案例8.4】 返回某一特定时间的年月。

案例分析 在数据引擎查询文档中输入以下语句。

T-SQL语句：

```
DECLARE @WhatsTheDay datetime
SET @WhatsTheDay='05 22 2008 3:00 PM'
SELECT
    (CAST(DATEPART(yyyy,@WhatsTheDay)AS char(4))+'年'+
     CAST(DATEPART(mm,@WhatsTheDay)AS char(2))+'月'+
     CAST(DATEPART(dd,@WhatsTheDay)AS varchar(2))+'日')as '年月日'
```

计算结果如图8.4所示。

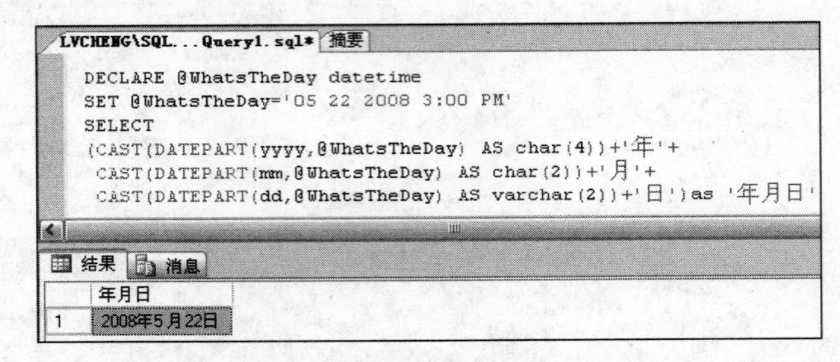

图8.4 案例8.4的执行时间函数结果

(3) 字符函数

ASCII()：返回字母的ASCII码。

【案例8.5】 返回A字母的ASCII码。

案例分析 在数据引擎查询文档中输入以下语句。

T-SQL语句：

```
DECLARE @StringTest char(10)
SET @StringTest=ASCII('A')
SELECT @StringTest as 'ASCII'
```

计算结果如图8.5所示。

CHAR()：由ASCII码返回字符。

【案例8.6】 将ASCII值67转换成字符。

案例分析 在数据引擎查询文档中输入以下语句。

T-SQL 语句：

```
DECLARE @IntegerTest int
SET @IntegerTest=67
SELECT CHAR(@IntegerTest)as '字符'
```

计算结果如图 8.6 所示。

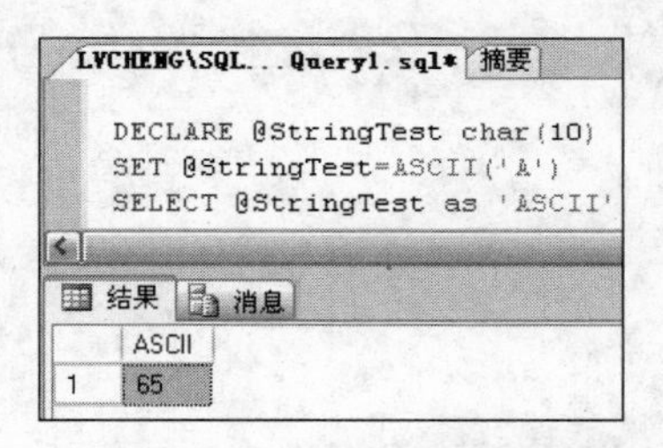

图 8.5 案例 8.5 的执行字符函数结果

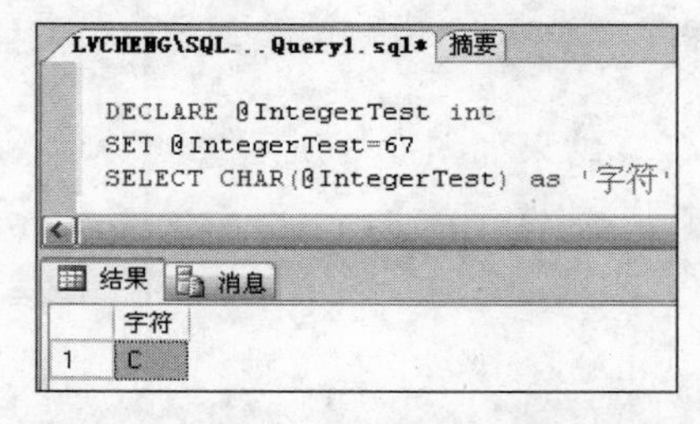

图 8.6 案例 8.6 的执行字符函数结果

LEFT()：取字符串左边指定长度为 n 的字符串。

【案例 8.7】 取字符串左边指定长度为 n 的字符串。

案例分析 在数据引擎查询文档中输入以下语句。

T-SQL 语句：

```
DECLARE @StringTest char(30)
SET @StringTest='Hello! Welcome to Beijing.'
SELECT LEFT(@StringTest,6)as '子串'
```

计算结果如图 8.7 所示。

RIGHT()：取字符串右边指定长度为 n 的字符串。

【案例 8.8】 取字符串右边指定长度为 n 的字符串。

案例分析 在数据引擎查询文档中输入以下语句。

T-SQL 语句：

```
DECLARE @StringTest varchar(30)
SET @StringTest='Hello! Welcome to Beijing.'
SELECT Right(@StringTest,8)as '子串'
```

计算结果如图 8.8 所示。

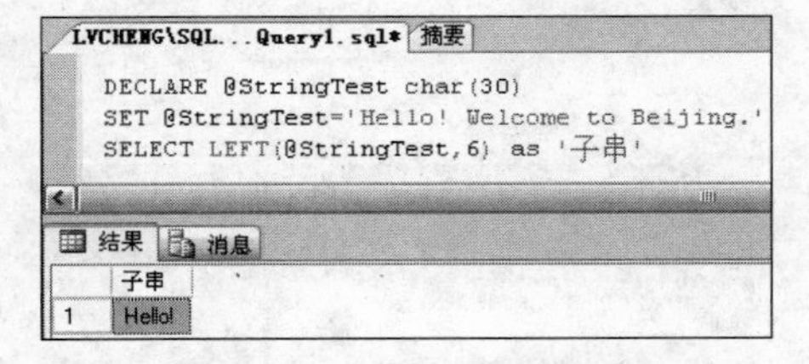

图 8.7 案例 8.7 的执行字符函数结果

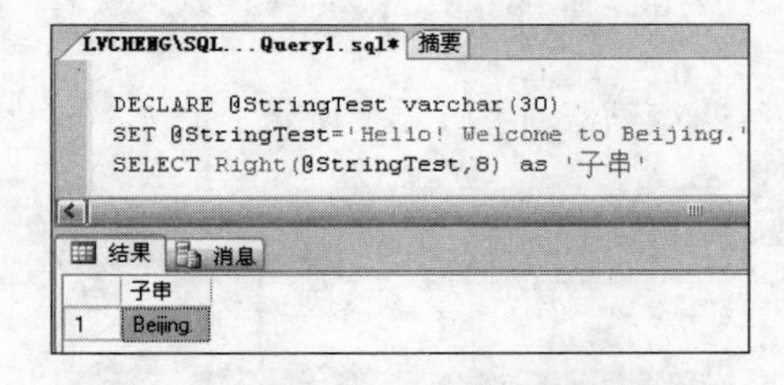

图 8.8 案例 8.8 的执行字符函数结果

SUBSTRING()：取字符串中指定长度为 n 的子串。

【案例 8.9】 取字符串中指定长度为 n 的子串。

案例分析 在数据引擎查询文档中输入以下语句。

T-SQL 语句：

```
DECLARE @StringTest varchar(30)
SET @StringTest='Hello! Welcome to Beijing.'
SELECT SUBSTRING(@StringTest,8,LEN(@StringTest))as '子串'
```

计算结果如图 8.9 所示。

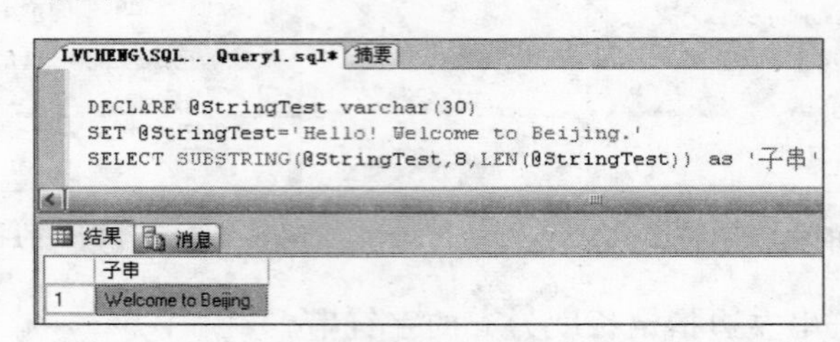

图 8.9 案例 8.9 的执行字符函数结果

LOWER()：将指定字符串转换为小写。

【案例 8.10】 将指定字符串转换为小写。

案例分析 在数据引擎查询文档中输入以下语句。

T-SQL 语句：

```
DECLARE @StringTest varchar(30)
SET @StringTest='HELLO! WELCOME TO BEIJING.'
SELECT LOWER(@StringTest)as '小写'
```

计算结果如图 8.10 所示。

UPPER()：将指定字符串转换为大写。

【案例 8.11】 将指定字符串转换为大写。

案例分析 在数据引擎查询文档中输入以下语句。

T-SQL 语句：

```
DECLARE @StringTest varchar(30)
SET @StringTest='hello! welcome to beijing.'
SELECT UPPER(@StringTest)as '大写'
```

计算结果如图 8.11 所示。

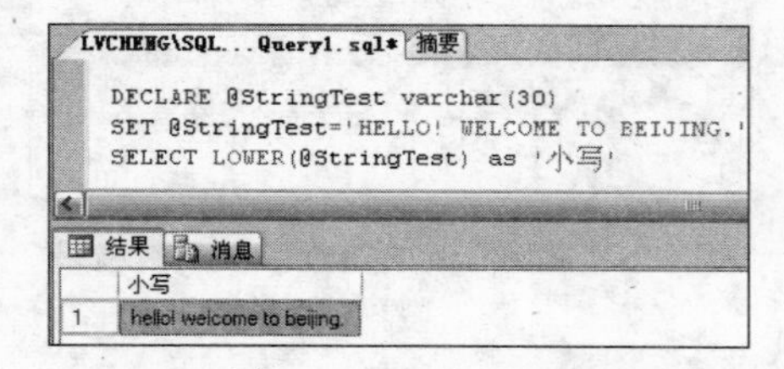

图 8.10 案例 8.10 的执行字符函数结果

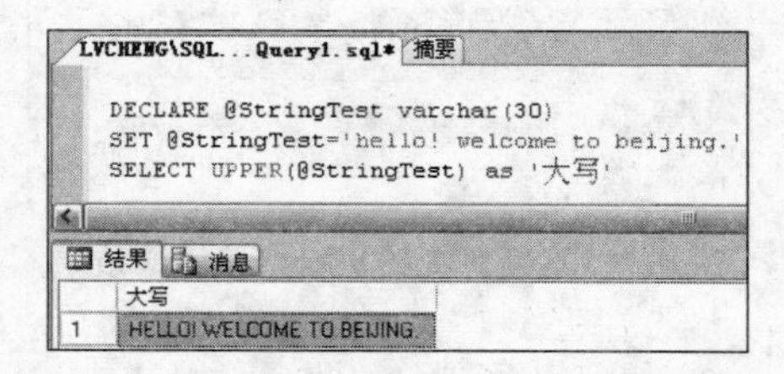

图 8.11 案例 8.11 的执行字符函数结果

STR()：将数值转换为数字字符串。

【案例 8.12】 将数值转换为数字字符串。

案例分析　在数据引擎查询文档中输入以下语句。

T-SQL 语句：

```
SELECT ASCII('A')+82 as '数值'
SELECT 'A'+STR(82)as '字符串'
SELECT 'A'+LTRIM(STR(82))as '字符串'
```

计算结果如图 8.12 所示。

LTRIM()：去掉字符串左边的空格。

【案例 8.13】 去掉字符串左边的空格。

案例分析　在数据引擎查询文档中输入以下语句。

T-SQL 语句：

```
DECLARE @StringTest nvarchar(30)
SET @StringTest='   Hello! Welcome to Beijing.'
SELECT LTRIM(@StringTest)as '新字符串'
```

计算结果如图 8.13 所示。

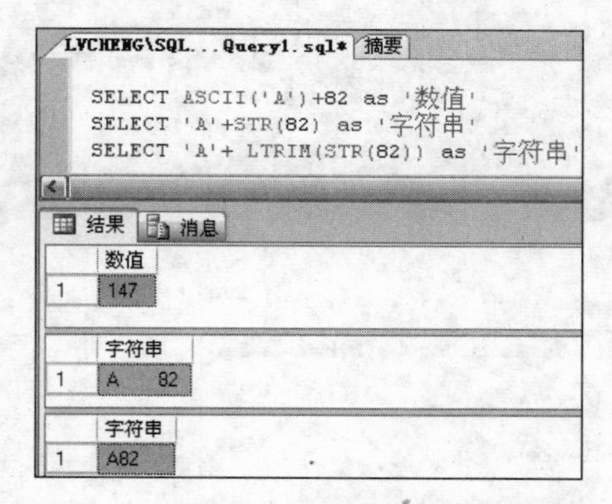

图 8.12　案例 8.12 的执行字符函数结果

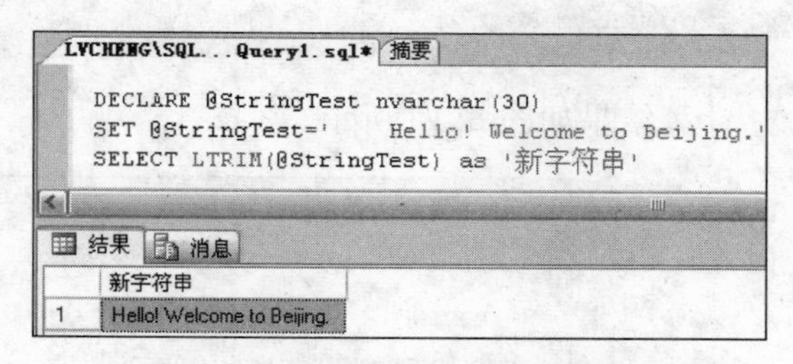

图 8.13　案例 8.13 的执行字符函数结果

RTRIM()：去掉字符串右边的空格。

【案例 8.14】 去掉字符串右边的空格。

案例分析　在数据引擎查询文档中输入以下语句。

T-SQL 语句：

```
DECLARE @StringTest nvarchar(30)
SET @StringTest='Hello! Welcome to Beijing.      '
SELECT RTRIM(@StringTest)as '新字符串'
```

计算结果如图 8.14 所示。

(4) 空值置换函数

ISNULL(空值，指定的空值)，用指定的值代替空值。

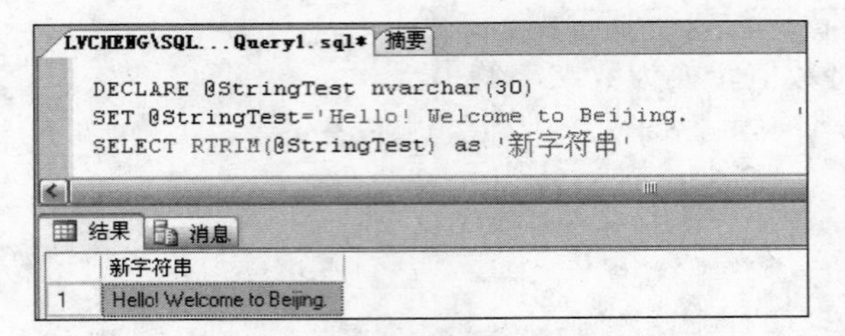

图 8.14　案例 8.14 的执行字符函数结果

【案例 8.15】 创建一个数据库,插入若干数据,将插入的空值转换成数字零。

案例分析　在数据引擎查询文档中输入以下语句。

T-SQL 语句:

```
create database Test
GO
use Test
GO
create table Reader(number int,reader char(8),lendnum int)
insert into Reader values('1001','张三',10)
insert into Reader values('1002','李四',8)
insert into Reader values('1003','王五',null)

SELECT number '编号','读者'=reader,lendnum as '借书数量', ISNULL(lendnum,0)AS '空
值置换'
FROM Reader
drop table Reader
```

计算结果如图 8.15 所示。

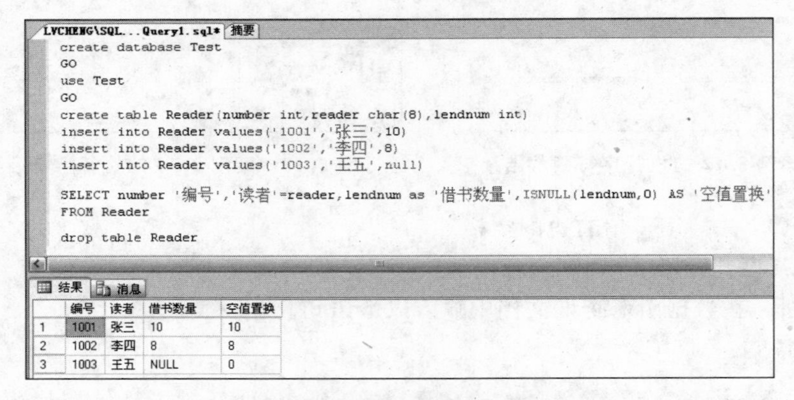

	编号	读者	借书数量	空值置换
1	1001	张三	10	10
2	1002	李四	8	8
3	1003	王五	NULL	0

图 8.15　案例 8.15 的执行字符函数结果

8.1.5　运算符

SQL Server 2005 的运算符和其他高级语言类似,如表 8.1 所示,用于指定要在一个或多个表达式中执行的操作,将变量、常量和函数连接起来。

表 8.1　运算符及其优先级

优先级	运算符类别	所包含运算符
1	一元运算符	+(正)、-(负)、~(取反)
2	算术运算符	*(乘)、/(除)、%(取模)
3	算术字符串运算符	+(加)、-(减)、+(连接)
4	比较运算符	=(等于)、＞(大于)、＞=(大于等于)、＜(小于)、＜=(小于等于)、＜＞(或!=不等于)、!＜(不小于)、!＞(不大于)
5	按位运算符	&(位与)、|(位或)、^(位异或)
6	逻辑运算符	not(非)
7	逻辑运算符	and(与)
8	逻辑运算符	all(所有)、any(任意一个)、between(两者之间)、exists(存在)、in(在范围内)、like(匹配)、or(或)、some(任意一个)
9	赋值运算符	=(赋值)

8.2 流程控制语句

T-SQL 语言支持基本的流控制逻辑，它允许按照给定的某种条件执行程序流和分支，T-SQL 提供的控制流有：IF…ELSE 分支、CASE 多重分支、WHILE 循环结构、GOTO 语句、WAITFOR 语句和 RETURN 语句。

1. BEIGN…END 程序块

BEIGN…END 用来设定一个程序块，相当于 C 语言中的{}，即将 BEIGN…END 内的所有程序视为一个单元执行，其语法格式如下：

```
BEIGN
    命令行
END
```

2. IF…ELSE 语句

制定 T-SQL 语句的执行条件。如果满足条件，则在 IF 关键字及其条件之后执行 T-SQL 语句：布尔表达式返回 TRUE。可选的 ELSE 关键字引入另一个 T-SQL 语句，当不满足 IF 条件时就执行该语句：布尔表达式返回 FALSE。

语法格式如下：

```
IF Boolean_expression                       /*条件表达式*/
    {sql_statement|statement_block}         /*条件表达式为 TRUE 时执行*/
  [ELSE
    {sql_statement|statement_block}]        /*条件表达式为 FALSE 时执行*/
```

3. CASE 语句

计算条件列表并返回多个可能结果表达式之一，其语法格式如下：

```
CASE 表达式
    WHEN 条件表达式 THEN 结果表达式
    …
    ELSE
        结果表达式
END
```

或

```
CASE
    WHEN 条件表达式 THEN 结果表达式
    …
    ELSE
        结果表达式
END
```

4. WHILE语句

设置重复执行SQL语句或语句块的条件。只要指定的条件为真，就重复执行语句。可以使用BREAK和CONTINUE关键字在循环内部控制WHILE循环中语句的执行，其语法格式如下：

```
WHILE 条件表达式
    BEGIN
      命令行或程序块
    END
```

5. BREAK语句

BREAK语句一般都作为WHILE循环语句的一个子句出现，其语法格式如下：

```
WHILE 条件表达式
  BEGIN
        命令行
      IF 条件表达式
        BREAK
  END
```

6. CONTINUE语句

CONTINUE语句一般也作为WHILE循环语句的一个子句出现，其语法格式如下：

```
WHILE 条件表达式
    BEIGN
        命令行或程序块
     IF 条件表达式
        CONTINUE
        命令行或程序块
    END
```

7. GOTO 语句

GOTO 语句将执行语句无条件跳转到标识符处，并从标识符位置继续处理。GOTO 语句和标识符可在过程、批处理或语句块中的任何位置使用，其语法格式如下。

```
GOTO 标识符
```

8. RETURN 语句

RETURN 语句从查询或过程中无条件退出。RETURN 的执行是即时且完全的，可在任何时候用于从过程、批处理或语句块中退出。RETURN 之后的语句是不执行的。如果用于存储过程，RETURN 不能返回空值，其语法格式如下。

```
RETURN  整数或变量
```

9. WAITFOR 语句

WAITFOR 语句，又称为延迟语句，用于设定在达到指定时间或时间间隔之前，或者指定语句至少修改或返回一行之前，阻止执行批处理、存储过程或事务，其语法格式如下。

```
WAITFOR{DELAY 'time_to_pass'            /*设定等待时间*/
        |TIME 'time_to_execute'         /*设定等待某一时刻*/
        }
```

执行 WAITFOR 语句时，事务正在运行，并且其他请求不能在同一事务下运行。WAITFOR 不更改查询的语义。如果查询不能返回任何行，WAITFOR 将一直等待，或等到满足 TIMEOUT 条件(如果已指定)。

10. 程序控制经典案例

【案例 8.16】 多用户登录系统。如果输入用户名：user1，密码：aaa；或用户名：user2，密码：bbb；或用户名：user3，密码：ccc，则可以成功登录到系统，如果用户名不正确，则会提示用户名不正确，如果密码不正确，则会提示密码不正确。

案例分析 具体操作步骤如下。

(1) 新建一个数据库引擎查询文档，输入如下代码：

```
declare @user varchar(10),@pwd varchar(20),@msg varchar(30)
select @user='lvcheng',@pwd='970510'
if @user='user1'
   begin
      if @pwd='aaa'
         set @msg='用户名与密码正确,成功登录!'
      else
         set @msg='密码不正确,请重新输入!'
   end
else if @user='user2'
   begin
      if @pwd='bbb'
         set @msg='用户名与密码正确,成功登录!'
      else
```

```
            set @msg='密码不正确,请重新输入!'
        end
else if @user='user3'
    begin
        if @pwd='ccc'
            set @msg='用户名与密码正确,成功登录!'
        else
            set @msg='密码不正确,请重新输入!'
    end
else
    set @msg='用户名不正确,请重新输入!'
Print @msg
```

(2) 单击“执行”按钮,结果显示如图 8.16 所示。

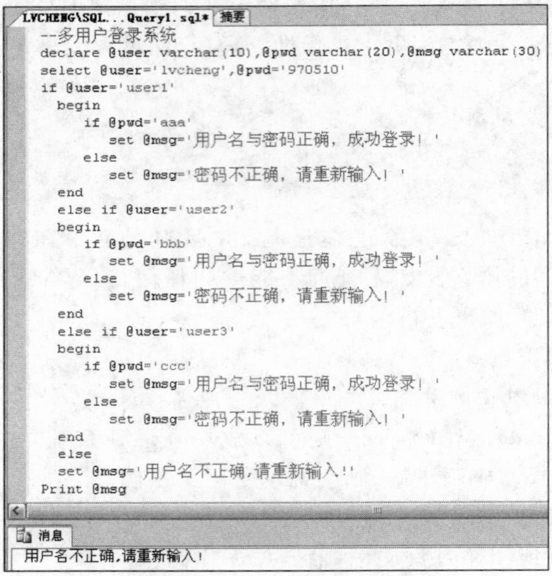

```
LVCHENG\SQL...Query1.sql*  摘要
--多用户登录系统
declare @user varchar(10),@pwd varchar(20),@msg varchar(30)
select @user='lvcheng',@pwd='970510'
if @user='user1'
  begin
     if @pwd='aaa'
        set @msg='用户名与密码正确, 成功登录! '
     else
        set @msg='密码不正确, 请重新输入! '
  end
  else if @user='user2'
  begin
     if @pwd='bbb'
        set @msg='用户名与密码正确, 成功登录! '
     else
        set @msg='密码不正确, 请重新输入! '
  end
  else if @user='user3'
  begin
     if @pwd='ccc'
        set @msg='用户名与密码正确, 成功登录! '
     else
        set @msg='密码不正确, 请重新输入! '
  end
  else
  set @msg='用户名不正确,请重新输入!'
Print @msg

消息
用户名不正确,请重新输入!
```

图 8.16 多用户登录执行结果

【案例 8.17】 与数据库相关的登录系统。编写程序,根据后台数据库中的数据,判断用户是否存在、用户密码是否正确。如果用户名与密码都正确,则成功登录系统;如果用户名不正确,则会提示用户名不正确;如果密码不正确,则会提示密码不正确。

案例分析 具体操作步骤如下。

(1) 新建一个数据库引擎查询文档,输入以下代码创建数据库、表及插入三组数据:

```
create database Test
GO
use Test
GO
create table users(id int identity(1,1)Primary key,--自动编号
```

```
                username varchar(10)unique,
                pwd varchar(20))
insert into users(username,pwd)values('user1','111111')
insert into users(username,pwd)values('user2','222222')
insert into users(username,pwd)values('user3','333333')
```

(2) 编写程序,在数据库引擎查询文档中输入如下代码:

```
declare @user varchar(10),@pwd varchar(20),@msg varchar(30),@num int,@num1 int
select @user='user1',@pwd='123456'
select @num=count(*)from users where username=@user
                                        --利用 select 语句查询用户名是否存在
if @num>=1
  begin
    select @num1=count(*)from users where username=@user and pwd=@pwd
                                        --如果用户名存在,则查询密码是否存在
    if @num1>=1
        set @msg='用户名密码正确,成功登录系统!'
    else
        set @msg='用户密码不正确,请重新输入!'
  end
else
  set @msg='用户名不正确,请重新输入!'
Print @msg
```

(3) 单击"执行"按钮,显示结果如图 8.17 所示。

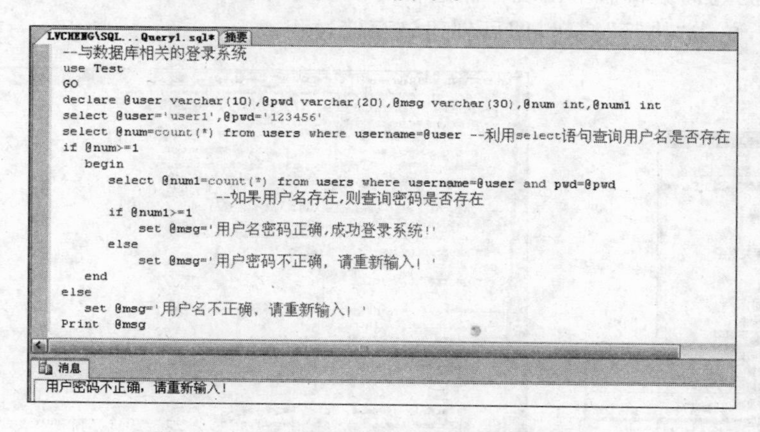

图 8.17　与数据库相关的用户登录执行结果

8.3 存储过程

8.3.1　存储过程的基本知识

存储过程(Stored Procedure)是一组编译好的存储在服务器上的完成特定功能的 T-SQL 语句集合,是某数据库的对象。客户端应用程序可以通过指定存储过程的名字并给出参数(如果该存储过程带有参数)来执行存储过程。

1. 优点

使用存储过程而不使用存储在客户端计算机本地的T-SQL程序的优点如下。

(1) 允许标准组件式编程,增强重用性和共享性。

(2) 能够实现较快的执行速度。

(3) 能够减少网络流量。

(4) 可被作为一种安全机制来充分利用。

2. 分类

在SQL Server 2005中存储过程分为3类:系统提供的存储过程、用户自定义存储过程和扩展存储过程。

系统:系统提供的存储过程,"sp_"为前缀命名,如sp_rename。

扩展:SQL Server环境之外的动态链接库DLL,xp_。

远程:远程服务器上的存储过程。

用户:创建在用户数据库中的存储过程。

临时:属于用户存储过程,#开头(局部:一个用户会话),##(全局:所有用户会话)。

8.3.2 创建用户存储过程

1. 使用Management Studio创建存储过程

具体操作步骤如下。

(1) 在"对象资源管理器"窗口中展开"数据库"节点,再展开所选择的具体数据库节点,再展开选择"可编程性"节点,右击"存储过程",单击"新建存储过程"命令,如图8.18所示。

(2) 在右侧查询编辑器中出现存储过程的模板,如图8.19所示。用户可以在此基础上编辑存储过程,单击"执行"按钮,即可创建该存储过程。

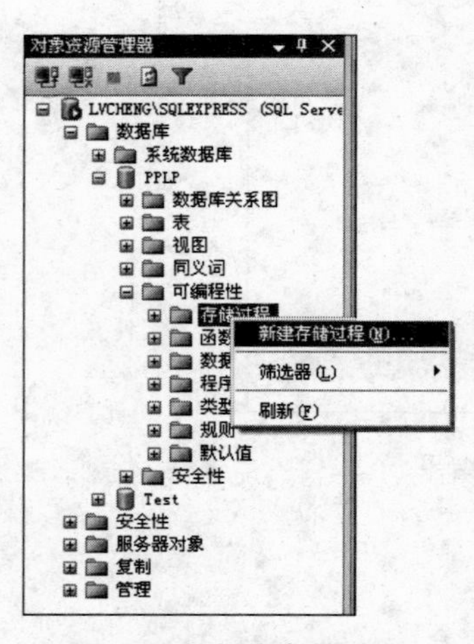

图8.18 新建存储过程

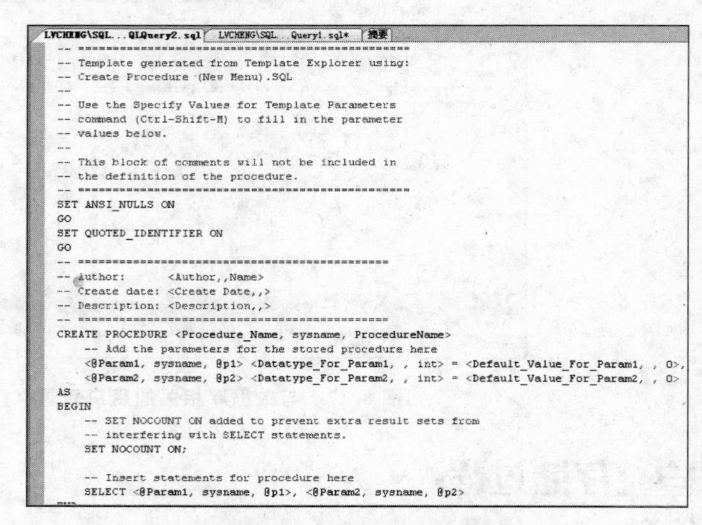

图8.19 新建存储过程模板

2. 使用T-SQL语句创建存储过程

格式:

```
CREATE PROC 过程名
    @parameter 参数类型
    …
    @parametere 参数类型 output
    …
AS
   Begin
        命令行或命令块
   End
```

存储过程名要符合标识符命名规则，在一个数据库中，不能有同名的存储过程，创建过程时，可以没有输入参数，也可以有一个或多个输入参数，也可以定义输出参数，只需在变量名后加上 OUTPUT 即可。

8.3.3 修改存储过程

1. 使用 Management Studio 修改存储过程

直接修改存储过程非常简单，选择要修改的存储过程，右击，在弹出的快捷菜单中单击“修改”命令，就可以利用代码修改了，如图 8.20 所示。

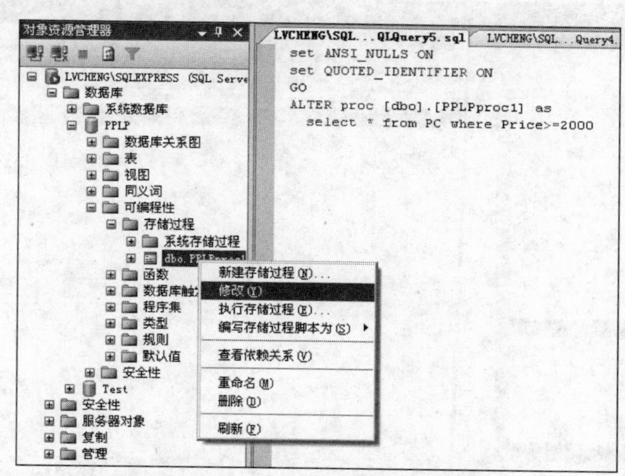

图 8.20 修改存储过程

2. 使用 T-SQL 语句修改存储过程

格式：

```
ALTER PROC 过程名
    @parameter 参数类型
    …
    @parametere 参数类型 output
    …
AS
   Begin
        命令行或命令块
   End
```

其中各参数的意义与创建过程相同。

8.3.4 重命名存储过程

1. 使用 Management Studio 重命名存储过程

直接修改存储过程的名字非常简单，选择要重命名的存储过程，右击，在弹出的快捷菜单中单击“重命名”命令，就可以修改了。

2. 使用 T-SQL 语句修改存储过程

代码修改存储过程需要使用系统存储过程 sp_rename，其格式如下：

```
sp_rename 原存储过程名,新建存储过程名
```

8.3.5 删除存储过程

1. 使用 Management Studio 删除存储过程

直接删除存储过程非常简单，选择要删除的存储过程，右击，在弹出的快捷菜单中单击“删除”命令，弹出“删除对象”窗口，如图 8.21 所示。

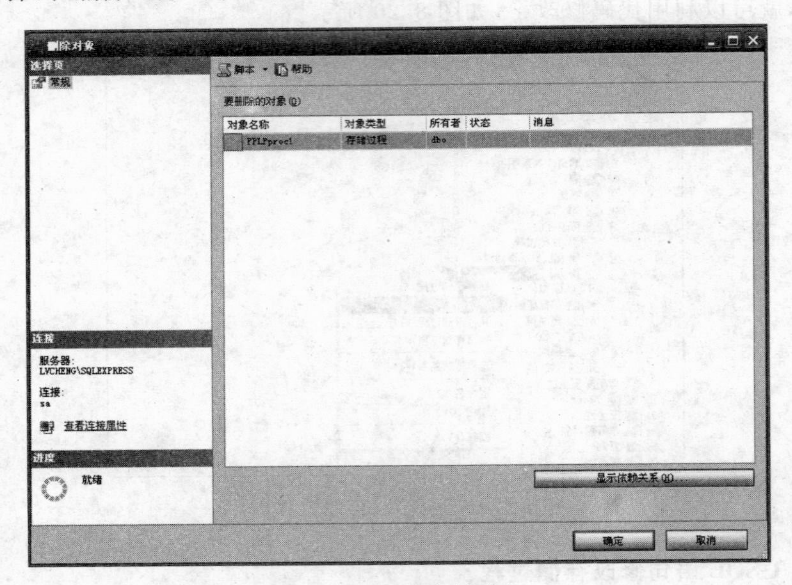

图 8.21 删除存储过程

单击“确定”按钮，即可删除该存储过程。

2. 使用 T-SQL 语句删除存储过程

格式：

```
DROP PROC 过程名,[…]
```

8.3.6 存储过程经典案例

【案例 8.18】 不带参数的存储过程的创建与执行。执行存储过程，输出 PPLP 数据库

中 PC 价格大于 2000 元的元组。

案例分析 具体操作步骤如下。

(1) 新建一个数据库引擎查询文档,输入以下代码:

```
use PPLP
GO
create proc PPLPproc1 as
  select * from PC where Price>=2000
GO
  Execute PPLPproc1
```

(2) 单击"执行"按钮,显示执行结果如图 8.22 所示。

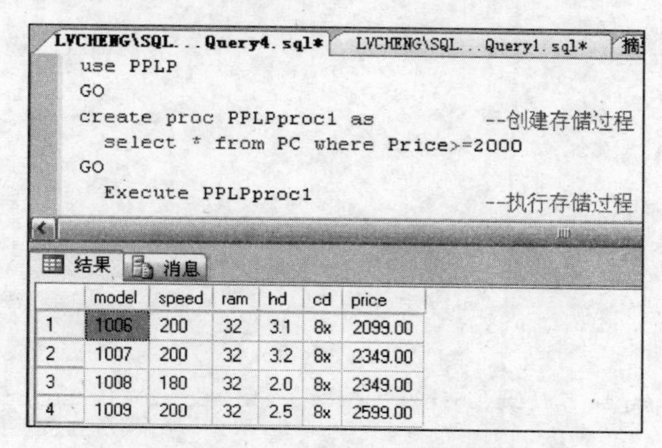

	model	speed	ram	hd	cd	price
1	1006	200	32	3.1	8x	2099.00
2	1007	200	32	3.2	8x	2349.00
3	1008	180	32	2.0	8x	2349.00
4	1009	200	32	2.5	8x	2599.00

图 8.22 存储过程执行结果

【案例 8.19】 带有输入参数的存储过程的创建与执行。执行存储过程,输出 PPLP 数据库中 PC 价格在 2000～2200 元间的元组。

案例分析 具体操作步骤如下。

(1) 新建一个数据库引擎查询文档,输入以下代码:

```
use PPLP
GO
create proc PPLPproc2                                          --创建存储过程
    @minprice numeric(6,2),
    @maxprice numeric(6,2)
as
  select * from PC where Price between @minprice and @maxprice
GO
  Execute PPLPproc2 2000, 2200                                 --执行存储过程
```

(2) 单击"执行"按钮,查询 PC 价格在 2000～2200 元的 PC 的信息,显示结果如图 8.23 所示。

【案例 8.20】 带有输出参数的存储过程的创建与执行。执行存储过程,输出 PPLP 数据库中最小内存且最大速度的 PC 厂商信息。

案例分析 具体操作步骤如下。

(1) 新建一个数据库引擎查询文档,输入以下代码:

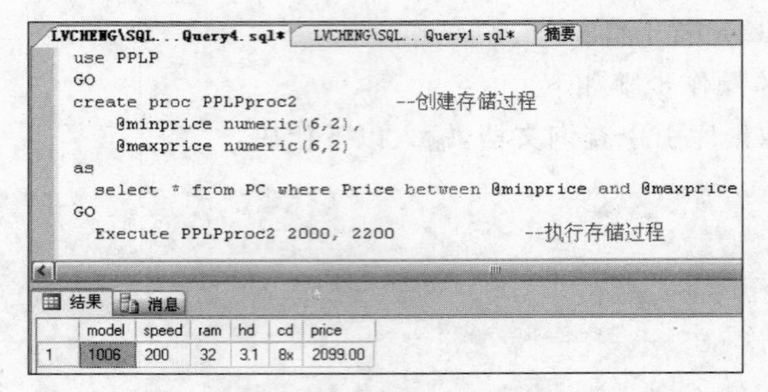

图 8.23 存储过程执行结果

```
use PPLP
GO
create proc PPLPproc3                                              --创建存储过程
   @minram int output,
   @maxspeed int output
as
begin
   select @maxspeed=speed,@minram=ram
   from PC
   where ram in
       (select min(ram)from PC)
   and speed in
       (select max(speed)from(select * from PC where ram in(select min(ram)from PC))K)
end
GO
declare @ram int,@speed int
Execute PPLPproc3 @ram output,@speed output                     --执行存储过程
select Product.model,maker,speed as'最大速度',ram as '最小内存'
from Product inner join PC
on Product.model=PC.model
where speed=@speed and ram=@ram
```

(2) 单击“执行”按钮,查询具有最小内存且最大速度的 PC 厂商的信息,显示结果如图 8.24 所示。

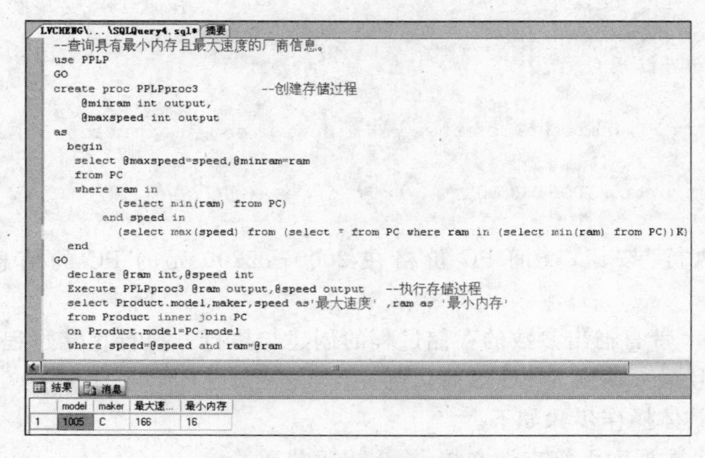

图 8.24 存储过程执行结果

8.4 触发器

1. 触发器的基本知识

触发器是一种特殊类型的存储过程，它不同于前面讲解的存储过程。存储过程可以通过存储过程名来调用，而触发器主要通过事件触发而被执行。

触发器的主要作用是能够实现由主码和外码所不能保证的、复杂的参照完整性和数据一致性，除此之外，触发器还有以下功能。

① 可以调用存储过程。

② 可以强化数据条件约束。

③ 跟踪数据库内数据变化。

④ 级联和并行运行。

触发器的分类有两种，分别是事后触发器（After 触发器）和替代触发器（Instead of 触发器）。

（1）事后触发器

After 触发器只能定义在表上，但可以针对表的同一操作定义多个触发器，可以用 sp_settriggerorder 指定表上的第一个和最后一个执行的 After 触发器。在表上只能为每个 INSERT、UPDATE、DELETE 操作指定一个第一个执行和一个最后一个执行的 After 触发器。如果同一个表中还有其他 After 触发器，则这些触发器将以随机顺序执行。

（2）替代触发器

Instead Of 触发器与 After 触发器最大的不同是，该触发器并不执行预定义的操作，如 INSERT、UPDATE、DELETE 操作，而仅仅执行触发器代码本身。该触发器一般只定义在视图上，也可以定义在表上，但对于每种操作 INSERT、UPDATE、DELETE，只能定义一个 Instead Of 触发器。

2. 创建触发器

（1）使用 Management Studio 创建触发器

① 在“对象资源管理器”窗口中，展开“数据库”节点，再展开所选择的具体数据库节点，再展开“表”节点，右击要创建触发器的“表”，单击“新建触发器”命令，如图 8.25 所示。

② 弹出“触发器设计模板”窗口，用户可以在此基础上编辑触发器，单击“执行”按钮，即可创建该触发器。具体代码如图 8.26 所示。

（2）使用 T-SQL 语句创建存储过程

事后触发器：

```
CREATE TRIGGER 触发器名
ON 表名 [WITH ENCRYPTION]
FOR[update,insert,delete]
AS
BEGIN
    命令行或程序块
END
```

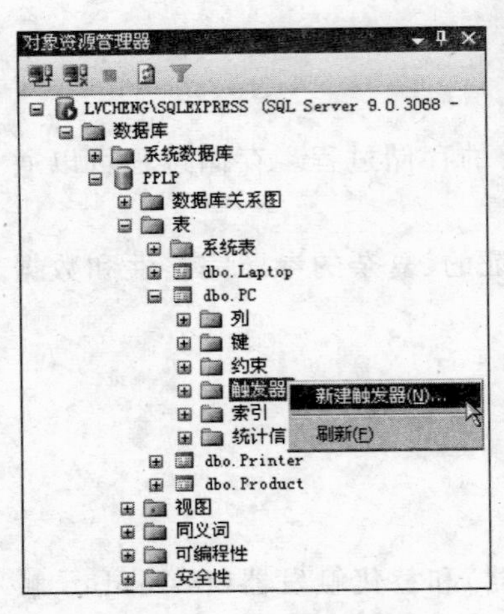

图 8.25 创建触发器

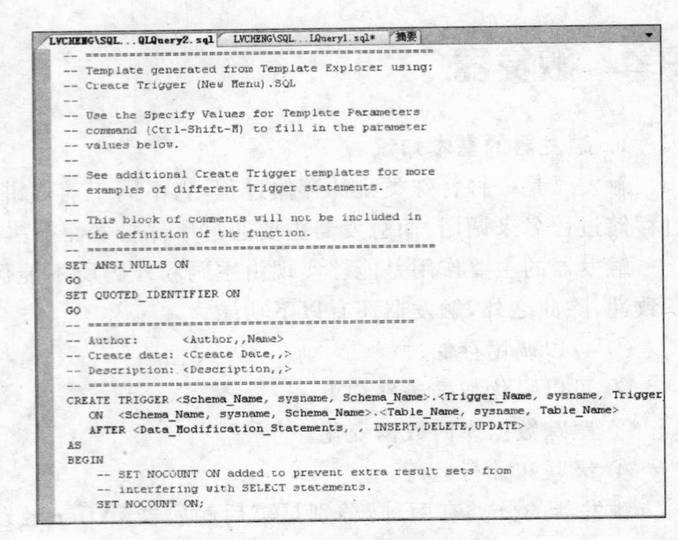

图 8.26 创建触发器模板

替代触发器：

```
CREATE TRIGGER 触发器名
ON 表名或视图
INSTEAD OF[update,insert,delete]
AS
BEGIN
    命令行或程序块
END
```

3. 修改触发器

```
ALTER TRIGGER 触发器
```

4. 删除触发器

```
DROP TRIGGER 触发器
```

5. 查看触发器

```
sp_helptext trigger_name
sp_helptrigger table_name
```

6. 触发器经典案例

【案例 8.21】 更新功能的触发器的创建与执行。在 PPLP 数据库的 PC 表中添加两个属性，安全库存量(quantity)和是否需要进货(need)，并添加相应的数据。编写触发器，当 quantity<=10 时，将 need 属性置为 Yes，并显示安全库存量的相关信息。

案例分析 具体操作步骤如下。

(1) 在 PC 表中添加两个属性，安全库存量(quantity)和是否需要进货(need)，并添加数据库相关数据。

(2) 新建一个数据库引擎查询文档，在数据库引擎查询文档中输入如下代码，创建触发器：

```
Create trigger tri_PC
on PC
For Update
As Update PC Set need='Yes' where quantity<=10
```

(3) 将 PC 表中的某条记录的 quantity 属性修改为小于 10 的值，查看 need 值。

```
update PC set quantity=8 where model='1006'
select *
from PC
```

触发器执行结果如图 8.27 所示。

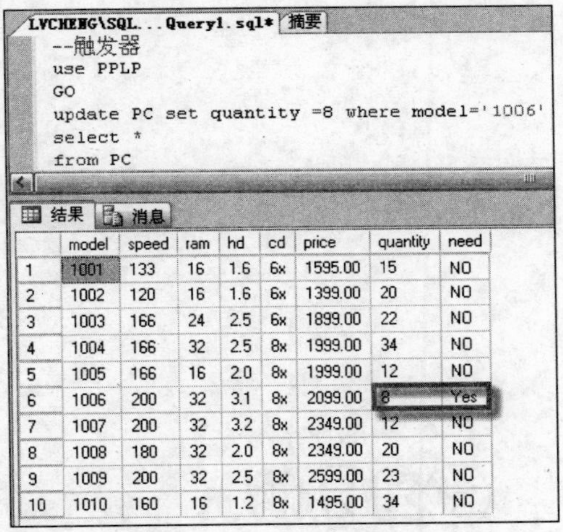

LVCHENG\SQL...Query1.sql*　摘要

```
--触发器
use PPLP
GO
update PC set quantity =8 where model='1006'
select *
from PC
```

结果　消息

	model	speed	ram	hd	cd	price	quantity	need
1	1001	133	16	1.6	6x	1595.00	15	NO
2	1002	120	16	1.6	6x	1399.00	20	NO
3	1003	166	24	2.5	6x	1899.00	22	NO
4	1004	166	32	2.5	8x	1999.00	34	NO
5	1005	166	16	2.0	8x	1999.00	12	NO
6	1006	200	32	3.1	8x	2099.00	8	Yes
7	1007	200	32	3.2	8x	2349.00	12	NO
8	1008	180	32	2.0	8x	2349.00	20	NO
9	1009	200	32	2.5	8x	2599.00	23	NO
10	1010	160	16	1.2	8x	1495.00	34	NO

图 8.27　触发器执行结果

小　结

本章介绍了 T-SQL 语言的编程基础、流程控制语句，详细讲解了存储过程、触发器的相关概念，以及基本操作，然后讲解了它们的具体应用。通过本章的学习，可以灵活掌握这些概念以及基本操作，从而在实际应用开发程序中进行具体应用。

第9章

学生信息管理系统案例

通过本章的学习，你能够：

- 掌握 JSP 开发环境的建立和使用 Eclipse 开发 JSP Web 应用程序的一般步骤和方法。
- 熟练掌握使用 Java 完成对数据库记录的插入、删除、修改和查询等操作。
- 了解根据需求完成系统设计和数据库设计的一般方法。

9.1 任务名称：学生信息管理系统案例

9.1.1 案例介绍

随着各学校规模的进一步扩大，学生人数逐年上升，学生情况的管理也变得越来越复杂，为此，切实有效地把学生信息管理系统引入学校教务管理中，对于促进学校管理制度的完善和提高学校教学质量有着显著意义。

本章通过介绍一个简单的学生信息管理案例来介绍如何使用 SQL Server 2005 和 Java 设计开发一个系统应用程序平台。通过该平台，能够实现学生个人信息和班级信息的增、删、改、查等功能。

9.1.2 案例演示

运行该系统程序，首先进入显示页面，如图 9.1 所示。

图 9.1　系统运行进入页面

单击“进入”链接，进入学生信息页面，该页面内容为当前学生信息列表，如图 9.2 所示。

学生信息表 - Microsoft Internet Explorer

http://localhost:88/Student/ServletAction?type=login

学生信息表

学号	姓名	班级	职务	年龄	性别	住址	操作
0701001	王跃	计07-1	班长	23	男	北京市西城区展览路1号	修改 删除

新增记录　班级管理　职务管理

图 9.2　学生信息页面

单击“班级管理”按钮进入班级管理页面。该页面显示所有的班级信息，如图 9.3 所示。

在该页面通过单击“新增记录”、“修改”和“删除”按钮可以实现对班级信息的管理，其中，新增班级信息页面如图 9.4 所示。

单击“提交”按钮，新增该班级信息并返回班级信息列表页面。在班级信息页面单击“返回”按钮，退回学生信息页面，如图 9.2 所示。在该页面上，通过单击“新增记录”、“删除”和“修改”按钮可以实现对学生信息的管理，其中，新增学生信息的页面如图 9.5 所示。

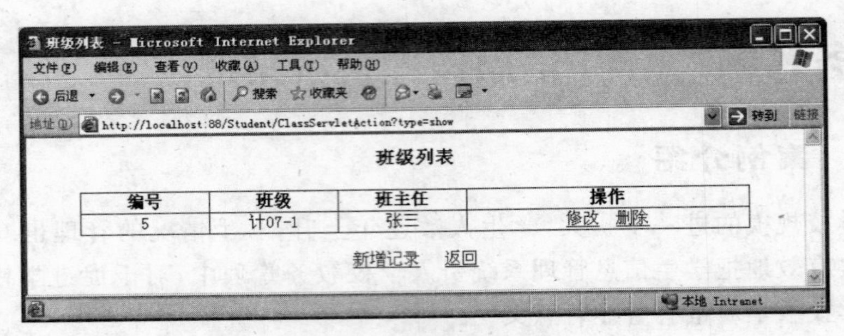

图 9.3 班级信息页面

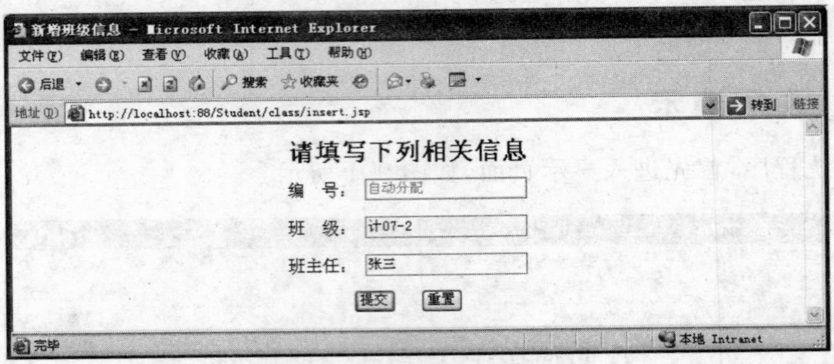

新增班级信息 - Microsoft Internet Explorer
文件(F) 编辑(E) 查看(V) 收藏(A) 工具(T) 帮助(H)
后退 搜索 收藏夹
地址(D) http://localhost:88/Student/class/insert.jsp
转到 链接
请填写下列相关信息
编　号：自动分配
班　级：计07-2
班主任：张三
提交 重置
完毕 本地 Intranet

图 9.4 新增班级信息页面

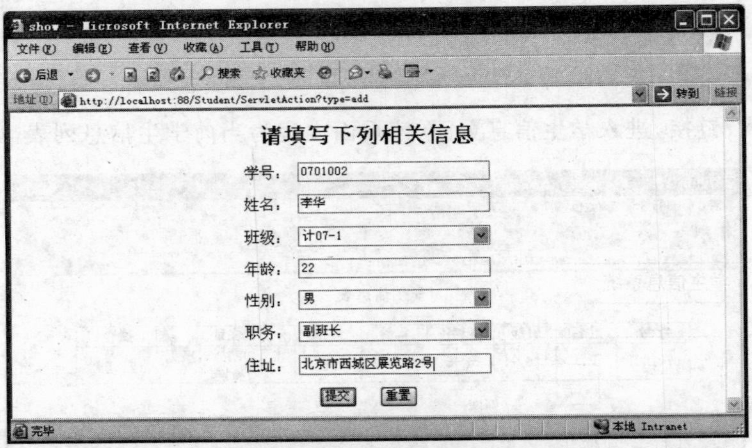

show - Microsoft Internet Explorer
文件(F) 编辑(E) 查看(V) 收藏(A) 工具(T) 帮助(H)
后退 搜索 收藏夹
地址(D) http://localhost:88/Student/ServletAction?type=add
转到 链接
请填写下列相关信息
学号：0701002
姓名：李华
班级：计07-1
年龄：22
性别：男
职务：副班长
住址：北京市西城区展览路2号
提交 重置
完毕 本地 Intranet

图 9.5 新增学生信息页面

该系统其他功能的演示，在此不做详细说明。

9.2 系统设计

系统设计主要包括客户需求的总结、功能模块的划分和系统流程的分析。根据客户的需求总结系统主要完成的功能，以及将来拓展需要完成的功能，然后根据设计好的功能划分出系统的功能模块，以便程序的管理和维护，最后设计出系统的流程。接下来，就对系统设计的前期准备做详细介绍。

9.2.1 系统功能描述

一个学生信息管理系统应该包括基本信息管理和学生信息管理两部分，列举如下。

(1) 基本信息管理包括新增、修改和删除班级和职务信息。

(2) 学生信息管理包括新增、编辑和删除学生信息等功能。

9.2.2 功能模块划分

学生信息管理系统应该具有基本信息管理和学生信息管理等功能。根据系统功能的需求分析，把该系统的功能划分为两大模块。

1. 基本信息管理

(1) 班级信息管理。

(2) 职务信息管理。

2. 学生信息管理

(1) 新增学生信息。

(2) 查看学生信息。

(3) 编辑学生信息。

(4) 删除学生信息。

学生信息管理系统的功能模块如图 9.6 所示。

9.2.3 系统流程分析

用户进入该系统，首先看到的是进入页面。单击“进入”链接后，进入学生信息管理页面，从该页中可以管理学生信息、班级信息和职务信息等，其系统流程如图 9.7 所示。

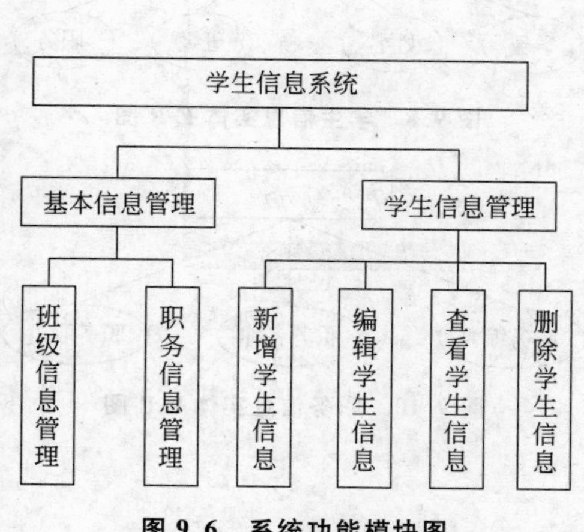

图 9.6 系统功能模块图

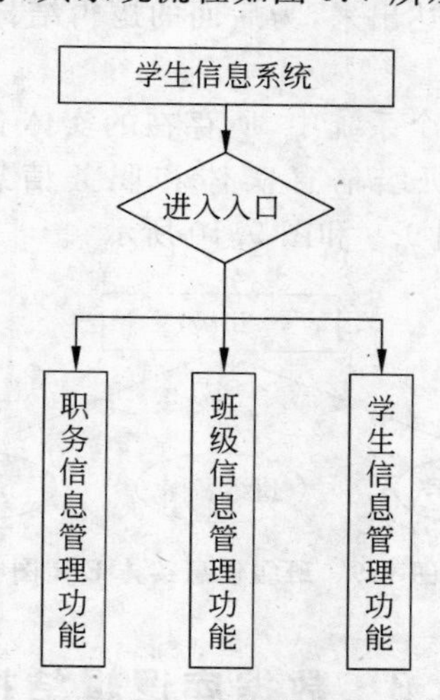

图 9.7 系统流程图

9.3 数据库设计

数据库结构设计的好坏直接影响到学生信息管理系统的效率和实现的效果，合理地设计数据库结构可以提高数据存储的效率，保证数据的完整和统一。数据库设计一般包括如下几个步骤。

(1) 数据库需求分析。

(2) 数据库概念结构设计。

(3) 数据库逻辑结构设计。

9.3.1 数据库需求分析

学生信息管理系统的数据库功能主要体现在对各种信息的提供、保存、更新和查询操作上，包括班级信息、职务信息和学生信息，各部分的数据内容又有内在联系，针对该系统的数据特点，可以总结出学生信息可以包含一个班级信息和一个职务信息。

经过上述系统功能分析和需求总结，设计如下的数据项和数据结构。

(1) 学生信息，包括学号、姓名、性别、班级、职务等数据项。

(2) 班级信息，包括班级编号、班级名称、班主任等数据项。

(3) 职务信息，包括职务编号、职务名称、职务职责等数据项。

9.3.2 数据库概念结构设计

得到上面的数据项和数据结构后，就可以设计满足需求的各种实体及相互关系，再用实体关系图，即E-R(Entity-Relationship)图将这些内容表达出来，为后面的逻辑结构设计打下基础。

在这个系统中，所存在的实体有：学生信息实体、班级信息实体和职务信息实体，如图9.8、图9.9和图9.10所示。

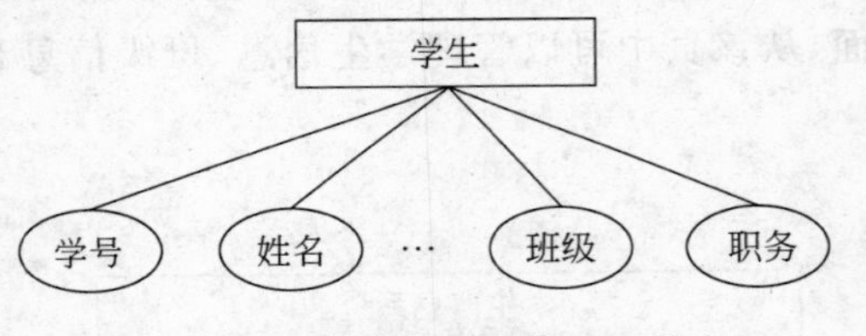

图9.8 学生信息实体E-R图

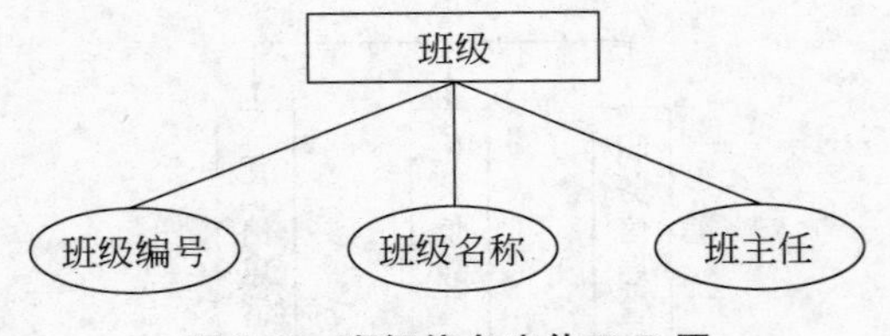

图9.9 班级信息实体E-R图

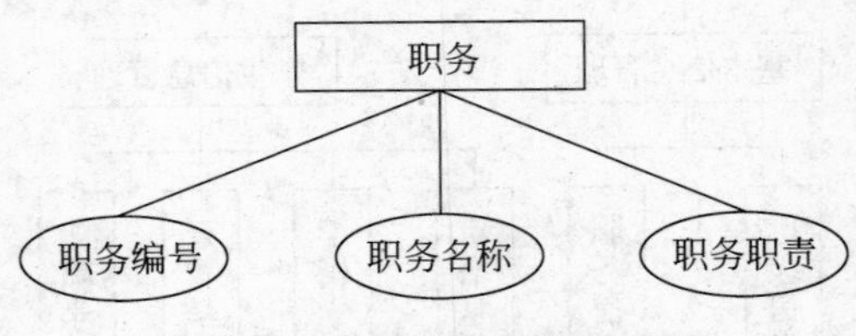

图9.10 职务信息实体E-R图

9.3.3 数据库逻辑结构设计

有了数据库概念结构设计，数据库的设计就简单多了。在学生信息管理系统中，首先要创建学生信息管理系统数据库，然后在数据库中创建需要的表和字段。如果有需要，还可以设计视图、存储过程和触发器。下面分别讲述在学生信息管理系统中数据库的设计。

在这个数据库中要建立3张数据表：学生信息表、班级信息表和职务信息表。

学生信息表各字段的意义如图9.11所示。

班级信息表各字段的意义如图9.12所示。

职务信息表各字段的意义如图9.13所示。

Column Name	Data Type	Allow Nulls
id	varchar(50)	☐
name	varchar(50)	☐
sex	tinyint	☐
age	smallint	☐
address	varchar(150)	☐
classID	int	☐
roleID	int	☐

图 9.11 学生信息表 Students

Column Name	Data Type	Allow Nulls
classID	int	☐
className	varchar(50)	☐
chargeTeacher	varchar(50)	☐

图 9.12 班级信息表 Classes

Column Name	Data Type	Allow Nulls
roleID	int	☐
roleName	varchar(50)	☐
roleDuty	varchar(500)	☐

图 9.13 职务信息表 Roles

9.3.4 创建数据库及表的脚本文件

数据库和表的创建方法参考第5章的讲述。利用上述方法创建一个示例数据库——Students数据库，创建过程不再赘述。

创建数据库表，常用的方法有两种：一种是利用数据库中"表设计器"创建表；另一种就是创建表的脚本文件（使用T-SQL语句创建表），创建方法参考第5章的讲述。

本案例中所创建的表的脚本文件如下：

```
--创建班级信息表 Classes
IF EXISTS(SELECT TABLE_NAME FROM INFORMATION_SCHEMA.TABLES
     WHERE TABLE_NAME='Classes')
  DROP TABLE Classes
CREATE TABLE Classes(
   [classID] [int] IDENTITY(1,1)NOT NULL PRIMARY KEY,
   [className] [varchar](50)NOT NULL,
   [chargeTeacher] [varchar](50)NOT NULL
)

--创建职务信息表 Roles
IF EXISTS(SELECT TABLE_NAME FROM INFORMATION_SCHEMA.TABLES
     WHERE TABLE_NAME='Roles')
  DROP TABLE Roles
CREATE TABLE [dbo].[Roles](
   [roleID] [int] IDENTITY(1,1)NOT NULL PRIMARY KEY,
   [roleName] [varchar](50)NOT NULL,
   [roleDuty] [varchar](500)NOT NULL
)

--创建学生信息表 Students
IF EXISTS(SELECT TABLE_NAME FROM INFORMATION_SCHEMA.TABLES
     WHERE TABLE_NAME='Students')
```

```
  DROP TABLE Students
CREATE TABLE [dbo].[Students](
    [id] [varchar](50)NOT NULL PRIMARY KEY,
    [name] [varchar](50)NOT NULL,
    [sex] [tinyint] NOT NULL,
    [age] [smallint] NOT NULL,
    [address] [varchar](150)NOT NULL,
    [classID] [int] NOT NULL,
    [roleID] [int] NOT NULL
)
```

9.4 环境搭建

学生信息管理系统采用Java和SQL Server 2005来进行开发，因此，在进行代码编写之前，需要搭建代码编写的环境，具体步骤如下。

1. JDK的安装

到 http://www.java.com/zh_CN/download/index.jsp 下载 jdk 1.5 或者 jdk 1.6，并进行安装。

2. Tomcat的安装

到 http://tomcat.apache.org/ 下载 Apache Tomcat 5.5 或者以上的版本，并进行安装。

3. Eclipse的安装

到 http://www.eclipse.org/downloads/ 下载 Eclipse Classic 3.2 或者以上的版本，并进行安装。

4. SQL Server JDBC的安装

为了能在Java中使用SQL Server 2005，还需要安装SQL Server 2005 JDBC Driver，其下载地址为：http://www.microsoft.com/downloads/details.aspx?displaylang=en&FamilyID=99b21b65-e98f-4a61-b811-19912601fdc9。

下载并安装后，将安装目录下的 sqljdbc4.jar 文件复制到 Tomcat 安装目录下的 common\lib子文件夹下。

9.5 工程模块设计

完成对系统模块的设计、数据库的建立和环境的搭建之后，就可以着手创建学生信息管理系统了。下面将对系统的关键部分给予介绍，其他部分请参考源代码。

9.5.1 创建项目

创建项目 Student：打开 Eclipse，单击 File|New|Project 命令，打开 New Project 对话框，并在列表中选择 Web 目录下的 Dynamic Web Project。单击“下一步”按钮后，在 Project

Name 文本框中输入工程名称 Student，单击“确定”按钮，完成项目 Student 的创建。

9.5.2 连接数据库

为了便于系统维护，本系统采用统一的模块来完成同数据库的增、删、改、查操作，其方法为：在 src 下建立包 students.db，并在该包下建立类文件 DBOperator.java，如图 9.14 所示。

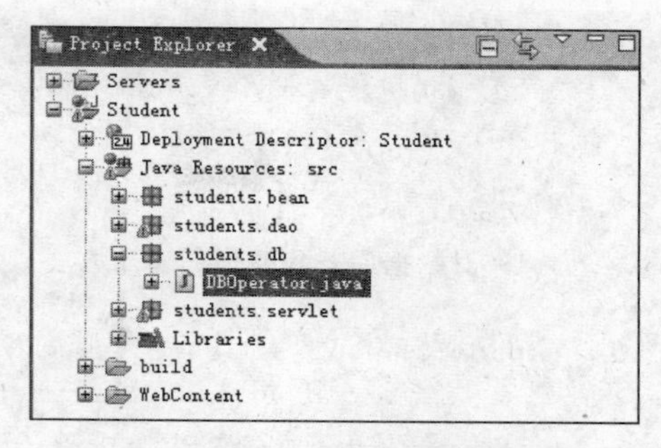

图 9.14 DBOperator.java 文件的建立

该类即为本系统与数据库进行交互的统一接口，其代码如下：

```
package students.db;
import java.sql.Connection;
import java.sql.DriverManager;
import java.sql.PreparedStatement;
import java.sql.ResultSet;
import java.sql.SQLException;
/**
 * 数据库操作基础类
 * /
public class DBOperator {
    Connection conn;
    PreparedStatement stmt;
    ResultSet rs;
    /**
     * 构造方法初始化数据库连接
     * /
    public DBOperator(){
        try{
    Class.forName("com.microsoft.sqlserver.jdbc.SQLServerDriver");
String url="jdbc:sqlserver://localhost:1433;databaseName=Students;user=sa;
password=sa";
            conn=DriverManager.getConnection(url);
        }catch(ClassNotFoundException e){
            e.printStackTrace();
        }catch(SQLException e){
            e.printStackTrace();
        }
    }
    /**
     * 对数据库增、删、改操作的调用方法
     * /
    public int executeUpdate(String sql,Object[]obj)throws SQLException{
        stmt=conn.prepareStatement(sql);
        for(int i=0;i<obj.length;i++){
            stmt.setObject(i+1,obj[i]);
```

```
        }
        int ri=stmt.executeUpdate();
        return ri;
    }
    /**
     * 对数据库查找操作的调用方法
     * /
    public ResultSet executeQuery(String sql,Object[] obj)throws SQLException{
        stmt=conn.prepareStatement(sql);
        for(int i=0;i<obj.length;i++){
            stmt.setObject(i+1,obj[i]);
        }
        rs=stmt.executeQuery();
        return rs;
    }
    /**
     * 关闭数据库方法,释放资源
     * /
    public void close()throws SQLException {
        if(conn !=null){
           conn.close();
        }
        if(stmt !=null){
           stmt.close();
        }
        if(rs !=null){
           rs.close();
        }
    }
}
```

9.5.3 功能模块设计与代码实现

本系统包含职务信息管理、班级信息管理和学生信息管理，由于三个部分的设计与实现基本类似，因此，本部分将以班级信息管理为例进行说明。

1. 班级实体类的建立

在 src 目录下建立包 students. bean，并在该包下建立班级实体类文件 ClassBean. java。该文件的内容如下：

```
package students.bean;

public class ClassBean {
    private int classID;                    //班级编号
    private String className;               //班级名称
    private String chargeTeacher;           //班主任

    public int getClassID(){
```

```
        return classID;
    }

    public void setClassID(int classID){
        this.classID=classID;
    }

    public String getClassName(){
        return className;
    }

    public void setClassName(String className){
        this.className=className;
    }

    public String getChargeTeacher(){
        return chargeTeacher;
    }

    public void setChargeTeacher(String chargeTeacher){
        this.chargeTeacher=chargeTeacher;
    }
}
```

该实体类同数据库中的班级表字段是一一对应的。

2. 班级实体操作类的建立

在 src 下建立 students.dao 包,并在该包下建立类文件：ClassDAO.java。该文件的内容如下：

```
package students.dao;

import java.sql.ResultSet;
import java.sql.SQLException;

import students.bean.ClassBean;
import students.db.DBOperator;

public class ClassDAO {
    private int n;
    private ResultSet rs;

    /**
     * 向数据库新增一条记录的调用方法
     * /
    public int insertClass(ClassBean cb)throws SQLException{
        String sql="insert into Classes(className, chargeTeacher)values(?,?)";
        Object [] obj=new Object[]{cb.getClassName(), cb.getChargeTeacher()};
        DBOperator db=new DBOperator();
```

```
        try{
            n=db.executeUpdate(sql, obj);
        }catch(SQLException e){
            e.printStackTrace();
        }
        return n;
    }

    /**
     * 删除数据库一条记录的调用方法
     * /
    public int deleteClass(int id)throws SQLException{
        String sql="delete from Classes where classid=?";
        Object[] obj=new Object[]{new Integer(id)};
        DBOperator db=new DBOperator();
        try {
            n=db.executeUpdate(sql, obj);
        }catch(SQLException e){
            e.printStackTrace();
        }
        return n;
    }

    /**
     * 修改数据库一条记录的调用方法
     * /
    public int updateClass(ClassBean cb)throws SQLException{
        String sql="update Classes set className=?, chargeTeacher=?where classid=?";
        Object[] obj=new Object[]{cb.getClassName(), cb.getChargeTeacher(), new
        Integer(cb.getClassID())};
        DBOperator db=new DBOperator();
        try{
            n=db.executeUpdate(sql, obj);
        }catch(SQLException e){
            e.printStackTrace();
        }
        return n;
    }

    /**
     * 查找数据库中所有记录
     * /
    public ResultSet selectAllClass()throws SQLException {
        String sql="select * from Classes";
        DBOperator db=new DBOperator();
        try{
            rs=db.executeQuery(sql,new Object[]{});
        }catch(SQLException e){
            e.printStackTrace();
        }
```

```
        return rs;
    }

    /**
     * 查找数据库中指定的记录
     */
    public ClassBean selectClassById(int id) throws SQLException {
        String sql="select * from Classes where classid=?";
        DBOperator db=new DBOperator();
        ClassBean cb=new ClassBean();
        try{
            rs=db.executeQuery(sql,new Object[]{new Integer(id)});
            while(rs.next()){
                cb.setClassID(rs.getInt("classID"));
                cb.setClassName(rs.getString("className"));
                cb.setChargeTeacher(rs.getString("chargeTeacher"));
            }
        }catch(SQLException e){
            e.printStackTrace();
        }
        return cb;
    }
}
```

该类调用数据库通用类完成对数据库中班级表的增、删、改、查操作。

3. 班级页面处理类的建立

新建"students.servlet"包，在该包下新建 ClassServlet 类，该类调用 ClassDAO 中的方法完成对页面请求的处理。该类的基本框架代码如下：

```
package students.servlet;

import java.io.IOException;
import java.sql.ResultSet;
import java.sql.SQLException;

import javax.servlet.http.HttpServlet;
import javax.servlet.http.HttpServletRequest;
import javax.servlet.http.HttpServletResponse;
import javax.servlet.RequestDispatcher;
import javax.servlet.ServletException;

import students.dao.ClassDAO;
import students.bean.ClassBean;

public class ClassServlet extends HttpServlet {
    ClassDAO cd=new ClassDAO();

    public void init() throws ServletException{
    }
```

```
    public ClassServlet(){
        super();
    }

    public void doGet(HttpServletRequest request, HttpServletResponse response)
            throws ServletException, IOException {
        this.doPost(request, response);
    }

    public void doPost(HttpServletRequest request, HttpServletResponse response)
            throws ServletException, IOException {
        response.setContentType("text/html");
        request.setCharacterEncoding("gbk");
        response.setCharacterEncoding("gbk");
        String type=request.getParameter("type");
    }
}
```

在该类中添加 Classes 表的展示方法，该方法的代码如下：

```
/**
 * 处理页面展示所有班级请求
 * /
public void show(HttpServletRequest request, HttpServletResponse response)
throws ServletException, IOException {
    try{
        ResultSet rs=cd.selectAllClass();
        request.setAttribute("rs", rs);
    }catch(SQLException e){
        e.printStackTrace();
    }
    RequestDispatcher rsd=request.getRequestDispatcher("class/display.jsp");
    rsd.forward(request,response);
}
```

在 public void doPost(HttpServletRequest request, HttpServletResponse response)方法中添加如下代码：

```
//展示班级信息
if(type.equals("show")){
    this.show(request, response);
}
```

4. 班级列表页面的建立

在 WebContent 目录下建立新文件夹 class，并在 class 底下建立 display.jsp 文件用来展示所有的班级信息列表。Display.jsp 文件的内容如下所示：

```
<%@page contentType="text/html;charset=gbk" %>
<%@page import="java.sql.ResultSet"%>
<html>
<head>
  <title>班级列表</title>
</head>

<body>
  <div align="center">
  <h3>班级列表</h3>
    <table width="640" border="0" cellpadding="1"cellspacing="1"bgcolor="#003399">
      <tr bgcolor="#FFFFFF">
        <td width="90">编号</td>
        <td width="90">班级</td>
        <td width="90">班主任</td>
        <td width="90">修改</td>
        <td width="90">删除</td>
      </tr>
<%
  ResultSet rs=(ResultSet)request.getAttribute("rs");          //做了强制转换
  while(rs.next()){
%>
        <tr bgcolor="#FFFFFF">
        <td><%=rs.getInt("classid")%></td>
        <td><%=rs.getString("classname")%></td>
        <td><%=rs.getString("chargeTeacher")%></td>
        <td><a href="ClassServletAction?type=select&classId=<%=rs.getInt
        ("classid")%>">修改</a></td>
        <td><a href="ClassServletAction?type=delete&classId=<%=rs.getInt
        ("classid")%>">删除</a></td>
      </tr>
<%}
    rs.close();
%>
    </table>
      <br><a href="class/insert.jsp">新增记录</a>  
      <a href="ServletAction?type=login">返回</a>
      </div>
    </body>
</html>
```

5. 班级信息管理 Servlet 的配置

在 WEB-INFO 文件夹下的 web.xml 文件中加入如下内容：

```
<servlet>
    <servlet-name>ClassServletAction</servlet-name>
<servlet-class>students.servlet.ClassServlet</servlet-class>
</servlet>
```

```
<servlet-mapping>
    <servlet-name>ClassServletAction</servlet-name>
    <url-pattern>/ClassServletAction</url-pattern>
</servlet-mapping>
```

6. 班级信息列表页面展示

右击 Student 项目，单击 Run As 级联菜单下的 Run On Server 命令，在弹出的 Run On Server 页面中选择刚安装的 Tomcat 版本后，单击 Finish 按钮后启动刚才所创建的项目。

打开浏览器，输入如下地址：http://localhost:8080/Students/ClassServletAction?type=show，展示刚才所创建的页面，在数据库中有数据的情况下，其显示如图 9.15 所示。

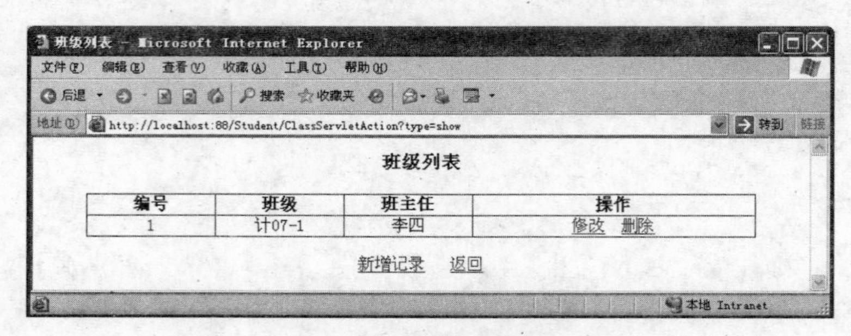

图 9.15 班级信息列表页面

至此，该系统的班级展示功能已经实现，班级的删除、修改和新增基本与此相似，因此不再赘述。

小 结

本案例介绍了如何使用 Eclipse 作为开发工具、Java 作为开发语言、SQL Server 2005 作为后台数据库进行设计开发一个简单的学生信息管理系统应用程序平台。该案例从系统的需求分析入手，进行数据库的分析和设计，然后利用 SQL Server 2005 创建数据库，创建数据表，以 Eclipse + Java 作为开发工具实现了对数据库系统的增、删、改、查等基本操作。

考虑到篇幅的限制，该系统仅作为一个数据库系统方面的练习操作案例，所以在系统的功能设计上没有给予详细的讲解。如果读者感兴趣，可以对页面、分页以及功能等各方面进行完善和扩展。希望此案例能够为读者提供一个学习使用 Java 开发数据库系统的一般操作案例，起到一个抛砖引玉的作用。

第10章

学生成绩管理系统案例

学习目标

通过本章的学习，你能够：

- 熟悉使用 SQL Server 2005 创建数据库系统的一般方法和步骤。
- 熟悉使用以 Visual C++ 6.0 作为开发工具开发一个应用程序平台的操作方法。
- 掌握对一般的管理系统数据库的设计方法和流程，以及对该管理系统的功能分析和设计方法。
- 了解利用 MFC ODBC 开发数据库应用程序，配置 ODBC 数据源的方法和步骤。

10.1 任务名称：学生成绩管理系统案例

10.1.1 案例介绍

随着计算机科学技术的快速发展，计算机技术在各个领域的应用也越来越重要。使用计算机对学生成绩信息进行管理，有着手工管理所无法比拟的优点：检索迅速、查找方便、可靠性高、存储量大、保密性好、寿命长、成本低等，能够极大减轻管理人员的劳动强度，提高工作效率，对于加强学校教育教学管理的规范化、科学化起到至关重要的作用。

本章通过一个简单的学生成绩管理系统的实例来介绍如何使用SQL Server 2005和Visual C++ 6.0设计开发一个学生成绩管理系统应用程序平台。通过该平台，能够实现对班级学生信息的增、删、改、查，班级课程综合信息的查询以及学生个人信息、班级信息和课程信息的增、删、改，并能够对登录身份进行验证等功能。

10.1.2 案例演示

启动系统输入正确的用户名和密码(默认用户名为：admin，密码：123)，就可以登录学生成绩管理系统主界面，如图10.1所示。

图10.1 学生成绩管理系统主界面

例如，在班级下拉列表框中选择班级名称“电082”，课程名称下拉列表中选择“C语言程序”，单击“显示成绩”按钮，在成绩列表框显示查询的结果，如图10.2所示。

若要修改某门课程的学生成绩，单击列表中所要修改的成绩所在的行，然后在分数编辑框中输入所要修改的分数，单击“修改成绩”按钮即可。

查询班级课程的成绩统计，选择所要查询的班级和课程名称，单击“成绩统计查询”按钮，在成绩统计列表中显示课程的成绩统计信息，如图10.3所示。

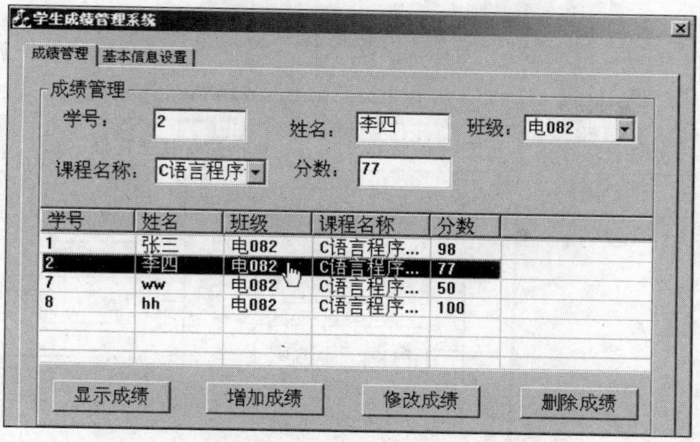

学生成绩管理系统

成绩管理　基本信息设置

成绩管理

学号：2　姓名：李四　班级：电082

课程名称：C语言程序　分数：77

学号	姓名	班级	课程名称	分数
1	张三	电082	C语言程序...	98
2	李四	电082	C语言程序...	77
7	ww	电082	C语言程序...	50
8	hh	电082	C语言程序...	100

显示成绩　增加成绩　修改成绩　删除成绩

图 10.2　查询成绩列表

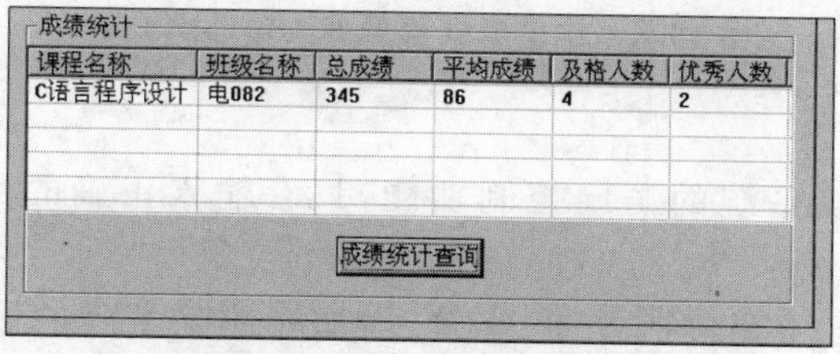

成绩统计

课程名称	班级名称	总成绩	平均成绩	及格人数	优秀人数
C语言程序设计	电082	345	86	4	2

成绩统计查询

图 10.3　成绩统计信息

对于系统其他功能的演示，在此不做详细说明。

10.2　系统设计

系统设计是系统开发最重要的阶段，主要包括对客户需求的总结、功能模块的划分和系统流程的分析。根据客户的需求，总结系统主要完成的功能，以及将来需要进一步拓展完成的功能。为了今后方便对系统的管理和维护，对所设计的功能划分出详细的功能模块、设计出系统的流程。

10.2.1　系统的功能描述

通过对系统需求的仔细分析，总结学生成绩管理系统所要完成的主要功能如下。

(1) 进入系统前需要对登录者进行身份验证，用户名、密码输入正确后方可进入。

(2) 进入系统后，可以查询班级所开设的相应课程的学生成绩，以及相应课程综合信息的统计。

(3) 能够对班级的学生成绩信息进行增、删、改等。

(4) 系统能够对班级的学生个人信息、班级信息和课程信息进行增、删、改等。

10.2.2　系统的功能模块划分

通过对学生成绩管理系统功能的认真细致分析，可以定义出系统的功能模块如图 10.4 所示。

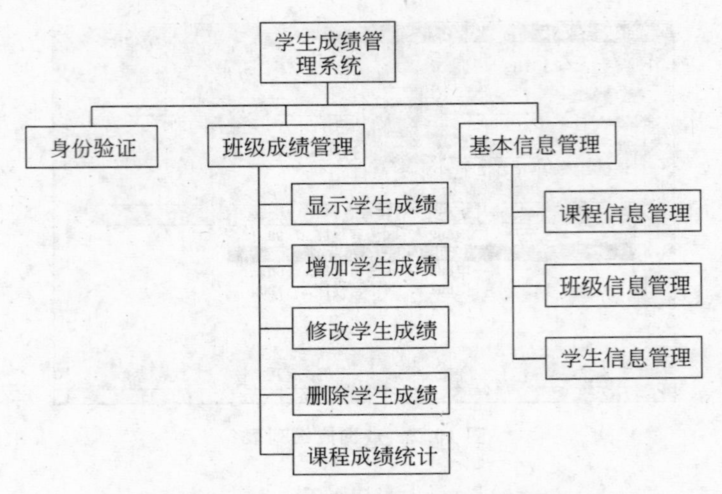

图 10.4 学生成绩管理系统功能模块图

具体说明如下。

(1) 身份验证：提供系统的访问控制功能，只有输入正确的用户名和密码才能进入系统。

(2) 班级成绩管理：主要包括查询、修改、增加和删除学生的课程成绩信息，以及对某门课程成绩的统计查询等功能。

(3) 基本信息管理：包括课程信息、班级信息和学生信息的管理。

10.2.3 系统流程分析

前面对学生成绩管理系统的各个功能模块进行了分析和划分，下面对该系统的运行流程进行分析。

使用该系统，用户首先打开该系统的登录界面，输入正确的用户名和密码进行登录，如果输入错误，系统给出提示，三次输入登录失败，系统自动退出。当成功登录该系统后，用户可以对班级成绩和基本信息进行管理操作，具体的流程如图 10.5 所示。

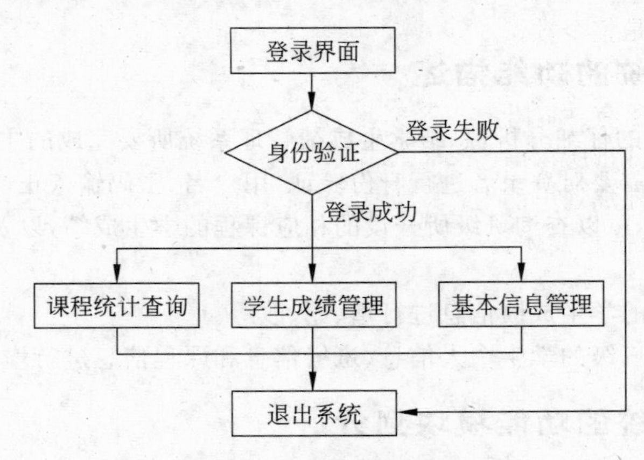

图 10.5 系统流程图

10.3 数据库设计

数据库结构设计的好坏直接影响到该系统运行的效率和所实现的效果。合理地设计数据库结构可以提高数据存储的效率，保证数据的完整和统一。数据库的建立具体可以分为3个部分：一是数据库需求分析；二是数据库概念模型分析，即E-R模型图的分析；三是数据库逻辑模型的分析，即表与字段的分析。

10.3.1 数据库需求分析

进行数据库设计之前，首先必须准确了解与分析用户需求，包括数据与处理需求。需求分析是整个设计过程的基础，是最困难、最耗时的一步。作为"地基"的需求分析是否做得充分与准确，决定了在其上构建"数据库大厦"的速度与质量。需求分析做得不好，可能会导致整个数据库重新设计，因此，务必引起高度重视。

学生成绩管理系统数据库的功能主要体现在对各种信息的提供、更新和查询操作上，包括登录用户的信息、学生信息、班级信息、课程信息、学生成绩信息等，除了登录用户的信息外，各个部分的数据内容也有内在的联系。针对该系统的数据特点，可以总结出如下需求：登录用户信息比较简单，主要是对使用该系统的用户进行一个身份验证，为读者修改系统登录用户信息提供了预留空间(例如，可以修改为系统管理员和普通用户登录，不同类型的用户登录可以实现不同的功能要求)。

通过对系统的上述功能的分析，该学生成绩管理系统需要包含以下数据项和数据结构信息。

(1) 用户信息包括用户编号、用户名、用户密码、用户类型。

(2) 学生信息主要记录学生的学生编号、姓名、性别、出生日期和学生的所在班级。

(3) 课程信息包括课程编号、课程名称、课程分数。

(4) 成绩信息包括学生编号、课程编号、学生成绩。

(5) 班级信息包括班级编号、班级名称。

10.3.2 数据库概念结构设计

数据库概念设计是整个数据库设计的关键，它通过对用户需求进行综合、归纳与抽象，形成一个独立于具体DBMS(数据库管理系统)的概念模型。常用的数据模型为ERM(实体联系模型)，用到的术语有：实体、属性、联系、键。

根据数据库需求分析所得出的数据项和数据结构，进一步设计出满足需求的各种实体以及相互关系。本系统规划出的实体有：用户信息实体、学生信息实体、课程信息实体、学生成绩信息实体、班级信息实体，如图10.6～图10.10所示。

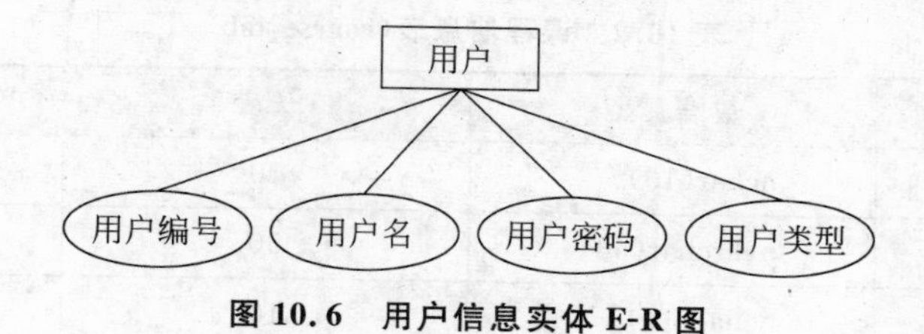

图10.6　用户信息实体E-R图

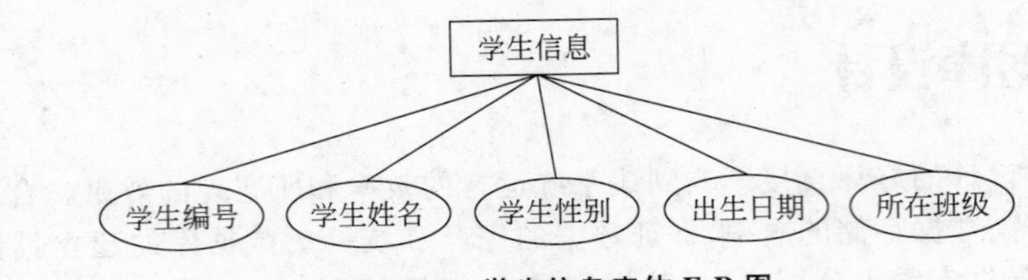

图 10.7 学生信息实体 E-R 图

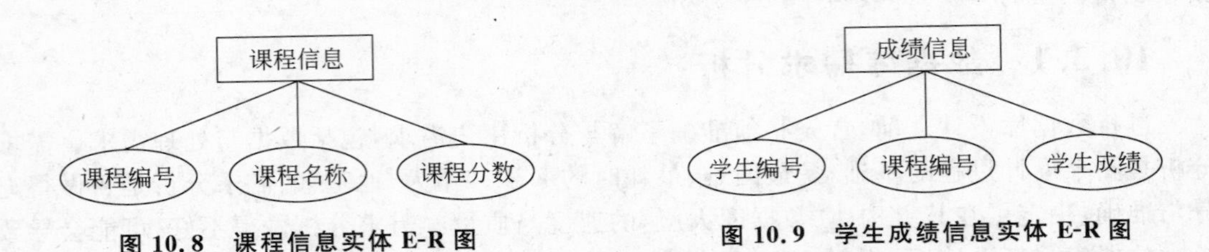

图 10.8 课程信息实体 E-R 图

图 10.9 学生成绩信息实体 E-R 图

10.3.3 数据库逻辑结构设计

数据库逻辑结构设计就是把数据库概念设计得到的概念数据库模式变为逻辑数据模式，它主要反映业务逻辑关系，是数据库表与字段的设计。

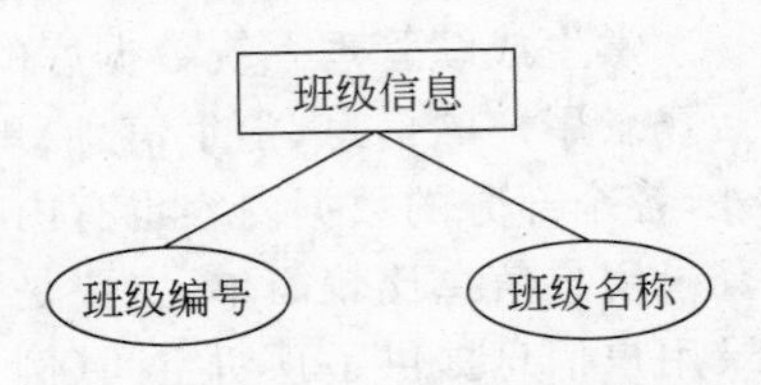

图 10.10 班级信息实体 E-R 图

根据上述数据库概念结构设计进行数据库的逻辑结构设计，设计有两个目标：一是对需求分析中的实体建立对应的表；二是将实体之间的联系映射到表之间的关系上，也就是设置表的主键和外键。根据上述实体的 E-R 图，创建以下数据表。

(1) 用户信息表。用户信息表记录登录用户的详细信息，其结构如表 10.1 所示。

表 10.1 用户信息表(表名：user_tab)

字段名称	数据类型	长度	允许空
user_id	int	4	否
user_name	nchar(10)	10	是
user_passwd	nchar(10)	10	是
user_type	nchar(10)	10	是

(2) 课程信息表。课程信息表记录课程编号、课程名称、课程所占学分等相关课程信息，其结构如表 10.2 所示。

表 10.2 课程信息表(course_tab)

字段名称	数据类型	长度	允许空
cno	nchar(10)	10	否
cname	nvarchar(50)	50	否
credit	nchar(10)	10	是

(3) 成绩信息表。成绩信息表记录学生取得相应课程的成绩,包括学生编号、课程编号等,其结构如表 10.3 所示。

表 10.3　成绩信息表(mark_tab)

字段名称	数据类型	长度	允许空
sno	nvarchar(50)	50	否
cno	nchar(10)	10	否
credit	nchar(10)	10	是

(4) 学生信息表。学生信息表记录学生的相关信息,包括学生编号、学生姓名、学生性别、出生日期、所在班级,其结构如表 10.4 所示。

表 10.4　学生信息表(student_tab)

字段名称	数据类型	长度	允许空
sno	nvarchar(50)	50	否
sname	nvarchar(50)	50	否
sgender	nchar(10)	10	否
birthday	nvarchar(50)	50	否
classid	nchar(10)	10	否

(5) 班级信息表。班级信息表记录班级编号、班级名称,其结构如表 10.5 所示。

表 10.5　班级信息表(class_tab)

字段名称	数据类型	长度	允许空
classid	nchar(10)	10	否
classname	nchar(10)	10	是

10.3.4　创建数据库及表的脚本文件

数据库和表的创建方法参考第 5 章的讲述。利用上述方法创建一个示例数据库——stu_course 数据库,创建过程不再赘述。

数据库实例 stu_course 创建完成,但数据库仅仅是一个存放数据的仓库,还没有把具体的数据存放进去。把表格中的数据放进到数据库中,就是建表,数据表是数据库最重要的对象,数据库中的所有数据都是存放在数据表中的。

创建数据库表,常用的方法有两种:一种是利用数据库中的“表设计器”创建表;另一种就是创建表的脚本文件(使用 T-SQL 语句创建表),创建方法参考第 5 章的讲述。

本示例中所创建的表的脚本文件如下:

```
--创建学生信息表: student_tab
IF EXISTS(SELECT TABLE_NAME FROM INFORMATION_SCHEMA.TABLES
     WHERE TABLE_NAME='student_tab')
  DROP TABLE student_tab
```

```
CREATE TABLE [dbo].[student_tab](
    [sno] [nvarchar](50)PRIMARY KEY,
    [sname] [nvarchar](50),
    [sgender] [char](10),
    [birthday] [nvarchar](50),
    [classid] [nchar](10))
--创建学生成绩表: grade_tab
IF EXISTS(SELECT TABLE_NAME FROM INFORMATION_SCHEMA.TABLES
      WHERE TABLE_NAME='grade_tab')
   DROP TABLE grade_tab
CREATE TABLE [dbo].[grade_tab](
    [sno] [nvarchar](50),
    [cno] [nchar](10),
    [credit] [nchar](10),
primary key(sno,cno))
--创建用户信息表: user_tab
IF EXISTS(SELECT TABLE_NAME FROM INFORMATION_SCHEMA.TABLES
      WHERE TABLE_NAME='user_tab')
   DROP TABLE user_tab
CREATE TABLE [dbo].[user_tab](
    [user_id] [int] NOT NULL PRIMARY KEY ,
    [user_name] [nchar](10),
    [user_passwd] [nchar](10),
    [user_type] [nchar](10))
--创建班级信息表: class_tab
IF EXISTS(SELECT TABLE_NAME FROM INFORMATION_SCHEMA.TABLES
      WHERE TABLE_NAME='class_tab')
   DROP TABLE class_tab
CREATE TABLE [dbo].[class_tab](
    [classid] [nchar](10)PRIMARY KEY,
    [classname] [nchar](10))
--创建课程信息表: course_tab
IF EXISTS(SELECT TABLE_NAME FROM INFORMATION_SCHEMA.TABLES
      WHERE TABLE_NAME='course_tab')
   DROP TABLE course_tab
CREATE TABLE [dbo].[course_tab](
    [cno] [nchar](10)PRIMARY KEY,
    [cname] [nvarchar](50),
    [credit] [nchar](10))
```

10.4 连接数据库

10.4.1 ODBC 数据源的配置

利用 MFC ODBC 开发数据库应用程序时，需要配置 ODBC 数据源。

(1) 在计算机中，单击“开始”|“程序”|“管理工具”|“数据源(ODBC)”命令(或者打开“控制面板”|“管理工具”|“数据源(ODBC)”)，打开“ODBC 数据源管理器”对话框，然后选

择“系统 DSN”选项卡，如图 10.11 所示。

(2) 单击“添加”按钮，打开“创建新数据源”对话框，从驱动器列表中选择 SQL Server 选项，如图 10.12 所示。

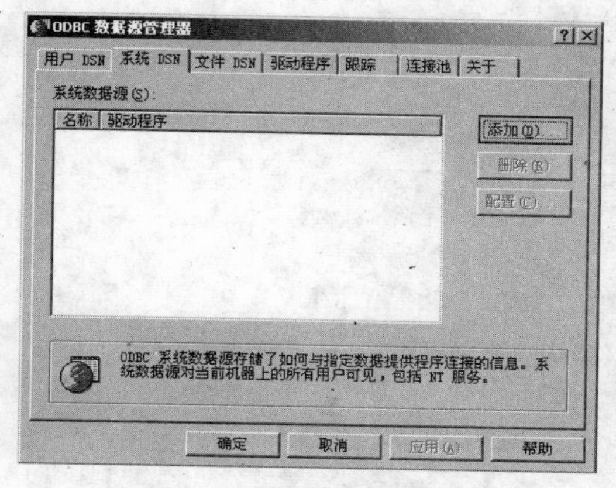

图 10.11　ODBC 数据源管理器

图 10.12　创建新数据源

(3) 单击“完成”按钮，打开“创建到 SQL Server 的新数据源”对话框，在数据源名称文本框中输入要配置的数据源名称，本例使用的数据源名称为“STU_ACH”。在“服务器”下拉列表框中输入本地服务器名，本实例所建立的服务器名称是“JUJUMAO\SQLEXPRESS”(前面的 JUJUMAO 是主机名)，如图 10.13 所示。

图 10.13　创建到 SQL Server 的新数据源

(4) 单击“下一步”按钮，打开如图 10.14 所示的对话框，选择 SQL Server 服务使用何种方式验证登录 ID 的真伪，此项选择系统默认设置。

(5) 单击“下一步”按钮，打开如图 10.15 所示的对话框，进行数据库选择，勾选“更改默认的数据库为”复选框，在其下拉列表中选择所需要的数据库，本实例的数据库名称是“stu_course”，其他选项取默认设置。

(6) 单击“下一步”按钮，在打开的对话框中，单击“完成”按钮，打开 ODBC Microsoft SQL Server 安装对话框，如图 10.16 所示。

(7) 单击“测试数据源”按钮，如果打开“测试成功”的信息提示框，表明一个 ODBC 数据源配置成功了，单击“确定”按钮，返回到“ODBC 数据源管理器”对话框，从系统数据源列表中就可以看到已配置的 STU_ACH 数据源了。

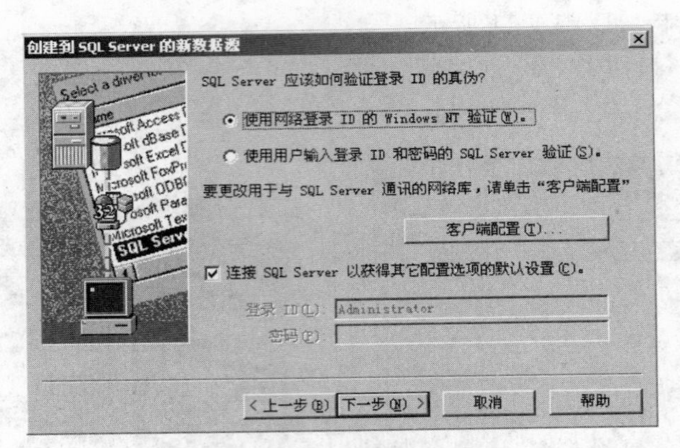

图 10.14　选择验证登录 ID 真伪的方式

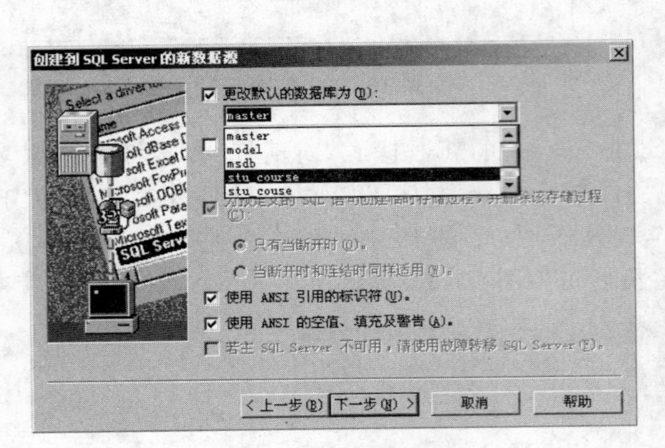

图 10.15　选择数据库

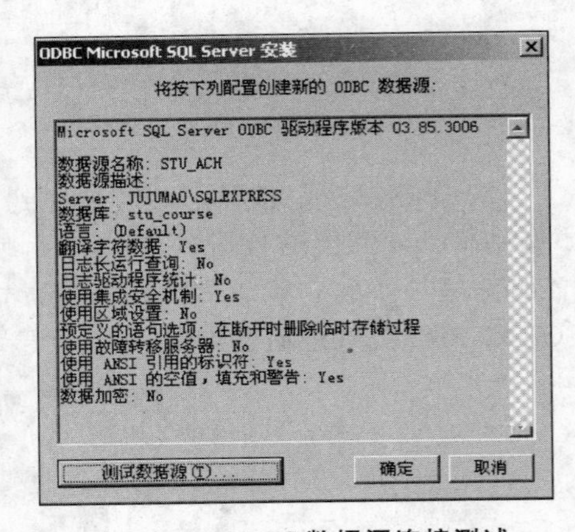

图 10.16　ODBC 数据源连接测试

10.4.2　数据库连接代码

本实例数据库的连接采用 ODBC 方式，其中数据源名称是 STU_ACH，这个数据源是根据 10.4.1 小节所讲述的方法创建的系统数据源。首先在 stuManage.h 文件中添加 #include 语句：

```
#include<afxdb.h>                       //添加头文件
void CLoginDlg::OnOK()
{
    //TODO: Add extra validation here
     CRecordset rs(&m_db);              //m_db 是所定义的 Cdatabase 对象
      TRY{                              //打开数据库的连接，并且捕获异常
    //m_db.OpenEx(strConnect,CDatabase::noOdbcDialog);
    m_db.Open("STU_ACH");               //STU_ACH 为所建立 ODBC 数据源名称
    }
    CATCH(CDBException,ex)
    {
        AfxMessageBox(ex->m_strError);
```

```
        AfxMessageBox(ex->m_strStateNativeOrigin);
            }
            AND_CATCH(CMemoryException,pEx)
    {
        pEx->ReportError();
        AfxMessageBox("memory exception");
    }
    AND_CATCH(CException,e)
    {
        TCHAR szError[100];
            e->GetErrorMessage(szError,100);
            AfxMessageBox(szError);
    }
    END_CATCH
    //db.Close();                                    //关闭数据集
    CDialog::OnOK();
}
```

10.5 工程模块设计

完成对系统功能模块的设计和数据库表的创建后，就可以开始创建学生成绩管理系统了。

10.5.1 创建工程并设计主界面

创建工程 stuManage：打开 Visual C++ 6.0，单击“文件”|“新建”命令，打开“新建”对话框，并在“工程”列表中选择“MFC AppWizard(exe)”向导，在“工程名称”文本框中输入工程文件的名称 stuManage，在“位置”文本框中选择存放项目工程文件的目录地址“D:\stuMange”，如图 10.17 所示。

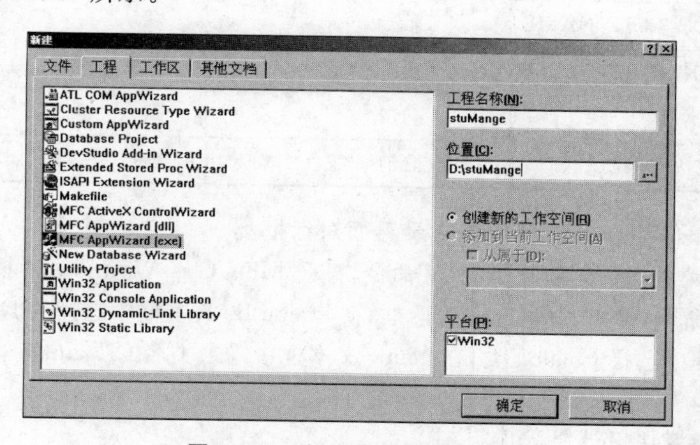

图 10.17　创建工程 stuManage

单击“确定”按钮，进入“MFC 应用程序向导-步骤 1”页面，选择“基于对话框”选项，单击“完成”按钮。stuMange 对话框的应用程序创建完毕。

10.5.2 工程模块设计

1. 登录模块设计

在进入主对话框之前，首先调用登录对话框，进行登录验证，输入正确的用户名和密码后才能进入主对话框界面，登录界面如图 10.18 所示。

(1) 登录界面的创建方法

在“工作空间”面板中选择 ResourceView（资源视图），右击 Dialog，在弹出的快捷菜单中单击“插入 Dialog”命令，如图 10.19 所示。在所创建的对话框中添加控件信息，并对所添加的控件进行布局。系统登录界面的主要控件类型、ID 以及说明信息如表 10.6 所示。

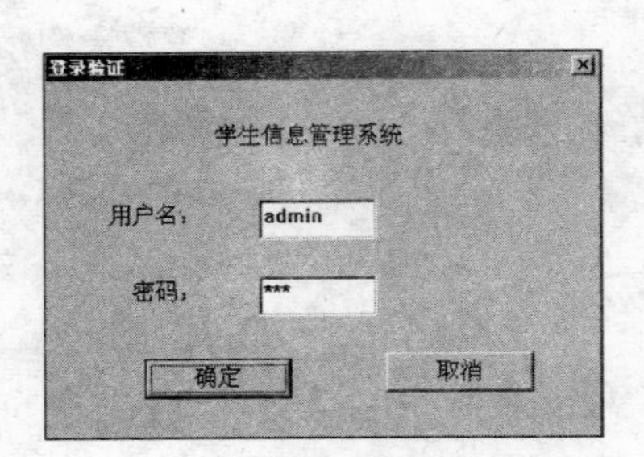

图 10.18 系统登录界面

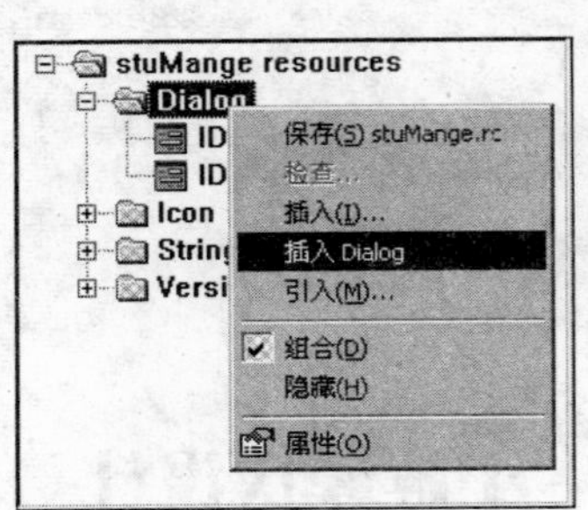

图 10.19 “插入 Dialog”命令

表 10.6 登录界面的控件信息列表

控件类型	ID	标题名称	属　性
对话框	IDD_LOGIN_DLG	登录验证	默认
静态文本	IDC_STATIC	学生成绩管理系统	默认
静态文本	IDC_STATIC	用户名	默认
静态文本	IDC_STATIC	密码	默认
Edit Box	IDC_EDIT_NAME	无	默认
Edit Box	IDC_EDIT_PASSWORD	无	样式选项中，勾选“密码”复选框
Button	IDOK	确定	默认
Button	IDCANCEL	取消	默认

(2) 利用 ClassWizard 向导创建登录界面对话框类

单击“查看”菜单，选择“建立类向导”命令，打开 MFC ClassWizard 对话框，单击 Add Class 按钮，单击 New 命令，弹出 NewClass 对话框，在 Dialog ID 文本框中选择 IDD_LOGIN_DLG；在 Base Class 列表框中选择 Cdialog 类；在 Name 文本框中输入类名 CLoginDlg，单击 OK 按钮，如图 10.20 所示。

2. 成绩管理模块设计

(1) 创建成绩管理模块对话框：方法同登录界面对话框的创建类似，在所创建的对话框中添加控件信息，并对所添加的控件进行布局，如图 10.21 所示。成绩管理信息主界面的主要控件类型、ID 以及说明信息如表 10.7 所示。

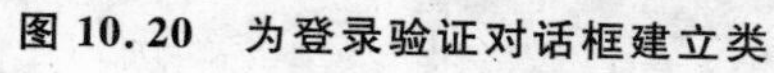

图 10.20　为登录验证对话框建立类

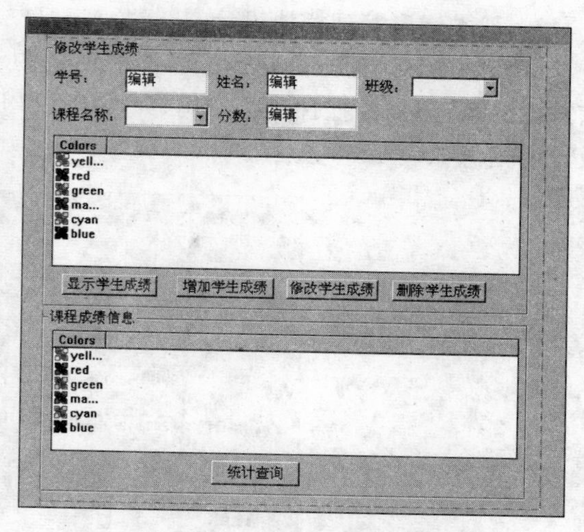

图 10.21　成绩管理主界面

表 10.7　成绩管理信息界面主要控件列表

控件类型	ID	标题名称	属　性
对话框	IDD_CLASSMARD_DLG	无	“样式”选择“下层”，边框选择“无”
Group Box	IDC_STATIC	修改学生成绩	默认
Edit Box	IDC_EDIT_SNO	无	默认
Edit Box	IDC_EDIT_SNAME	无	默认
Edit Box	IDC_EDIT_MARK	无	默认
Combo box	IDC_COMBO_COURSENAME	无	默认
Combo box	IDC_COMBO_CLASSNAME	无	默认
列表控件	IDC_STUMARK_LIST	无	属性“样式”的“查看”下拉列表中选择“报告”
列表控件	IDC_COURSEMARK_LIST	无	属性“样式”的“查看”下拉列表中选择“报告”
Button	IDC_BUTTON_SHOW	显示学生成绩	默认
Button	IDC_BUTTON_ADD	添加学生成绩	默认
Button	IDC_BUTTON_MODIFY	修改学生成绩	默认
Button	IDC_BUTTON_DELETE	删除学生成绩	默认
Group Box	IDC_STATIC	课程成绩信息	默认
Button	IDC_BUTTON_QUERY	统计查询	默认

注意：需要将该对话框的属性中的“样式”设置成“下层”。

（2）为新建对话框创建类：利用 ClassWizard 向导创建“成绩管理”对话框类，方法同“登录验证”对话框类的建立类似，类名为 CClassMarkDlg。

3. 基本信息管理模块设计

(1) 创建对话框方法同登录界面对话框的创建类似，在创建的对话框中添加相应控件信息，并对所添加的控件进行布局，如图 10.22 所示。基本信息界面的主要控件类型、ID 以及说明信息如表 10.8 所示。

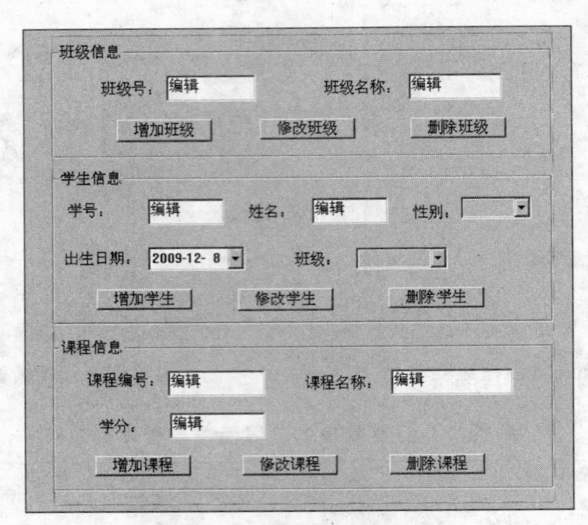

图 10.22 基本信息设置界面

表 10.8 基本信息设置界面主要控件列表

控件类型	ID	标题名称	属性说明
对话框	IDD_INFOSET_DLG	无	“样式”选择“下层”，边框选择“无”
Group Box	IDC_STATIC	基本信息设置	默认
Group Box	IDC_STATIC	班级基本信息	默认
Group Box	IDC_STATIC	学生基本信息	默认
Group Box	IDC_STATIC	课程基本信息	默认
Edit Box	IDC_EDIT_CLASSID	班级号	默认
Edit Box	IDC_EDIT_CLASSNAME	班级名称	默认
Edit Box	IDC_EDIT_SNO	学生号	默认
Edit Box	IDC_EDIT_STUNAME	学生姓名	默认
Combo box	IDC_COMBO_SEX	学生性别	默认
日期时间选取器	IDC_DATETIMEPICKER1	出生日期	默认
Combo box	IDC_COMBO_CLASSNAME	班级	默认
Edit Box	IDC_EDIT_CNO	课程号	默认
Edit Box	IDC_EDIT_CNAME	课程名称	默认
Edit Box	IDC_EDIT__CREDIT	学分	默认
Button	IDC_ADDBUT_CLASIS	增加班级	默认

续表

控件类型	ID	标题名称	属性说明
Button	IDC_MODBUT_CLASS	修改班级	默认
Button	IDC_DELBUT_CLASS	删除班级	默认
Button	IDC_ADDBUT_STUDENT	增加学生	默认
Button	IDC_MODBUT_STUDENT	修改学生	默认
Button	IDC_DELBUT_STUINFO	删除学生	默认
Button	IDC_ADDBUT_COURSE	增加课程	默认
Button	IDC_MODBUT_COURSE	修改课程	默认
Button	IDC_DELBUT_COURSE	删除课程	默认
注意：设置该对话框属性的“样式”为“下层”。			

(2) 为新建对话框创建类：利用ClassWizard向导创建“基本信息设置”对话框类，创建方法同“登录验证”对话框类的建立类似，类名为CinfoSetDlg。

10.5.3 创建标签控件主界面

(1) 创建标签控件。在“工作空间”面板中选择ResourceView(资源视图)，单击“⊞ Dialog”前面的“⊞”，展开“Dialog”资源，双击“IDD_STUMANAGE_DIALOG”，打开该对话框，向对话框添加一个ID为IDC_TAB1的Tab控件，如图10.23所示。利用ClassWizard(建立类向导)为新建的Tab控件IDC_TAB1添加一个类型为CtabCtrl的成员变量m_tab。

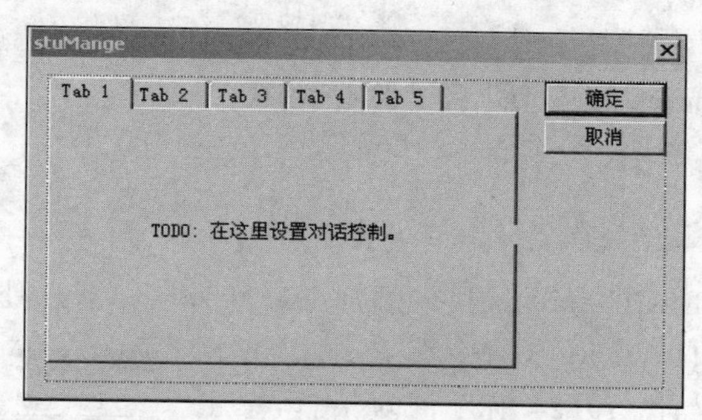

图10.23 在对话框中插入Tab控件

(2) 在对话框类CstuMangeDlg的头文件stuMangeDlg.h中声明成员变量、添置头文件。

① 添加头文件。在文件stuMangeDlg.h中添加如下#include语句：

```
#include "InfoSetDlg.h"
#include "ClassMarkDlg.h"
```

② 声明两个成员变量。

```
Public:
CClassMarkDlg m_ClassMarkDlg;
CInfoSetDlg m_InfoSetDlg;
```

(3) 添加 WM_INITDIALOG 消息处理函数代码。打开对话框类 CstuMangeDlg 的 WM_INITDIALOG 的消息处理函数 OnInitDialog(),添加代码,使之在 Tab 控件中生成两个标签页。

```
BOOL CStuMangeDlg::OnInitDialog()
{
CDialog::OnInitDialog();
…
// TODO: Add extra initialization here
TCITEM tci;                          //声明一个 TCITEM 结构
tci.mask=TCIF_TEXT;                  //指明结构体成员 pszText 有效
tci.pszText="成绩管理";               //标签名为"成绩管理"
m_tab.InsertItem(0,&tci);            //将这个标签页作为标签控件的第一个标签
tci.pszText="基本信息设置";
m_tab.InsertItem(1,&tci);
//创建第一个标签对话框
m_ClassMarkDlg.Create(IDD_CLASSMARK_DLG,GetDlgItem(IDC_TAB1));
//创建第二个标签对话框
m_InfoSetDlg.Create(IDD_INFOSET_DLG,GetDlgItem(IDC_TAB1));
CRect rs;
m_tab.GetClientRect(&rs);            //获取客户区大小
//移动控件并且显示或隐藏
rs.top+=20;
rs.bottom-=1;
rs.left+=1;
rs.right-=2;
m_ClassMarkDlg.MoveWindow(&rs);  //移动对话框窗口到合适位置
m_InfoSetDlg.MoveWindow(&rs);
m_ClassMarkDlg.ShowWindow(TRUE); //显示对话框
m_InfoSetDlg.ShowWindow(FALSE);  //隐藏对话框
return TRUE;
}
```

(4) 添加 TCN_SELCHANGE(或者添加 NM_CLICK)消息处理函数。打开对话框 IDD_STUMANAGE_DIALOG,双击标签控件(Tab 控件)IDC_TAB1,弹出如图 10.24 所示的对话框,单击 OK 按钮(或者利用 ClassWizard 类向导为 Tab 控件 IDC_TAB1 添加 NM_CLICK 消息处理函数)。

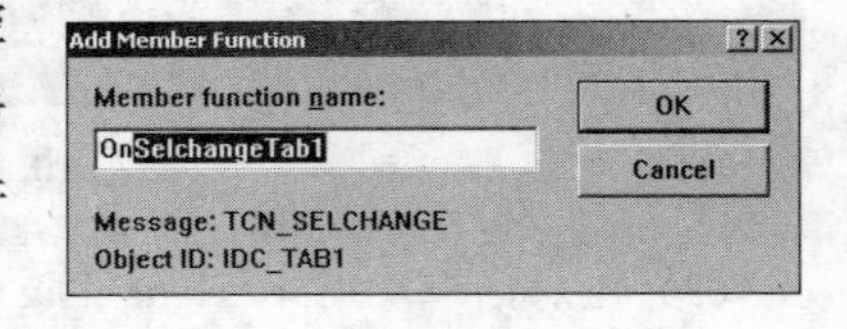

图 10.24 添加 TCN_SELCHANGE 消息处理函数

为 TCN_SELCHANGE 添加消息处理函数,代码如下:

```
void CStuManageDlg::OnSelchangeTab1(NMHDR * pNMHDR, LRESULT * pResult)
{
//TODO: Add your control notification handler code here
int CurSel=m_tab.GetCurSel();
switch(CurSel)
```

```
{
case 0:
    m_ClassMarkDlg.ShowWindow(TRUE);
    m_InfoSetDlg.ShowWindow(FALSE);
    break;
case 1:
    m_ClassMarkDlg.ShowWindow(FALSE);
    m_InfoSetDlg.ShowWindow(TRUE);
    break;
default:
    break;
}
* pResult=0;
}
```

10.6 为相应模块添加控件变量及消息处理函数

10.6.1 登录模块相应控件变量和消息处理函数

1. 添加头文件，并修改消息函数

(1) 添加文件。在文件“stuManage. cpp”中添加头文件 # include "LoginDlg. h"；

在文件“LoginDlg. cpp”中添加头文件 # include <afxdb. h>(ODBC 数据库类的定义文件)和 # include "stuManageDlg. h"。

(2) 在文件“stuManage. cpp”中查找 InitInstance()函数，把函数中的 CstuManageDlg 类修改为 CloginDlg，其他项不变，代码如下：

```
BOOL CStuManageApp::InitInstance()
{
//CStuManageDlg dlg;                          //修改此类
CLoginDlg dlg;
m_pMainWnd=&dlg;
int nResponse=dlg.DoModal();
...
}
```

2. 为用户名和密码编辑框添加变量

利用 ClassWizard 类向导为对话框类 CloginDlg 的编辑框控件 IDD_EDIT_NAME 和 IDD_EDIT_PASSWORD 添加变量列表如表 10.9 所示。

表 10.9　登录验证界面编辑框控件属性列表

名　字	编辑框 ID 属性	变量类型	变 量 名 称
用户名	IDD_EDIT_NAME	Cedit	m_controlName
用户名	IDD_EDIT_NAME	Cstring	m_userName
密码	IDD_EDIT_PASSWORD	Cstring	m_loginPasswd

3. 为“确定”按钮添加 OnOk()消息响应函数和代码

当单击登录验证对话框中的“确定”按钮时，要对所输入的用户名和密码等进行登录验证，如果正确，进入“成绩管理”主界面，如果错误，进行错误提示，如果出错三次，系统将提示退出。

(1) 添加头文件，声明变量

① 在文件 LoginDlg. h 中添加记录登录次数的变量 m_loginCount。

```
class CLoginDlg : public CDialog
{
public:
…
int m_loginCount;                    //记录登录次数,并在构造函数中将该变量初始化为零
…
}
```

② 在文件“LoginDlg. cpp”中添加一个用于数据库连接的 CDatabase 对象。

```
CDatabase db;
```

(2) 添加 OnOk()消息响应函数和函数代码

单击“工作空间”的 ResourceView 标签，打开“登录验证”对话框，用鼠标单击该对话框中的“确定”按钮，弹出 Add Member Function 对话框，如图 10.25 所示，单击 OK 按钮。

图 10.25　添加 OnOk()函数

在生成的 OnOK()函数中，函数代码如下：

```
void CLoginDlg::OnOK()
{
//TODO: Add extra validation here
UpdateData(true);
m_userName.TrimRight(" ");                           //从右边删除多余的"空格"
if(""==m_userName)
{
AfxMessageBox(_T("请填写用户名"), MB_ICONEXCLAMATION);
m_uName.GetFocus();
```

```
        return;
    }
    CRecordset rs(&db);
        TRY{                                    //打开数据库的连接,并且捕获异常
        //db.OpenEx(strConnect,CDatabase::noOdbcDialog);
        db.Open("aaaa");
    }
    CATCH(CDBException,ex)
    {
        AfxMessageBox(ex->m_strError);   //m_strError 包含错误的文字信息
        AfxMessageBox(ex->m_strStateNativeOrigin);
    //m_strStateNativeOrigin 包含 SQLSTATE,原始错误,错误信息
    }
    AND_CATCH(CMemoryException,pEx)
    {
        pEx->ReportError();
        AfxMessageBox("memory exception");
    }
    AND_CATCH(CException,e)
    {
        TCHAR szError[100];
        e->GetErrorMessage(szError,100);
        AfxMessageBox(szError);
    }
    END_CATCH
    CString strsql;
    strsql.Format("select user_name, user_passwd from user_Info"
        "where user_name='%s' "
        "and user_passwd='%s' ",m_userName,m_loginPasswd);
    rs.Open(CRecordset::forwardOnly,strsql);
    //rs.ExecuteSQL(strsql);
    TRACE(strsql);
    int count=rs.GetRecordCount();
    //rs.GetFieldValue("user_name",strCount);
    rs.Close();
    if(count==0)
    {
        m_loginCount++;
        if(m_loginCount>2)
        {
          AfxMessageBox("没有这个用户\n 三次输入均不正确,请核对后再来", MB_ICONEXCLAMATION);
          CDialog::OnCancel();
          return;
          }
    AfxMessageBox("输入错误!,请重新输入用户名或密码", MB_ICONEXCLAMATION);
    db.Close();
    //rs.Close();
    return;
    }
    else
```

```
{
  db.Close();
  CStuManageDlg stuDlg;
  stuDlg.DoModal();                          //验证成功,进入主界面对话框
  //EndDialog(IDOK);
  CDialog::OnOK();

}
db.Close();                                  //关闭数据集
CDialog::OnOK();
}
```

10.6.2 成绩管理界面相应控件变量和消息处理函数

1. 添加控件变量

成绩管理界面对话框类的名称为 CClassMarkDlg，资源 ID 是 IDD_CLASSMARK_DLG，该界面用到了 3 个编辑框、2 个组合框和 2 个列表控件，2 个组合框分别显示班级名称和课程名称；2 个列表控件分别显示班级的课程成绩及课程成绩统计信息。利用 ClassWizard 类向导为该控件添加变量如表 10.10 所示。

表 10.10 成绩管理界面控件属性列表

名　字	ID 属性	变量类型	变量名称
学号	IDC_EDIT_SNO	Cstring	m_sno
姓名	IDC_EDIT_SNAME	Cstring	m_sname
班级名称	IDC_COMBO_CLASSNAME	Cstring	m_className
班级名称	IDC_COMBO_CLASSNAME	CComboBox	m_ctrClassName
课程名称	IDC_COMBO_COURSENAME	Cstring	m_courseName
课程名称	IDC_COMBO_COURSENAME	CComboBox	m_ctrCourseName
分数	IDC_EDIT_MARK	Cstring	m_mark
学生成绩列表	IDC_STUMARK_LIST	CListCtr	m_stuMarkList
成绩统计列表	IDC_COURSEMARK_LIST	CListCtr	m_markQueryList

2. 添加消息处理函数

该界面有 5 个 BUTTON 按钮，2 个下拉列表框。5 个按钮分别用于响应对学生成绩的增、删、改、查及课程的统计信息查询；班级名称下拉列表框和课程名称下拉列表框显示所需要的班级名称和课程名称，对应的消息处理函数如表 10.11 所示。

添加方法：打开对话框 IDD_CLASSMARK_DLG，双击相应的控件，弹出如图 10.26 所示的对话框，单击 OK 按钮，然后在函数中再添加相应的函数代码。

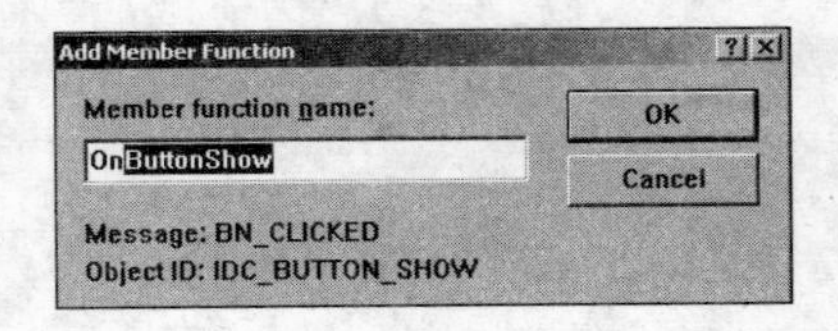

图 10.26 添加“显示成绩”按钮的消息处理函数

表 10.11　成绩管理界面消息处理函数列表

名　称	ID 属性	消息处理函数
显示学生成绩	IDC_BUTTON_SHOW	OnButtonShow()
添加学生成绩	IDC_BUTTON_ADD	OnButtonAdd()
修改学生成绩	IDC_BUTTON_MODIFY	OnButtonModify()
删除学生成绩	IDC_BUTTON_DELETE	OnButtonDelete()
统计查询	IDC_BUTTON_QUERY	OnButtonQuery()
班级下拉列表	IDC_COMBO_CLASSNAME	OnEditchangeComboClassname()(初始化班级下拉列表函数)
课程下拉列表	IDC_COMBO_COURSENAME	OnEditchangeComboCoursename()(初始化课程下拉列表函数)
学生成绩列表	IDC_STUMARK_LIST	OnClickStumarkList(NMHDR * pNMHDR,LRESULT * pResult)

说明：函数 OnEditchangeComboClassname()和 OnEditchangeComboCoursename()分别用于对班级下拉列表框和课程下拉列表框进行初始化，在对话框初始化函数 OnInitDialog()中调用这两个函数。

3. 添加对话框初始化的消息处理函数 OnInitDialog()

利用 ClassWizard 类向导添加消息处理函数 OnInitDialog()，如图 10.27 所示。

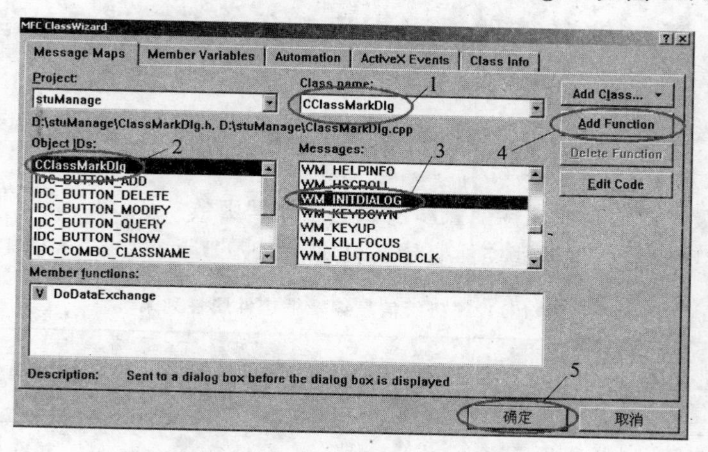

图 10.27　添加 OnInitDialog()消息处理函数

4. 添加一个向班级成绩列表控件中插入数据功能的自定义函数

在“工作空间”面板中选择 ClassView，右击类 CClassMarkDlg，在弹出的快捷菜单中单击 Add Menber Function 命令，弹出“添加成员函数”对话框，在“函数类型”编辑框中输入 void；在“函数描述”编辑框中输入 InsertItemList(CString sno, CString sname, CString classname, CString coursename, CString course)；成员访问属性 Access 部分选择 Public，如图 10.28 所示，然后单击“确定”按钮即可。

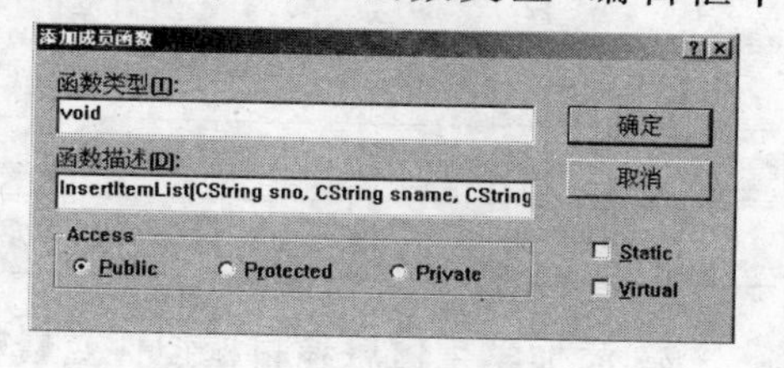

图 10.28　添加自定义的成员函数

添加函数代码如下：

```
void CClassMarkDlg::InsertItemList(CString sno,CString sname,CString classname,
CString coursename,CString course)
{
//获取当前的记录条数
int nIndex=m_stuMarkList.GetItemCount();
LV_ITEM lvItem;
lvItem.mask=LVIF_TEXT;
lvItem.iItem=nIndex;                          //行数
lvItem.iSubItem=0;
lvItem.pszText=(char*)(LPCTSTR)sno;           //第一列
//在最后一行插入记录值
m_stuMarkList.InsertItem(&lvItem);
//设置该行的其他列的值
m_stuMarkList.SetItemText(nIndex,1,sname);
m_stuMarkList.SetItemText(nIndex,2,classname);
m_stuMarkList.SetItemText(nIndex,3,coursename);
m_stuMarkList.SetItemText(nIndex,4,course);
}
```

10.6.3 基本信息管理界面相应控件变量和消息处理函数

基本信息管理界面对话框类的名称为 CInfoSetDlg，资源 ID 是 IDD_INFOSET_DLG，该界面用到了 3 个部分，分别是班级信息、学生信息和课程信息。利用 ClassWizard 类向导为该控件添加变量。

1. 添加班级信息编辑框控件变量和按钮消息处理函数

(1) 添加的班级信息编辑框控件变量列表如表 10.12 所示。

表 10.12 班级信息编辑框控件属性列表

编辑框名称	编辑框 ID 属性	变量类型	变量名称
班级号	IDC_EDIT_CLASSID	Cstring	m_classID
班级名称	IDC_EDIT_CLASSNAME	Cstring	m_infoClassName

(2) 添加的班级信息按钮消息处理函数如表 10.13 所示。

表 10.13 班级信息按钮消息处理函数

名　称	编辑框 ID 属性	消息处理函数
增加班级	IDC_ADDBUT_CLASINFO	OnAddbutClasinfo()
修改班级	IDC_MODBUT_CLASINFO	OnModbutClasinfo()
删除班级	IDC_DELBUT_CLASINFO	OnDelbutClasinfo()

2. 添加学生信息编辑框控件变量和按钮消息处理函数

(1) 添加的学生信息编辑框控件变量列表如表 10.14 所示。

表 10.14 学生信息编辑框控件属性列表

编辑框名称	编辑框 ID 属性	变量类型	变量名称
学生号	IDC_EDIT_SNO	Cstring	m_stuNo
姓名	IDC_EDIT_STUNAME	Cstring	m_stuName
性别	IDC_COMBO_SEX	Cstring	m_sex
出生日期	IDC_DATETIMEPICKER1	Ctime	m_birthday
班级	IDC_COMBO_CLASSNAME	Cstring	m_className
班级	IDC_COMBO_CLASSNAME	CcomboBox	m_ctrClassName

（2）为“性别”下拉列表添加选项内容。打开“性别”下拉列表属性对话框，单击“数据”标签，如图 10.29 所示。在“输入列表框项目”栏内输入“男”，然后按“Ctrl＋Enter”键进行换行后，再输入“女”即可。

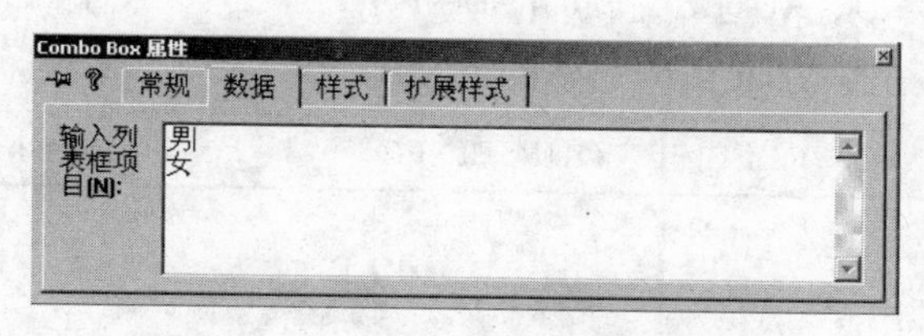

图 10.29 为“性别”下拉列表添加选项内容

（3）设置“出生日期”日期和时间选取器的初始化选项为系统的当前日期。

打开文件 CinfoSetDlg.cpp，在类 CinfoSetDlg 的构造函数中初始化 IDC_DATETIMEPICKER1 的变量 m_birthday。

```
CInfoSetDlg::CInfoSetDlg(CWnd * pParent/ * =NULL * /):CDialog(CInfoSetDlg::IDD,
pParent)
{
…
m_sex=_T("男");
m_birthday=CTime::GetCurrentTime();
…
}
```

（4）添加的学生信息控件相应的消息处理函数如表 10.15 所示。

表 10.15 学生信息控件消息处理函数

名 称	编辑框 ID 属性	消息处理函数
增加学生	IDC_ADDBUT_STUINFO	OnAddbutStuinfo()
修改学生	IDC_MODBUT_STUINFO	OnModbutStuinfo()
删除学生	IDC_DELBUT_STUINFO	OnDelbutStuinfo()
班级下拉列表	IDC_COMBO_CLASSNAME	OnEditchangeComboClassname()（同成绩管理班级名称下拉列表）

3. 添加课程信息编辑框控件变量和按钮消息处理函数

(1) 添加的课程信息编辑框控件变量列表如表 10.16 所示。

表 10.16 课程信息编辑框控件属性列表

编辑框名称	编辑框 ID 属性	变量类型	变量名称
课程号	IDC_EDIT_CNO	Cstring	m_cNo
课程名称	IDC_EDIT_CNAME	Cstring	m_cName
学分	IDC_EDIT_CREDIT	Cstring	m_credit

(2) 添加的课程信息控件相应的消息处理函数如表 10.17 所示。

表 10.17 课程信息控件消息处理函数

名 称	编辑框 ID 属性	消息处理函数
增加课程	IDC_ADDBUT_COURSEINFO	OnAddbutCourseinfo()
修改课程	IDC_MODBUT_COURSEINFO	OnModbutCourseinfo()
删除课程	IDC_DELBUT_COURSEINFO	OnDelbutCourseinfo()

小 结

本案例介绍了如何使用 Visual C++ 6.0 作为开发工具,SQL Server 2005 作为后台数据库设计开发一个简单的学生成绩管理系统应用程序平台,案例虽小,但“五脏俱全”。该案例从系统的需求分析入手,进行数据库的分析和设计,然后利用 SQL Server 2005 创建数据库,创建数据表,以 Visual C++ 6.0 作为开发工具实现了对数据库系统的增、删、改、查等基本操作。

考虑到篇幅的限制,该系统仅作为一个数据库系统方面的练习操作案例,所以在系统的功能设计上没有给予详细的完善,给读者留下了很大的扩展空间。例如,在系统用户信息管理模块中没有实现对用户管理方面的操作;在课程成绩的查询、统计等方面也没有给予详细的分类和完善,读者可以根据自己的实际情况进一步扩展。希望此案例能够为读者提供一个学习使用 Visual C++ 6.0 作为开发工具、SQL Server 2005 作为数据库系统,开发实现一般“信息管理系统”的操作案例,起到一个抛砖引玉的作用。

第11章

留言板系统案例

学习目标

通过本章的学习，你能够：

- 熟悉使用 Visual Studio 2008 的基本使用方法和开发 Web 系统的一般步骤。
- 掌握使用 Visual Studio 2008 对数据库进行操作的一般方法，以及对数据库记录的插入、删除、修改和查询等操作。
- 掌握使用 Visual Studio 2008 设计 Web 界面并完善其后台功能的方法。

11.1 任务名称：留言板系统案例

11.1.1 案例介绍

留言板是一种可以用来记录、展示文字信息的载体，可以比较集中地反映各种信息。留言板作为网站重要的一个部分，从来就是一个大家交流的平台！它是一种最为简单的BBS应用。借助留言板，浏览者可以张贴留言的方式与站长、版主或其他浏览者进行交流。

本章通过介绍一个简单的留言板案例来介绍如何使用SQL Server 2005和Visual Studio 2008设计开发一个系统应用程序平台。通过该平台，能够实现用户的登录和注册，以及留言信息的增、删、改、查、固顶、取消固顶等功能。

11.1.2 案例演示

运行该系统程序，首先显示在线留言板系统登录界面，如图11.1所示。输入正确的账号和密码，单击"确定"按钮即可进入该系统。如果用户首次使用该系统，需要进行注册后方能登录。

图 11.1　在线留言板系统运行登录界面

单击"注册"按钮，进入注册首页面，该页面内容为服务条款和声明，如图11.2所示。

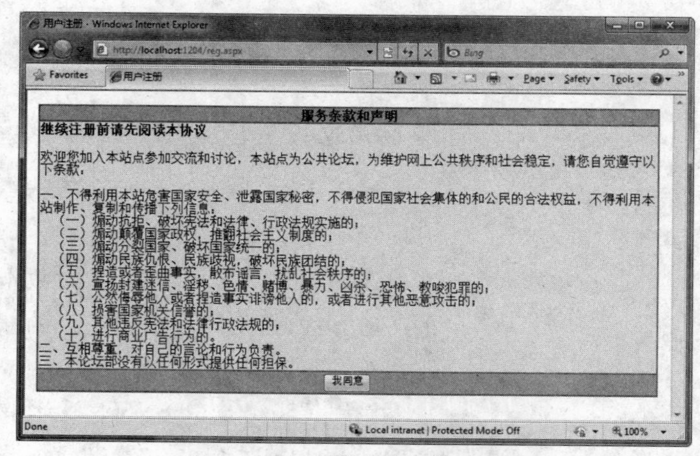

图 11.2　用户注册服务条款页面

单击"我同意"按钮进入注册用户简要信息页面。在该页面中要设置用户账户和密码。如创建用户名为bucea，密码为123456的账户，如图11.3所示。

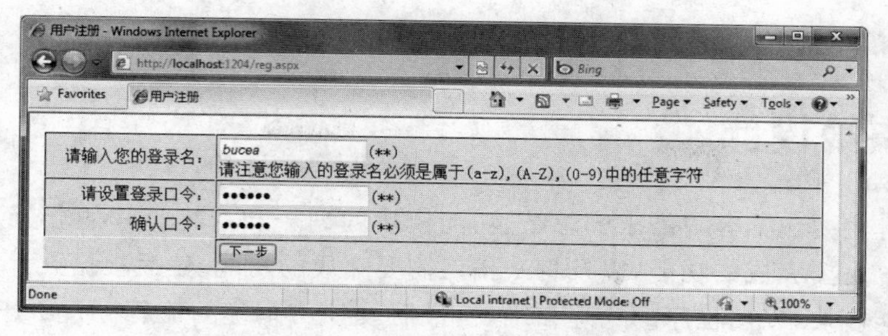

图 11.3　用户注册简要信息界面

输入信息后，单击“下一步”按钮，将显示填写详细信息页面，本页面的信息不需要全部填写，具体填写要求应浏览填写说明，如图 11.4 所示。

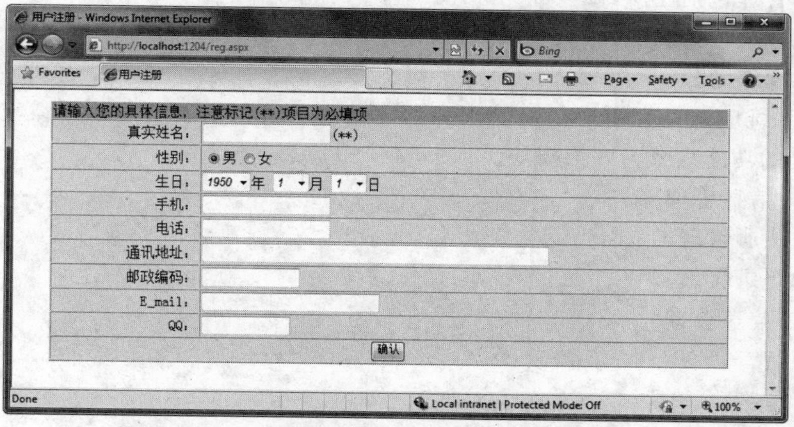

图 11.4　用户注册详细信息界面

单击“确认”按钮后显示注册信息，用户确认后即完成注册并链接到系统主界面，如图 11.5 所示。

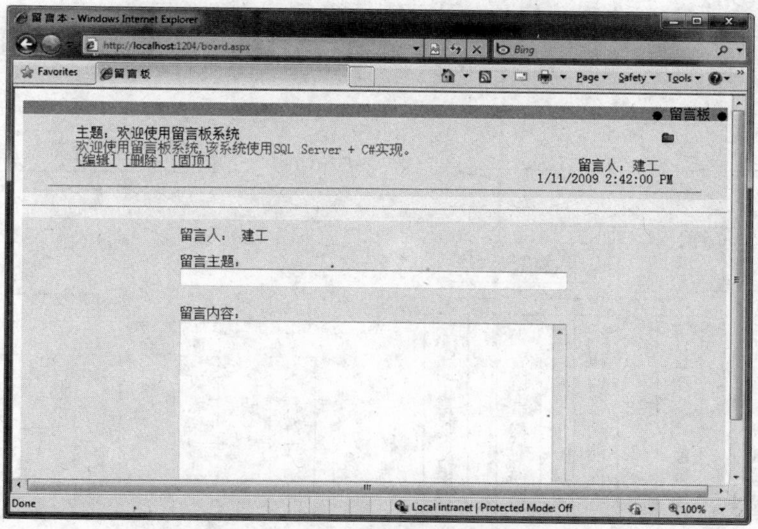

图 11.5　留言板系统主界面

此时,通过单击“编辑”、“删除”、“固顶”按钮可以实现留言的管理功能。

11.2 系统设计

系统设计主要包括客户需求的总结、功能模块的划分和系统流程的分析。根据客户的需求总结系统主要完成的功能,以及将来拓展需要完成的功能,然后根据设计好的功能划分出系统的功能模块,以便程序的管理和维护,最后设计出系统的流程。接下来,就对系统设计的前期准备做详细介绍。

1. 系统功能描述

一个留言板系统应该包括用户管理和留言管理两部分,具体说明如下。

① 用户管理包括注册、修改和删除用户。

② 留言管理包括发表、编辑和删除留言等功能。

2. 功能模块划分

留言板系统应该具有用户信息管理和留言信息管理等功能。根据系统功能的需求分析,把该系统的功能划分为两大模块。

(1) 用户信息管理

① 用户注册管理。

② 用户登录管理。

(2) 留言信息管理

① 发表留言。

② 查看留言。

③ 编辑留言。

④ 删除留言。

留言板模块的功能模块如图 11.6 所示。

3. 系统流程分析

用户进入该系统,首先看到的是登录页面。注册过的用户通过输入用户名和密码进入系统首页,从首页中可以查看留言、发表留言、删除留言和编辑留言,其系统流程如图 11.7 所示。

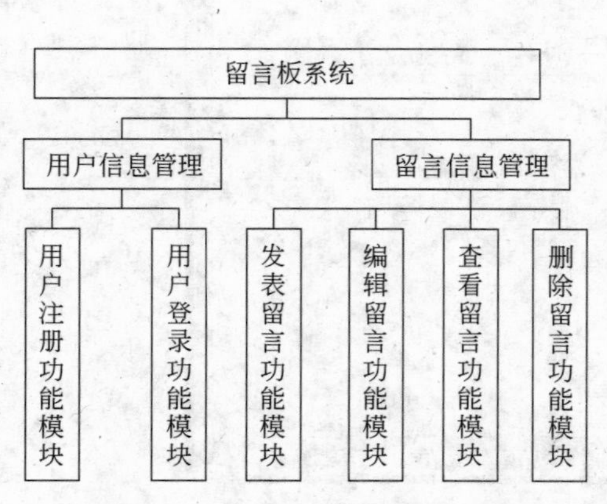

图 11.6 留言板系统功能模块图

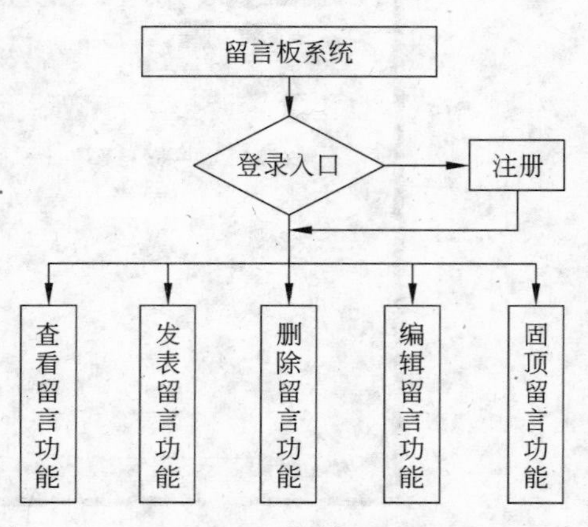

图 11.7 留言板系统流程图

11.3 数据库设计

数据库结构设计的好坏直接影响到留言板系统的效率和实现的效果，合理地设计数据库结构可以提高数据存储的效率，保证数据的完整和统一。数据库设计一般包括如下几个步骤。

(1) 数据库需求分析。

(2) 数据库概念结构设计。

(3) 数据库逻辑结构设计。

11.3.1 数据库需求分析

留言板系统的数据库功能主要体现在对各种信息的提供、保存、更新和查询操作上，包括用户信息、留言信息，各部分的数据内容又有内在联系。针对该系统的数据特点，可以总结出如下的需求。

(1) 用户信息可以分为管理员、普通用户。

(2) 留言信息记录留言的信息。

经过上述系统功能分析和需求总结，设计如下的数据项和数据结构。

(1) 用户信息，包括用户编号、账号、密码等数据项。

(2) 留言信息，包括留言编号、留言内容、留言时间等数据项。

11.3.2 数据库概念结构设计

得到上面的数据项和数据结构后，就可以设计满足需求的各种实体及相互关系，再用实体关系图，即E-R图将这些内容表达出来，为后面的逻辑结构设计打下基础。

在这个系统中，存在的实体有：用户信息实体和留言信息实体，如图11.8和图11.9所示。

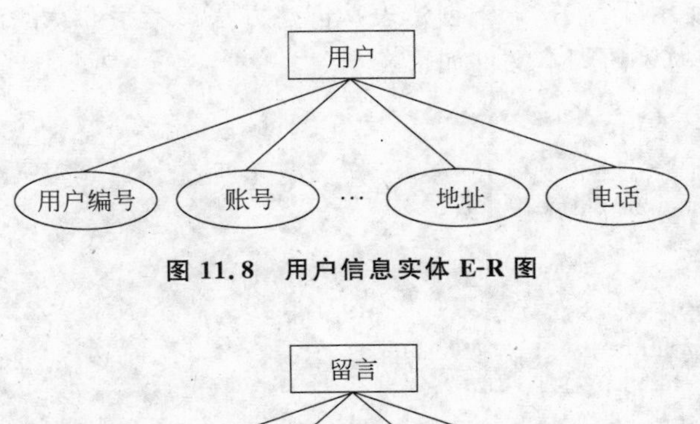

图 11.8 用户信息实体 E-R 图

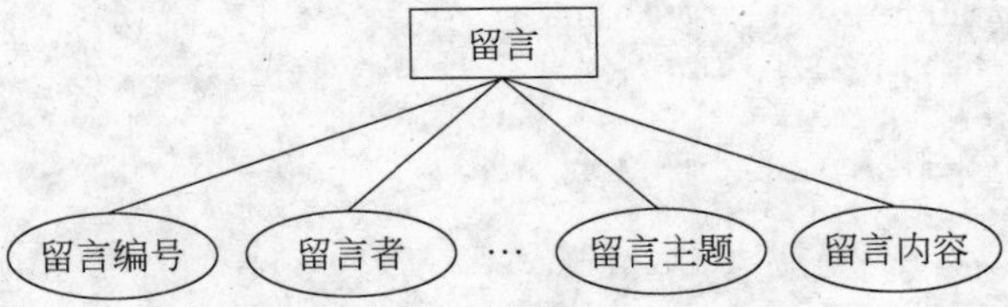

图 11.9 留言信息实体 E-R 图

11.3.3 数据库逻辑结构设计

有了数据库概念结构设计,数据库的设计就简单多了。在留言板系统中,首先要创建留言板系统数据库,然后在数据库中创建需要的表和字段。如果有需要,还可以设计视图、存储过程和触发器。下面讲述在留言板系统中数据库的设计。

在这个数据库管理系统中要建立两张数据表:用户信息表和留言信息表。

用户信息表各字段的意义如图 11.10 所示。

留言信息表各字段的意义如图 11.11 所示。

Column Name	Data Type	Allow Nulls
UserID	bigint	☐
UserName	nvarchar(16)	☐
UserPwd	nvarchar(12)	☐
UserAccount	nvarchar(20)	☐
UserQQ	int	☑
UserMobile	nvarchar(50)	☑
UserTel	nvarchar(50)	☑
UserEmail	nvarchar(500)	☑
UserAddress	nvarchar(500)	☑
UserSex	nvarchar(50)	☑
UserBirth	smalldatetime	☑
UserRegDate	smalldatetime	☑
UserZip	nvarchar(50)	☑
UserLastTime	nvarchar(50)	☑
UserCount	int	☑

图 11.10 用户信息表各字段的意义

Column Name	Data Type	Allow Nulls
BID	int	☐
BTheme	nvarchar(400)	☐
BCnt	nvarchar(50)	☐
BUID	int	☐
BDate	smalldatetime	☐
BDelFlag	nvarchar(50)	☐
BEditer	int	☐
BEditTime	datetime	☐
BTop	int	☐

图 11.11 留言信息表各字段的意义

11.3.4 创建数据库及表的脚本文件

数据库和表的创建方法参考第 5 章的讲述。利用上述方法创建一个示例数据库——BoardOnline 数据库,创建过程不再赘述。

创建数据库表,常用的方法有两种:一种是利用数据库中"表设计器"创建表;另一种是创建表的脚本文件(使用 T-SQL 语句创建表),创建方法参考第 5 章的讲述。

本案例中所创建的表的脚本文件如下:

```
--创建留言信息表: Board
IF EXISTS(SELECT TABLE_NAME FROM INFORMATION_SCHEMA.TABLES
     WHERE TABLE_NAME='Board')
  DROP TABLE Board
CREATE TABLE Board(
    [BID] [int] IDENTITY(1,1)NOT NULL PRIMARY KEY,
    [BTheme] [nvarchar](400)NOT NULL,
    [BCnt] [nvarchar](50)NOT NULL,
    [BUID] [int] NOT NULL,
    [BDate] [smalldatetime] NOT NULL,
    [BDelFlag] [nvarchar](50)NOT NULL,
    [BEditer] [int] NOT NULL,
    [BEditTime] [datetime] NOT NULL,
    [BTop] [int] NOT NULL
    )
```

```
--创建用户信息表：UserInfo
IF EXISTS(SELECT TABLE_NAME FROM INFORMATION_SCHEMA.TABLES
     WHERE TABLE_NAME='UserInfo')
   DROP TABLE UserInfo
CREATE TABLE UserInfo(
    [UserID] [bigint] IDENTITY(1,1)NOT NULL PRIMARY KEY,
    [UserName] [nvarchar](16)NOT NULL,
    [UserPwd] [nvarchar](12)NOT NULL,
    [UserAccount] [nvarchar](20)NOT NULL,
    [UserQQ] [int] NULL,
    [UserMobile] [nvarchar](50)NULL,
    [UserTel] [nvarchar](50)NULL,
    [UserEmail] [nvarchar](500)NULL,
    [UserAddress] [nvarchar](500)NULL,
    [UserSex] [nvarchar](50)NULL,
    [UserBirth] [smalldatetime] NULL,
    [UserRegDate] [smalldatetime] NULL,
    [UserZip] [nvarchar](50)NULL,
    [UserLastTime] [nvarchar](50)NULL,
    [UserCount] [int] NULL
)
```

11.4 连接数据库

留言板系统采用 Visual C＃和 SQL Server 来进行开发。为了使系统正常工作，需要建立与数据库系统的连接来读取和写入数据。

为了便于维护，将数据库连接字符串写入 Web. config 配置文件，在使用时再直接读出。需要在配置文件中添加代码如下：

```
<appSettings>
<add key="connstr" value="persist security info=False;Integrated Security=
SSPI;server=.;Trusted_Connection=true;database=BoardOnline"/>
</appSettings>
```

<appSettings>配置节定义数据库连接字符串。如果数据库名称或者其他信息需要更改可在这里修改。

11.5 界面设计

从系统功能模块分析中可知，留言板系统的界面包括：系统登录界面、留言管理界面、留言固顶和取消固顶界面以及用户注册界面。下面将对系统关键部分的界面给予介绍，其他部分的界面设计参考源代码。

11.5.1 系统登录界面设计

系统登录界面设计比较简单，主要使用获取用户登录信息的 TextBox 控件和响应登录操作的 Button 按钮控件。设计好的界面如图 11.12 所示。

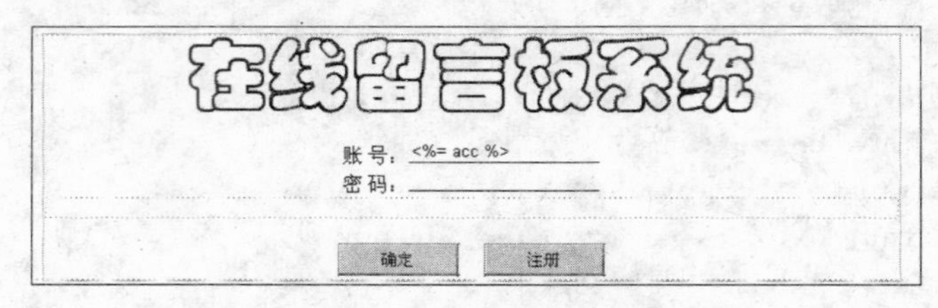

图 11.12 在线留言板系统登录界面

11.5.2 留言板主界面设计

注册过的用户成功登录后进入该页面。该页面包含留言查看和留言发表两个界面。其中，留言查看界面使用了 DataList 控件，该界面的设计如图 11.13 所示。

图 11.13 留言查看界面

该界面中对于 DataList 控件的详细定义代码如下：

```
<asp:DataList ID="dltBoard" Runat="server" BorderStyle="None" BackColor="#
F1F0F4" Width="828px">
    <ItemTemplate>
            <table bgcolor="f1f0f4" width="85%" border="0" cellpadding="0"
            cellspacing="0" align="center" bgcolor="f1f0f4">
               <tr bgcolor="f1f0f4">
                    <td width="80%">主题:<%#DataBinder.Eval(Container.DataItem,"
                    BTheme")%></td>
                     <td align="right"><%#DataBinder.Eval(Container.DataItem,"
                     imgurl")%></td>
               </tr>
               <tr bgcolor="f1f0f4">
                     <td align="right" colspan="2"><font color="Silver"><%#
                    DataBinder.Eval(Container.DataItem,"editinfo")%></font>
                     </td>
               </tr>
               <tr bgcolor="f1f0f4">
                     <td colspan="2"><FONT color="#416aaf"><%#DataBinder.Eval
                     (Container.DataItem,"BCnt","{0}").Replace("<","&lt").Replace("
                     >","&gt").Replace(" "," ").Replace("\n","<br>")%></FONT>
                     </td>
```

```
            </tr>
            <tr bgcolor="f1f0f4">
                <td><%#DataBinder.Eval(Container.DataItem,"editurl")%> 
                <%#DataBinder.Eval(Container.DataItem,"delurl")%> <%#
               DataBinder.Eval(Container.DataItem,"topurl")%></td>
                <td align="right">留言人:<font color="#3300ff"><%#DataBinder.
                Eval(Container.DataItem,"name")%></font>  </td>
            </tr>
            <tr bgcolor="f1f0f4">
                 <td align="right" colspan="2"><%#DataBinder.Eval(Container.
                 DataItem,"BDate")%></td>
            </tr>
        </table>
        <hr size="0" width="93%" noshade>
    </ItemTemplate>
</asp:DataList>
```

留言发表界面主要是获取用户输入的留言信息，主要使用了 TextBox 控件，其设计好的界面如图 11.14 所示。

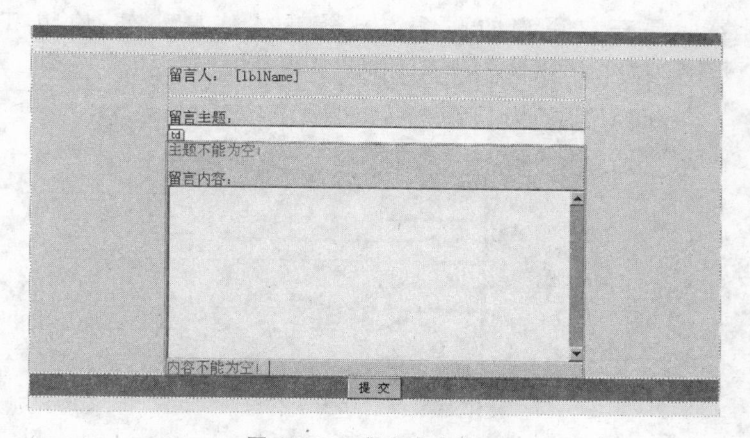

图 11.14 留言发表界面

11.5.3 留言固顶和取消固顶界面设计

当登录用户单击“固顶”按钮时，则进入留言固顶界面。该界面主要通过 DataList 控件显示留言信息，设计好的界面如图 11.15 所示。

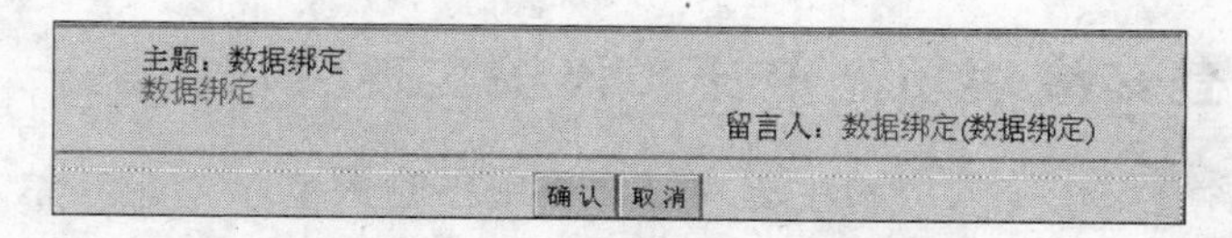

图 11.15 留言固顶和取消固顶界面

对于已经固顶的留言单击“取消固顶”按钮将进入取消固顶界面，该界面同留言固顶界面类似。

11.5.4 留言删除与编辑

当用户由于某种原因需要编辑或者删除留言时，单击“编辑”或“删除”按钮进入相应的操作页面。编辑留言界面与发表留言界面类似；删除留言界面与留言固顶界面相似，因此不做介绍。

11.5.5 用户注册界面设计

用户注册界面包括接受注册条款和声明界面、简要信息界面、详细信息界面和确认信息界面。注册条款和声明界面简单，这里不再叙述。简要信息界面使用 TextBox 控件接收用户信息，并通过验证控件对输入信息进行验证，其界面设计如图 11.16 所示。

请输入您的登录名：	(**) 此项不能为空请检查输入的格式 请注意您输入的登录名必须是属于(a-z),(A-Z),(0-9)中的任意字符
请设置登录口令：	(**) 您不能输入空密码
确认口令：	(**) 请您再次输入口令
	下一步 [lblStep2][lblPwd]

图 11.16 简要信息界面

用户注册界面要获取用户的联系方式等具体信息，需要使用 TextBox 控件、DropDownList 控件、Label 控件等，该界面如图 11.17 所示。

请输入您的具体信息，注意标记(**)项目为必填项	
真实姓名：	(**) 请输入您的真实性名
性别：	⊙男 ○女
生日：	未绑定 年 未绑定 月 未绑定 日
手机：	
电话：	
通讯地址：	
邮政编码：	请输入六位邮政编码
E_mail：	请输入正确E_mail地址
QQ：	
	确认

图 11.17 具体信息界面

11.6 模块功能设计和代码实现分析

上面对程序界面设计进行了详细的介绍，基本完成了程序界面的设计工作。功能分析和实现代码是程序的核心所在，是系统开发的灵魂，所以，程序代码在系统开发过程中是最重要的。下面对本系统的代码做具体的分析。

11.6.1 登录模块功能设计和代码实现分析

登录模块包含登录系统入口和注册入口。当用户输入登录信息并单击“登录”按钮时，后台代码实现用户身份的验证，其验证代码如下。

```
protected void Page_Load(object sender, EventArgs e)
{
    acc= (Request.Form["username"]+"").Trim();
```

```
        pwd=(Request.Form["password"]+"").Trim();
        if(IsPostBack)
        {
            //创建数据库连接对象
            objconn=new SqlConnection(ConfigurationSettings.AppSettings["connstr"]);
            //打开数据库
            objconn.Open();
            strSQL="select UserID from UserInfo where UserAccount='"+acc+"' and UserPwd=
'"+pwd+"'";
            objcmd=new SqlCommand(strSQL, objconn);
            SqlDataReader dr=objcmd.ExecuteReader();
            if(dr.Read())
            {
                Session["UserID"]=dr["UserID"].ToString();
                Page.Response.Redirect("Board.aspx");
            }
            else
            {
                lblMsg.InnerText="用户名或口令有错!请重新输入!";
            }
            objconn.Close();
        }
    }
```

用户单击“登录”按钮后，页面提交数据。后台首先创建数据库连接对象，从 Web.config 文件中读取数据库连接字符串，打开数据库连接并创建 SQL 数据库操作语句，该语句执行从表 UserInfo 中查找域用户输入的用户名和密码相同的数据记录并返回该用户编号。定义好 SQL 语句后，使用 SqlCommand 命令执行该语句。如果验证成功，则进入首页，否则显示错误信息。

用户单击“注册”按钮，其通过页面代码响应单击事件，并重新定向到注册页面。“注册”按钮的页面代码如下。

```
<input type="button" value="注册" onclick="location.href='reg.aspx'" style=
"width: 95px"/>
```

11.6.2 留言管理主模块功能设计和代码实现

留言管理模块包括留言信息管理和发表留言管理两个功能。留言信息管理使用 DataList 控件绑定留言信息，首先编写变量和对象的定义代码如下。

```
string strSQL;
int i;
SqlDataAdapter da;
DataSet ds;
SqlDataReader dr;
SqlCommand objcmd;
SqlConnection objconn;
```

定义好变量和对象以后，就可以编写事件响应代码。该页面加载时，首先判断用户是否登录。登录后，创建数据库连接对象和 SQL 语句，执行数据库操作，并填充数据集的 board 表，其详细代码如下。

```
if(Session.Count==0)
    Page.Response.Redirect("default.aspx");
else if(Session["UserID"].ToString()=="")
    Page.Response.Redirect("default.aspx");
//创建数据库连接并打开
objconn=new SqlConnection(ConfigurationSettings.AppSettings["connstr"]);
objconn.Open();
//定义 SQL 语句
strSQL="select BID,BTheme,BUID,BDate,BEditer,BEdittime,BCnt,BTop from Board
where BDelFlag='0' ORDER BY BTop,BDate DESC";
da=new SqlDataAdapter(strSQL,objconn);
ds=new DataSet();
da.Fill(ds,"board");
```

将从表 Board 中读取的信息填充到数据集后，为 board 添加新的列，其详细代码如下。

```
ds.Tables["board"].Columns.Add("editinfo");
ds.Tables["board"].Columns.Add("editurl");
ds.Tables["board"].Columns.Add("delurl");
ds.Tables["board"].Columns.Add("name");
ds.Tables["board"].Columns.Add("imgurl");
ds.Tables["board"].Columns.Add("topurl");
```

添加了新列后要为它们赋值。首先通过读取 UserInfo 表中的 UserName 字段来获取用户名，并把该名称赋给 name 列，其详细代码如下。

```
for(i=0;i<ds.Tables[0].Rows.Count;i++)
{
    strSQL="select UserName from UserInfo where UserID="+ds.Tables[0].Rows[i]["
    BUID"].ToString();
    objcmd=new SqlCommand(strSQL,objconn);
    dr=objcmd.ExecuteReader();
    while(dr.Read())
        ds.Tables[0].Rows[i]["name"]=dr[0].ToString();
    objcmd.Dispose();
    dr.Close();
}
```

帖子作者可以对该帖执行编辑和删除功能，同时，还为所有成员添加了固顶和取消固顶功能，程序代码如下所示。首先判断用户是否为帖子作者，如果是，就为 editurl、delurl 字段添加内容。

```
for(i=0; i<ds.Tables[0].Rows.Count; i++)
{
    if(ds.Tables[0].Rows[i]["BEditer"].ToString()!="0")
```

```
{
    strSQL="select UserName from UserInfo where UserID="+ds.Tables[0].Rows
    [i]["BEditer"].ToString();
    objcmd=new SqlCommand(strSQL, objconn);
    dr=objcmd.ExecuteReader();
    while(dr.Read())
        ds.Tables[0].Rows[i]["editinfo"]="[此帖最后由<font color=red>"+dr
        [0].ToString()+"</font>在<font color=red>"+ds.Tables[0].Rows[i]
        ["BEdittime"].ToString()+"</font>编辑]";
        objcmd.Dispose();
            dr.Close();
        }
    ds.Tables[0].Rows[i]["imgurl"]="<img src=image/"+ds.Tables[0].Rows[i]
    ["BTop"].ToString()+".gif>";
    if(ds.Tables[0].Rows[i]["BTop"].ToString()=="1")
       ds.Tables[0].Rows[i]["topurl"]="<A href=lockmsg.aspx?msgid="+ds.
       Tables[0].Rows[i]["BID"].ToString()+">[固顶]</A>";
    else
       ds.Tables[0].Rows[i]["topurl"]="<A href=ulockmsg.aspx?msgid="+ds.
       Tables[0].Rows[i]["BID"].ToString()+">[取消固顶]</A>";

if(Session["UserID"].ToString()==ds.Tables[0].Rows[i]["BUID"].ToString())
//帖子作者添加编辑删除选项
{
    ds.Tables[0].Rows[i]["editurl"]="<A href=editmsg.aspx?msgid="+ds.
    Tables[0].Rows[i]["BID"].ToString()+">[编辑]</A>";
    ds.Tables[0].Rows[i]["delurl"]="<A href=delmsg.aspx?msgid="+ds.Tables
    [0].Rows[i]["BID"].ToString()+">[删除]</A>";
    }
}
```

下面代码为向 lblName 添加文本并将数据绑定到数据控件上。

```
strSQL="select UserName from UserInfo where UserID="+Session["UserID"].ToString();
objcmd=new SqlCommand(strSQL,objconn);
dr=objcmd.ExecuteReader();
while(dr.Read())
    lblName.Text=dr[0].ToString();
objcmd.Dispose();
dr.Close();
```

用户发表留言后，单击“提交”按钮将触发发表留言时间，其相应时间的详细代码如下所示。该代码片段执行向 Board 表插入一条新的记录。

```
private void btnOK_Click(object sender, System.EventArgs e)
{
    //创建数据库连接并打开
    objconn=new SqlConnection(ConfigurationSettings.AppSettings["connstr"]);
    objconn.Open();
```

```
        strSQL="Insert INTO Board(BTheme,BUID,BCnt,BDelFlag)Values('"+txtTheme.Text.
        Replace("<","&lt").Replace(">","&gt").Replace(" "," ").Replace("\n","<br
        >")+"',"+Session["UserID"].ToString()+",'"+txtContent.Text+"','0')";
        objcmd=new SqlCommand(strSQL,objconn);
        objcmd.ExecuteNonQuery();
        objcmd.Dispose();
        objconn.Close();
        Page.Response.Redirect("board.aspx");
}
```

11.6.3 留言固顶和取消固顶模块功能设计和代码实现分析

如果一条留言没有被固顶，可以通过留言管理页面的“固顶”链接连接到留言固顶页面。该页面加载时将将要固顶的留言信息绑定到 DataList 数据控件上，其实现代码如下。

```
private void Page_Load(object sender, System.EventArgs e)
{
    //在此处放置用户代码以初始化页面
    if(Session.Count==0)Page.Response.Redirect("default.aspx");
    else
        if(Session["UserID"].ToString()=="")Page.Response.Redirect("default.aspx");

    //创建数据库连接并打开
    objconn=new SqlConnection(ConfigurationSettings.AppSettings["connstr"]);
    objconn.Open();

    strSQL="select BTheme,BUID,BDate,BCnt from Board where BID="+Page.Request
    ["msgid"].ToString();

    da=new SqlDataAdapter(strSQL,objconn);
    ds=new DataSet();
    da.Fill(ds,"msg");

    ds.Tables["msg"].Columns.Add("name");

    for(i=0;i<ds.Tables[0].Rows.Count;i++)
    {
        strSQL="select UserName from UserInfo where UserID="+ds.Tables[0].Rows
        [i]["BUID"].ToString();
        objcmd=new SqlCommand(strSQL,objconn);
        dr=objcmd.ExecuteReader();
        while(dr.Read())
            ds.Tables[0].Rows[i]["name"]=dr[0].ToString();
        objcmd.Dispose();
        dr.Close();
    }
```

```
        dltBoard.DataSource=ds.Tables["msg"].DefaultView;
        dltBoard.DataBind();
        ds.Dispose();
        objconn.Close();
    }
```

代码片段首先判断用户是否登录。确认登录后,连接数据库,获取 Board 表中的相关信息并填充到数据集的 msg 表中,并为 msg 表添加 name 字段,然后通过 for 语句 ,为 name 字段赋值,最后将表 msg 的默认视图作为 DataList 控件的数据源。

用户单击“确认”按钮,将实现留言固顶功能,具体实现代码如下。

```
private void btnOK_Click(object sender, System.EventArgs e)
{
    //创建数据库连接并打开
    objconn=new SqlConnection(ConfigurationSettings.AppSettings["connstr"]);
    objconn.Open();
    strSQL="Update Board SET BTop='0' where BID="+Page.Request["msgid"].ToString();

    objcmd=new SqlCommand(strSQL,objconn);
    objcmd.ExecuteNonQuery();
    objcmd.Dispose();
    objconn.Close();
    Page.Response.Redirect("board.aspx");
}
```

用户留言固顶功能是通过 Board 表中的 BTop 字段控制的,当该字段为 0 时处于固顶状态。

取消固顶模块的实现代码同留言固顶模块的实现代码相似,这里就不再叙述。

11.6.4 注册模块功能设计及代码实现分析

注册模块通过 4 个 Panel 控件控制用户注册过程中的各个阶段所显示的不同内容。在用户单击登录页面中的“注册”按钮之后,进入注册页面,此时页面加载,只显示名称为 step1 的 Panel 控件,即显示用户是否接受服务条款和声明,其页面加载代码如下。

```
private void Page_Load(object sender, System.EventArgs e)
{
    //在此处放置用户代码以初始化页面
    if(!Page.IsPostBack)
    {
        step1.Visible=true;
        step2.Visible=false;
        step3.Visible=false;
        step4.Visible=false;

        alYear=new ArrayList();
        alMonth=new ArrayList();
```

```
        alDay=new ArrayList();

        for(i=1950;i<2002;i++)
            alYear.Add(i.ToString());

        for(i=1;i<=12;i++)
            alMonth.Add(i.ToString());

        for(i=1;i<32;i++)
            alDay.Add(i.ToString());

        ddlYear.DataSource=alYear;
        ddlYear.DataBind();

        ddlMonth.DataSource=alMonth;
        ddlMonth.DataBind();

        ddlDay.DataSource=alDay;
        ddlDay.DataBind();
    }
}
```

页面加载过程还为几个 DropDownList 控件绑定数据源，分别用于用户出生年、月、日的选择。

当用户单击“我同意”按钮后，名称为 step1 的 panel 控件变为不可见，而只是显示名称为 step2 的 panel 控件，其代码如下。

```
private void btnAgree_Click(object sender, System.EventArgs e)
{
    step1.Visible=false;
    step2.Visible=true;
    step3.Visible=false;
    step4.Visible=false;
}
```

用户填写注册简要信息后，单击“下一步”按钮，将显示名称为 step3 的 panel 控件，而其他 panel 控件则变为不可见，其详细代码如下。

```
private void btnNext_Click(object sender, System.EventArgs e)
{
    if(Page.IsValid)
    {
        //创建数据库连接并打开
        objconn=new SqlConnection(ConfigurationSettings.AppSettings["connstr"]);
        objconn.Open();
        strSQL="select UserID from UserInfo where UserAccount='"+txtAccount.Text.
        ToString()+"'";
```

```
        //strSQL="select u_id from userinfo where u_account='juw'";

        objcmd=new SqlCommand(strSQL,objconn);
        dr=objcmd.ExecuteReader();
        if(dr.Read())
        {
            lblStep2.Text="您输入的用户名已经存在,请您选择一个其他的名字!";
            objconn.Close();

            //txtAccount.Text="";
        }
        else
        {
            objconn.Close();
            lblPwd.Text=txtUpwd.Text.ToString();
            step1.Visible=false;
            step2.Visible=false;
            step3.Visible=true;
            step4.Visible=false;

        }
    }
}
```

该程序片断首先判断用户名是否存在。如果存在则显示错误信息，否则将显示填写用户具体信息的 panel 控件，即 step3。具体信息填写完毕，单击“确定”按钮则显示名称为 step4 的 panel 控件，其详细代码如下。

```
private void btnOK_Click(object sender, System.EventArgs e)
{
    if(Page.IsValid)
    {

        step1.Visible=false;
        step2.Visible=false;
        step3.Visible=false;
        step4.Visible=true;
        span1.InnerHtml="您输入的信息是: "+"<br>";
        span1.InnerHtml+="登录名: "+txtAccount.Text.ToString()+"<br>";
        span1.InnerHtml+="姓名: "+txtUname.Text.ToString()+"<br>";
        span1.InnerHtml+="性别: "+rltSex.SelectedItem.Text.ToString()+"<br>";
        span1.InnerHtml+="生日: "+ddlYear.SelectedItem.Text.ToString()+"年"+
        ddlMonth.SelectedItem.Text.ToString()+"月"+ddlDay.SelectedItem.Text.
        ToString()+"日"+"<br>";
        span1.InnerHtml+="手机: "+txtUtel1.Text.ToString()+"<br>";
        span1.InnerHtml+="电话: "+txtUtel2.Text.ToString()+"<br>";
        span1.InnerHtml+="通讯地址: "+txtUaddr.Text.ToString()+"<br>";
        span1.InnerHtml+="邮政编码: "+txtUzip.Text.ToString()+"<br>";
        span1.InnerHtml+="E_mail: "+txtUemail.Text.ToString()+"<br>";
```

```
        span1.InnerHtml+="QQ: "+txtUqq.Text.ToString()+"<br>";

    }
}
```

名称为 step4 的 panel 控件中的 span 控件用来显示用户填写的具体信息。当用户确认信息后，单击“确定”按钮，就会向 UserInfo 表中插入一条新的记录，其实现代码如下。

```
private void btnSave_Click(object sender, System.EventArgs e)
{
    if(Page.IsValid)
    {
        strSQL="INSERT INTO UserInfo(UserName,UserAccount,UserPwd,UserSex,UserBirth,
        UserRegDate,UserMobile,UserTel,UserAddress,UserZip,UserEMail,Userqq)VALUES('";
        strSQL+=txtUname.Text.ToString()+"','";
        strSQL+=txtAccount.Text.ToString()+"','";
        strSQL+=lblPwd.Text.ToString()+"','";
        strSQL+=rltSex.SelectedItem.Text.ToString()+"','";
        strSQL+=ddlYear.SelectedItem.Text.ToString()+"-"+ddlMonth.SelectedItem.
        Text.ToString()+"-"+ddlDay.SelectedItem.Text.ToString()+"','";
        strSQL+=DateTime.Today.ToString()+"','";
        strSQL+=txtUtel1.Text.ToString()+"','";
        strSQL+=txtUtel2.Text.ToString()+"','";
        strSQL+=txtUaddr.Text.ToString()+"','";
        strSQL+=txtUzip.Text.ToString()+"','";
        strSQL+=txtUemail.Text.ToString()+"','";
        strSQL+=txtUqq.Text.ToString()+"')";

        //创建数据库连接并打开
        objconn=new SqlConnection(ConfigurationSettings.AppSettings["connstr"]);
        objconn.Open();
        objcmd=new SqlCommand(strSQL,objconn);
        objcmd.ExecuteNonQuery();
        strSQL="select UserID from UserInfo where UserAccount='"+txtAccount.
        Text.ToString()+"'";
        objcmd=new SqlCommand(strSQL,objconn);
        SqlDataReader dr=objcmd.ExecuteReader();
        while(dr.Read())
            Session["UserID"]=dr["UserID"];
        dr.Close();
        objconn.Close();
        Page.Response.Redirect("Board.aspx");
    }
}
```

至此，该系统的基本功能已经实现。

小 结

本案例介绍了如何使用 Visual C# 作为开发工具,SQL Server 2005 作为后台数据库设计开发一个简单的留言板系统应用程序平台。该案例从系统的需求分析入手,进行数据库的分析和设计,然后利用 SQL Server 2005 创建数据库,创建数据表,以 Visual C# 作为开发工具实现了对数据库系统的增、删、改、查等基本操作。

考虑到篇幅的限制,该系统仅作为一个数据库系统方面的练习操作案例,所以在系统的功能设计上没有给予详细的完善。如果读者感兴趣,可以对用户信息的管理等进行完善和扩展。希望此案例能够为读者提供一个学习使用 Visual C# 作为开发工具、SQL Server 2005 作为数据库系统,开发实现一般"信息管理系统"的操作案例,起到一个抛砖引玉的作用。

参考文献

[1] 周峰，孙更新. SQL Server2005 中文版经典案例设计与实现[M]. 北京：电子工业出版社. 2006.

[2] 赵来喜，崔程，夏素广. SQL Sever 2005 中文版从入门到精通(普及版)[M]. 北京：电子工业出版社. 2007.

[3] 王珊，萨师煊. 数据库系统概论(第四版)[M]. 北京：高等教育出版社. 2007.

[4] [美]Peter Rob，Carlos Coronel. 数据库系统设计实现与管理(第 6 版)[M]. 张瑜，杨继萍，等译. 北京：清华大学出版社. 2005.

[5] [美]Jeffrey D. Ullman，Jennifer Widom. 数据库系统基础教程[M]. 史嘉权，译. 北京：清华大学出版社. 1999.

[6] 王晟，马杰里. SQL Server 数据库开发经典案例解析[M]. 北京：清华大学出版社. 2006.

[7] 李涛，刘凯奎，王永皎. Visual C++ SQL Server 数据库开发与实例[M]. 北京：清华大学出版社. 2006.